Eugenia Cheng

Das Buch,
von dem du
dir wünschst,
dein Mathe-Lehrer
hätte es
gelesen

Eugenia Cheng

Das Buch, von dem du dir wünschst, dein Mathe-Lehrer hätte es gelesen

Aus dem Englischen
von Jens Hagestedt

C.H.Beck

Titel der englischen Originalausgabe:
«Is Maths Real?»

Zuerst erschienen 2023 bei Profile Books, London

Die erste Auflage der deutschen Ausgabe erschien 2024 bei C.H.Beck.

2. Auflage. 2025

Für die deutsche Ausgabe:

Wilhelmstraße 9, 80801 München, info@beck.de

www.chbeck.de
Umschlaggestaltung und Illustration: buxdesign | München, Daniela Hofner
Satz: Fotosatz Amann, Memmingen
Druck und Bindung: Pustet, Regensburg
Printed in Germany
ISBN 978 3 406 82220 9

verantwortungsbewusst produziert
www.chbeck.de/nachhaltig
produktsicherheit.beck.de

Inhalt

Einleitung · 9

1. Wie Mathe entsteht · 21
2. Wie Mathe funktioniert · 59
3. Warum wir Mathe machen · 95
4. Was gute Mathematik ausmacht · 138
5. Buchstaben · 184
6. Formeln · 211
7. Bilder · 250
8. Geschichten · 302

Nachwort · 320

Danksagung · 325

Für alle, die jemals geglaubt haben,
schlecht in Mathe zu sein:
Sie sind nicht an Mathe gescheitert,
sondern Mathe ist an Ihnen gescheitert.

Einleitung

In einem meiner Lieblingsfächer in der Schule haben wir einmal Plüschtiere genäht – ich einen flauschigen Pudel und einen schlafenden Welpen mit weichen Samtohren. Ich mochte den ganzen Fertigungsprozess, vom Zuschneiden der Teile, die am Ende auf wundersame Weise ein Tier ergeben würden, über das Zusammennähen dieser Teile bis hin zu dem magischen Moment, in dem ich das Ganze umstülpte, um es anschließend auszustopfen, so dass es lebendig zu werden schien.

Warum ein Plüschtier nähen, wenn man auch eines kaufen könnte? Warum etwas selbst herstellen, wenn man es auch als Fertigprodukt bekommen kann?

Weil selbstgemacht manchmal besser ist. Mir schmeckt selbstgebackener Kuchen viel besser als gekaufter. Aber manchmal ist das, was wir selbst machen, nicht objektiv besser. Ich spiele gern Klavier, obwohl ich viel bessere Darbietungen hören kann, wenn ich CDs abspiele oder in Konzerte gehe. Manchmal macht es mir sogar Spaß, mir ein Kleidungsstück selbst zu nähen, obwohl das Ergebnis immer ziemlich schräg ist.

Manchmal ist es auch billiger, etwas selbst zu machen. Für mich ist es viel billiger, mir die Haare selbst zu schneiden, also tue ich's. Obwohl ein professioneller Haarschnitt besser aussehen würde.

Aber oft ist es einfach befriedigend, etwas selbst zu machen – was mich betrifft, zum Beispiel Essen, Musik und Kleidung. Andere Leute finden ganz andere Dinge befriedigend: zum Beispiel, eine Felswand mit bloßen Händen zu erklimmen (nein danke), den Mount Everest ohne künstlichen Sauerstoff zu besteigen (auch nichts für mich) oder über den Atlantik zu rudern (das überlasse ich ebenfalls anderen). Vielleicht genügt auch eine

Campingtour, bei der man alles auf dem Rücken trägt, einschließlich der Lebensmittel und des Zelts, so dass man sich in der Wildnis eine Zeit lang selbst versorgen kann.

Für mich geht es auch in Mathe darum, etwas selbst zu machen: Ich möchte *Wahrheit* selbst «machen». Möchte in der unerforschten Welt der Ideen Selbstversorgerin sein. Ich empfinde das als eine gleichzeitig ungeheuer aufregende und einschüchternde, aber letztlich freudvolle Erfahrung, und die möchte ich beschreiben.

Ich möchte beschreiben, wie Mathe sich *anfühlt.* Sie fühlt sich nämlich ganz anders an, als viele es sich vorstellen. Ich werde die kreative Seite der Mathematik beschreiben, die phantasievolle, die forschende, die auf Erkenntniszuwachs aus ist; die Erfahrung, dass wir auch in Mathe träumen, unserer Spürnase folgen, auf unser Bauchgefühl hören und die Freude haben, plötzlich zu verstehen, so als hätte sich mit einem Mal der Nebel gelichtet und die Sonne wäre zu sehen.

Dies ist kein Mathe-Lehrbuch und auch kein Buch über die Geschichte der Mathematik. Es ist ein Buch über Mathe-Gefühle.

Mathe löst bei verschiedenen Menschen ganz verschiedene Gefühle aus, und für manche steht sie vor allem für Angst und die Erinnerung daran, für dumm gehalten zu werden. Ich möchte Mathe in einem anderen emotionalen Licht zeigen.

Manche Menschen lieben die Mathematik und manche hassen sie, und leider führt die Art und Weise, wie manche Mathe-Liebhaber über diese Wissenschaft sprechen, dazu, dass die anderen sie noch mehr hassen. Menschen lieben Mathe aber aus zwei ganz verschiedenen Gründen. Einige lieben sie, weil sie glauben, es gebe in ihr nur entweder richtige oder falsche Antworten. Es fällt ihnen leicht, die richtigen Antworten zu finden, und das gibt ihnen das Gefühl, schlau zu sein. Andere mögen Mathe aus mehr oder weniger demselben Grund nicht, aber andersherum: Sie glauben ebenfalls, es gebe in Mathe nur richtige oder falsche Antworten, aber es fällt ihnen schwer, die richtigen Antworten zu finden, und das gibt ihnen das Gefühl, dumm zu sein. Oder sehr wahrscheinlich werden sie von Leuten, die die richtigen Antworten leichter finden, dazu gebracht, sich dumm zu fühlen. Und sie mögen die Vorstellung, dass es eindeutig richtige oder falsche Antworten gibt, auch gar nicht. Sie sehen die feinen Nuancen des Lebens und glauben nicht, dass etwas, was nur Schwarz und Weiß kennt, das erfassen kann, was sie am Leben am interessantesten finden.

Diese Vorstellung von einer rigiden Welt mit eindeutig richtigen oder falschen Antworten ist jedoch nur sehr begrenzt richtig. In der abstrakten Mathematik gibt es in Wahrheit keine Antworten, die eindeutig richtig oder falsch sind, vor allem nicht auf der Ebene der Forschung. Aber nur wenige Menschen kommen so weit, dass sie erfahren, wie Mathe wirklich ist. Und ungewöhnlicherweise lieben Mathematiker Mathe oft aus denselben Gründen, aus denen Mathephobiker sie hassen: Es geht ihnen um Feinheiten und Nuancen, um auszudrücken und zu erkunden, was das Interessanteste ist am Leben. Letzten Endes geht es in Mathe nicht um eindeutig richtige oder falsche Antworten, sondern um Welten von zunehmender Differenziertheit, in denen verschiedene Dinge wahr sind.

Mathe-Forscher und Mathephobiker haben also seltsamerweise eine ähnliche Einstellung zur Mathematik. Doch leider erfahren die Angehörigen der zweiten Gruppe in der Regel nie, wie verwandt ihre Gedanken und Gefühle denen eines Mathe-Forschers sind.

Es klafft eine Lücke zwischen dem, was Mathe wirklich ist, und der Art und Weise, wie sie wahrgenommen wird. Ich möchte diese Lücke schließen. Zu viele Menschen werden von Mathe unnötigerweise abgeschreckt. Zu viele kommen sich dumm vor, weil sie Fragen stellen, die zwar einfältig klingen, aber in Wahrheit wichtig und tiefschürfend sind. Sie haben Fragen, die ihnen auf den Nägeln brennen, aber man sagt ihnen, es seien dumme Fragen oder solche Fragen stelle man nicht in der Mathematik, obwohl sie in Wahrheit von großem mathematischen Interesse sind. Ich möchte diese Fragen beantworten und darüber hinaus das Bedürfnis, mehr zu verstehen, statt Mathe als selbstverständlich zu betrachten, rechtfertigen. Das ist wichtig, geht es doch in Mathe gerade darum, Dinge *nicht* als selbstverständlich zu betrachten.

Ich habe nicht die Absicht zu missionieren, um jeden von Mathe zu überzeugen. Manche Menschen werden abgeschreckt von Dingen, die andere begeistern; deshalb ist es nicht möglich, alle Menschen für Mathe zu interessieren. Ich möchte nur ein wenig Licht ins Dunkel bringen und zeigen, wie Mathe wirklich ist, um Mythen zu zerstreuen und Missverständnisse auszuräumen, damit Menschen nicht länger aus falschen Gründen von ihr abgeschreckt werden. Wenn Sie wissen, wie Mathe wirklich ist, und sie dennoch nicht mögen, ist das Ihr gutes Recht – wir müssen nicht alle dieselben Dinge mögen. Ich finde es nur schade, dass so viele Leute glauben, Mathe nicht zu mögen, obwohl sie nur mit einer sehr limitierten, phantasielosen, autoritären Version davon bekannt gemacht wurden, einer Version, die keinen persönlichen Beitrag und keine Neugier zulässt.

Das Gefühl, einen persönlichen Beitrag leisten zu können, ist mir sehr wichtig. Manchmal, vor allem wenn ich den ganzen Tag unterrichtet habe, bin ich zu müde, um mir ein Abendessen zuzubereiten, auch wenn das meiste schon fertig ist und ich nur noch eine Packung Nudeln öffnen und den Inhalt in kochendes Wasser werfen müsste. Aber ich bin nie zu müde, um einen Kuchen zu backen. Mir ist klar geworden, dass das mit dem persönlichen Beitrag zu tun hat. Es kann sein, dass ich keine Energie habe, etwas Bestimmtes zu tun, wenn es *keinen* persönlichen Beitrag und keine Kreativität erfordert, während ich noch Energie für etwas habe, das mehr Mühe macht, aber einen persönlichen Beitrag und Kreativität eben zulässt und sich daher für mich lohnt.

Wenn Menschen von Mathe abgeschreckt werden, kann das mit diesem Aspekt zusammenhängen. Wer gern persönliche, kreative Beiträge leistet, für den ist Routinemathematik nach vorgegebenen Algorithmen uninteressant, und was uninteressant ist, ist oft zu mühsam. Lieber knetet man dann vielleicht ein zwölfteiliges, daumennagelgroßes Teeservice aus Plastilin, wie das ein Kunststudent in meinem Seminar tat, nachdem wir Plastilin für einen mathematischen Zweck verwendet hatten und zur Diskussion übergegangen waren.

Wenn wir an der Universität Mathe unterrichten, ist es nicht immer ganz leicht zu entscheiden, wie wir uns an die beiden Gruppen von Studierenden wenden sollen, die wir normalerweise vor uns haben: Wir möchten einerseits, dass *einige* Studierende in der Lage sein werden, alles «richtig» und genau zu machen, wenn sie in die Forschung gehen oder Berufe ergreifen, die diese Fähigkeit voraussetzen, wissen aber andererseits, dass die meisten Besucher normaler Lehrveranstaltungen in Mathe dies nicht tun werden. Der Versuch, alle dazu zu bringen, dass sie den Anforderungen mathematischer Berufe genügen, wäre so, als wollte man Kinder im Kochunterricht zu professionellen Köchen machen. Es ist besser (in beiden Fällen, vermute ich), stattdessen mit den Möglichkeiten bekannt zu machen, Freude und Neugier zu fördern und darauf zu vertrauen, dass, wer die fortgeschrittenen Fähigkeiten braucht und erwerben möchte, dies später tun kann.

Wenn ich so etwas sage, regen sich normalerweise einige Leute auf und entgegnen: «Aber es gibt doch mathematische Grundkenntnisse, die für das tägliche Leben wichtig sind!» Ich nehme auch an, dass es die gibt, aber ich glaube nicht, dass es wirklich so viele sind. Die meisten Szenarien, in denen sie angeblich wichtig sind, erscheinen mir sehr konstruiert. Wie dem auch sei, wir unterrichten viele Dinge, die überhaupt nicht wichtig sind, und bei Mathe müssen wir das gegen den Schaden abwägen, den wir anrichten, wenn wir dieses Fach so vielen Menschen durch einen phantasielosen und beschränkten Ansatz verleiden.

Mathe scheint allzu oft auf rigide festgelegten Regeln zu basieren und macht deshalb Angst. Aber in Wahrheit entsteht Mathe aus Neugier. Sie entspringt der instinktiven menschlichen Neugier und der Tatsache, dass Menschen sich mit Antworten nicht zufriedengeben und mehr verstehen wollen. Mathe entsteht aus Fragen.

Haben Sie schon mal eine Frage gestellt, die die Mathematik betraf, und man hat Ihnen gesagt, das sei eine dumme Frage? Es gibt viele die Mathematik betreffende Fragen, die sogar Kinder stellen, zum Beispiel: Ist Mathe real? Wie entsteht sie? Woher wissen wir, dass sie richtig ist? Leider werden zu viele Menschen davon abgehalten, diese Fragen zu stellen. Man sagt ihnen, diese Fragen seien dumm. Aber in Mathe gibt es keine dummen Fragen. Diese angeblich dummen Fragen sind vielmehr genau diejenigen, die Mathematiker stellen, die die mathematische Forschung vorantreiben und die Grenzen unseres mathematischen Verständnisses hinausschieben.

Es mag den Anschein haben, dass es in Mathe um das *Beantworten* von Fragen gehe, aber einer der wichtigsten Aspekte von Mathe ist das *Stellen* von Fragen. Ich werde zeigen, dass diese Fragen manchmal unscharf, naiv, einfältig oder konfus erscheinen mögen, dass sie aber die Fundamente der Mathematik betreffen können. Diese Fragen entspringen Eigenschaften, die wir mit Mathe oft nicht in Verbindung bringen: Kreativität, Phantasie, Bereitschaft zur Regelverletzung, Freude am Spiel.

Wir sollten diese Art von Fragen begrüßen, statt sie zu unterdrücken. Sonst vermitteln wir Schülern und Schülerinnen den Eindruck, Mathe sei rigide und autoritär und sollte nicht in Frage gestellt werden. Mathe ist aber das Gegenteil von rigide und autoritär. Sie ist auf soliden Grundlagen aufgebaut, damit sie tiefschürfenden Fragen *standhalten* kann. Allen Fragen. Und wenn wir Fragen nicht beantworten können, ist der mathematische Impuls nicht, diese Fragen zu unterdrücken, sondern mehr Mathe zu machen, um sie beantworten zu können.

Das ist der Grund, warum Fragen die Fundamente der Mathematik vertiefen können.

Wenn man sich mit einer Doktorarbeit an der Forschung beteiligen will, besteht eine der schwierigsten Aufgaben darin, herauszufinden, welche Fragestellung für die Arbeit geeignet ist, und nicht zuletzt ist dafür der richtige Betreuer wichtig. Auch in meinen Forschungen auf dem abstrakten Gebiet der Kategorientheorie gilt es vor allem, sich darüber klar zu werden, welche Frage wir überhaupt stellen wollen. In der Schulmathematik legen wir zu viel Wert auf das *Beantworten* von Fragen; das *Stellen* von Fragen sollte uns wichtiger sein, als es ist. Ich habe im Internet «tolle Fragen, die Kinder in Mathe stellen» gesucht, aber leider nur tolle mathematische Fragen gefunden, die man Kindern stellen kann. Alle da draußen scheinen zu denken, dass wir die Fragen stellen und die Kinder sie beantworten sollten. Das ist verkehrt herum gedacht.

Ich möchte Sie ermutigen, Fragen zu stellen, die Sie schon immer stellen wollten, die aber nie beantwortet wurden. Von denen Leute sagten, sie seien nicht wichtig – Sie sollten sich lieber reinknien und Ihre Hausaufgaben machen. Fragen, die Ihnen das Gefühl gaben, Sie seien kein «Mathe-Mensch», weil die Leute, die in Tests gut abschnitten, *diese* Fragen anscheinend *nicht* stellten. Fragen, die Sie gebremst haben, weil Sie sich nicht damit begnügen wollten, die Antworten hinzuschreiben, die Sie hinschreiben sollten. Um solche Fragen geht es in diesem Buch, denn sie betreffen die Grundlagen der Mathematik. Das ist nicht die Art von Mathe, bei der wir Zahlen addieren und multiplizieren, die Winkel in einem Dreieck oder den Flächeninhalt einer unregelmäßigen geometrischen Form berechnen oder eine bedeutungslose Gleichung nur darum zu lösen versuchen, weil wir bei einem Test eine gute Note bekommen wollen. Ich meine die Art von Mathe, die Forscher auf dem Gebiet der abstrakten Mathematik treiben. Die Art von Mathe, die zu begreifen ein halbes Leben beanspruchen kann oder vielleicht Hunderte oder Tausende von Jahren, und selbst dann verstehen wir sie noch nicht ganz. Die Art von Mathe, für die es anscheinend keine unmittelbare Verwendung im täglichen Leben gibt; die nicht sofort ein Problem löst oder den Bau einer neuen Maschine ermöglicht. Die Art von Mathe, die mehr oder minder nur in unseren Köpfen existiert.

Ist diese Art von Mathe real?

Waren die flauschigen Welpen, die ich in der Schule genäht habe, real? Sie waren keine realen Welpen, aber sie waren echte Plüschtiere.

Mathe ist nicht das «echte Leben», sie ist aber trotzdem real. Sie besteht aus echten Vorstellungen, echten Gedanken, und sie führt zu echtem Verstehen. Ich liebe die Klarheit, die sie mir verschafft, und bedaure, dass es manchmal so scheinen kann, als würde sie, statt Licht in Unklarheiten zu bringen, alles in ein rigides Schwarz-Weiß verwandeln. Aber ich fühle mit jedem, der diesen Eindruck hat, denn so kommt Mathe allzu oft rüber. In der Schulmathematik habe ich das auch so erlebt.

Hier ist eine graphische Darstellung der Entwicklung, die meine Liebe zur Mathematik – genauer, zum Mathe*unterricht* – im Laufe der Zeit genommen hat:

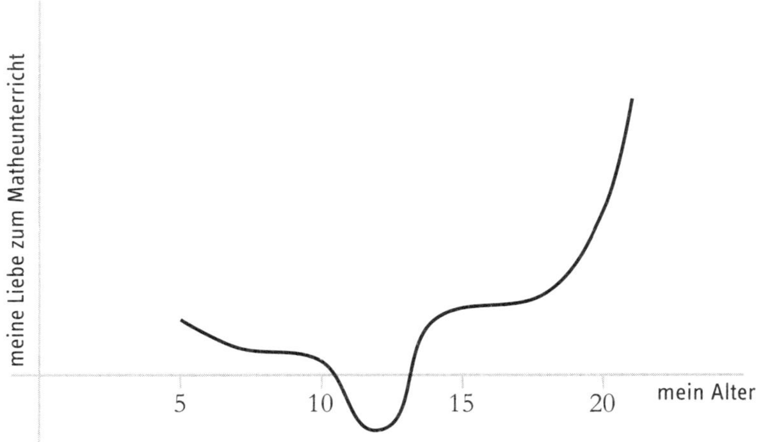

Als ich fünf war, mochte ich Mathe ganz gern, soweit ich sie damals kannte. In der Grundschule ging es dann aber stetig bergab, und in den ersten Jahren auf der weiterführenden Schule kam ich an einen Punkt, an dem ich den Matheunterricht definitiv hasste, weil ich ihn langweilig und pedantisch fand. Schuld daran waren nicht meine Lehrer, sondern der Lehrplan und das Prüfungssystem. Die Situation besserte sich, als ich mit höherer Mathematik anfing, in der ich auch den Forschungsteil der Abschlussprüfung absolvierte, den einzigen Teil dieser Prüfung, der mir Spaß machte. Das waren Projekte mit offenem Ende, die wir über mehrere Wochen verfolgten. Sie begannen mit einer präzise gestellten Frage, eröffneten dann aber grenzenlose Möglichkeiten zur unabhängigen Untersuchung. Als ich schließlich meine Abschlussprüfung in höherer Mathematik machte, gefiel mir einiges an der reinen Mathematik wirklich: vor allem die abstrakte Algebra, das Beweisen durch Induktion und das Berechnen von Polarkoordinaten (darüber später mehr in diesem Buch). Steil aufwärts ging es aber erst an der Universität, und als ich mit meiner Promotion begann, stieg meine Liebe zur Mathematik wieder ins Unermessliche, obwohl wir keine Vorlesungen mehr hatten, sondern alles durch Lesen, Diskutieren und Seminarbesuche lernten.

Aber meine Liebe zur *Mathematik* ist eigentlich immer gleich groß geblieben. Ich könnte sie in der Graphik als horizontale Linie darstellen, hoch über der Schlangenlinie, die die Entwicklung meiner Gefühle gegenüber dem Mathe*unterricht* veranschaulicht. Ich hatte das Glück, dass meine Mutter mir Dinge in Mathe zeigte, die Spaß machten; Dinge, die aufregend, rätselhaft und verblüffend waren und nichts mit dem zu tun hatten, was wir in der Schule lernen mussten. Deshalb glaubte ich, dass Mathe mehr sei als das, was auf dem Lehrplan stand, nämlich etwas, was Spaß macht, aufregend, rätselhaft und verblüffend ist. Meine Liebe dazu ist nie ins Wanken geraten. Ich weiß, dass die meisten Menschen keine Mutter haben, die ihnen diese Dinge zeigt und ihre scheinbar naiven Fragen beantwortet, so dass die Neugier auf Mathe, die sie vielleicht in der Kindheit haben, genauso abstürzt wie meine Liebe zum Matheunterricht, aber sich davon nie erholt. Ich hoffe, wir können letzteres verhindern.

Ich möchte Mathephobikern helfen, ihre Angst (oder gar ihr Trauma) zu überwinden und zu verstehen, warum Mathe-Forscher Mathe lieben, was etwas ganz anderes ist als «Zahlen zu lieben» oder Spaß daran zu haben, richtige Antworten zu finden. Ich möchte zeigen, dass die Gründe, die Menschen von Mathe abschrecken, nichts mit dem zu tun haben, was Mathe wirklich ist. Dass die vermeintlich naiven, vielleicht nicht immer gleich beantwortbaren, gar «dumm» klingenden Mathe-Fragen berechtigt sind; dass es gute Fragen sind und dass solche Fragen für die Mathematik von großer Bedeutung sind. Ich möchte Sie davon überzeugen, dass Sie, wenn Sie glauben, schlecht in Mathe zu sein, oder in der Schule als schlecht in Mathe abgestempelt wurden, vielleicht nur nach einem tieferen Verständnis gesucht haben und dass Ihnen niemand dazu verholfen hat. Und ich möchte eine Vorstellung davon vermitteln, wie es ist, in Mathe zu forschen, die Welt der Mathematik zu erkunden und, während wir immer weiter ins geheimnisvolle Unterholz vordringen, immer tiefere Wahrheiten zu entdecken.

Ich werde jedes Kapitel mit einer dieser vermeintlich naiven Fragen beginnen, die manche vielleicht für eine «dumme» Frage halten würden, und werde zeigen, dass es uns zu wichtigen mathematischen Erkenntnissen, ja zur Entdeckung ganz neuer Forschungsgebiete führen kann, wenn wir uns auf diese Frage wirklich einlassen. Das ist ein langsamer Prozess, bei dem wir nach und nach das Gestrüpp entfernen, um zu sehen, was sich dahinter verbirgt, wobei es manchmal sein kann, dass wir mehrere Schritte zurücktreten müssen, um zu erkennen, was wir da tun. Es kann auch so aussehen, als würden wir nur sehr kleine Schritte machen, die zu nichts führen, bis wir plötzlich hinter uns schauen und erkennen, dass wir einen riesigen Berg erklommen haben. All diese Dinge können beunruhigend sein, aber ein wenig (oder manchmal auch mehr als nur ein wenig) intellektuelle Unbequemlichkeit zu akzeptieren gehört dazu, wenn man in Mathe Fortschritte machen will. Unbequemlichkeit ist oft ein Ausgangspunkt für Entwicklung und Wachstum. Manchmal kann uns schwindlig werden, wenn wir eine Kluft zwischen dem bemerken, was unsere Intuition uns sagt, und dem, was sorgfältiges logisches Denken uns sagt, oder es kann uns erscheinen wie eine Diskrepanz zwischen zwei Bauchgefühlen, wie ich sie zum Beispiel empfand, als ich nach zwei Jahren Pandemie und Isolation zum ersten Mal Freunde wiedersah und das Gefühl hatte, es sei seit dem letzten Mal gar keine Zeit vergangen, aber gleichzeitig auch, es sei Ewigkeiten her.

Ich werde mit allgemeinen Fragen beginnen, die die Mathematik betreffen, und dann schrittweise näher herangehen: zunächst spezielle Themen behandeln und dann einige Geschichten erzählen. In den ersten vier Kapiteln geht es also um den allgemeinen Begriff der Mathematik: wie Mathe entsteht (Kapitel 1), wie sie funktioniert (Kapitel 2), warum wir Mathe machen (Kapitel 3) und was gute Mathematik ausmacht (Kapitel 4). Dann gehe ich zu speziellen Aspekten der Mathematik über: zur Verwendung von Buchstaben (Kapitel 5), Formeln (Kapitel 6) und Bildern (Kapitel 7).

Enden werde ich, in Kapitel 8, mit einigen Geschichten, die von naiven Fragen ausgehen und zeigen, wie Mathematiker solche Fragen mit bestehendem Wissen in Verbindung bringen und dadurch oft auf Antworten aus den Tiefen der mathematischen Forschung stoßen.

Ich werde versuchen zu beschreiben, wie es sich anfühlt, wenn man, statt auf Kommando und unter Zeitdruck durch gewundene mathematische Gedankengänge hindurchzumarschieren, in Ruhe seinem Spürsinn folgt. Es ist ein Unterschied, ob man dorthin *gebracht* wird, was jenseits eines Waldes liegt, oder ob man lernt, wie man einen Wald durchquert, damit man weiß, wie man das macht, und außerdem das Unterholz und die Geschöpfe darin würdigen kann. Das erstere hat sein Recht, das letztere aber, wenn auch länger dauernd und schwieriger, kann viel befriedigender sein. Ich selbst finde das Erkunden einer solchen Landschaft jedenfalls befriedigender und auch aufschlussreicher. Es ist sogar, wie ich noch erklären werde, nützlich für mein tägliches Leben – nützlich in einem viel umfassenderen Sinne, als wenn ich etwa mit anderen eine Restaurantrechnung teile oder meine Steuererklärung mache: Es hilft mir, allgemein klarer zu denken.

Sicher besteht ein Unterschied zwischen den Formen klar definierter spezifischer Anwendbarkeit der Mathematik, die leicht zu beschreiben sind, und der allgemeineren, schwerer zu bestimmenden Anwendbarkeit dieser Wissenschaft. Aber dass diese allgemeinere Anwendbarkeit schwerer zu bestimmen ist, heißt nicht, dass wir ihr keine Bedeutung beimessen sollten, im Gegenteil: Vielleicht sind die Dinge, die schwer zu bestimmen sind, die wertvollsten. Am wertvollsten in der Mathematik sind ihre tiefen Wahrheiten, nicht die leicht zu behaltenden, leicht wiederzugebenden Fakten.

In diesem Buch geht es also um die tiefen Wahrheiten der Mathematik – genauer darum, wie wir sie erkennen. Es ist wie in dem alten Sprichwort, wonach man einem Menschen das Fischen beibringen soll, statt ihm einen Fisch zu geben: Wenn ich Ihnen tiefe Wahrheiten der Mathematik darstelle, gebe ich Ihnen nur diese Wahrheiten. Wenn ich Ihnen aber zeige, wie Sie Zugang zur Wahrheit der Mathematik bekommen, dann können Sie im Prinzip jede einzelne mathematische Wahrheit erkennen. Auf einer Ebene handelt dieses Buch von einigen spezifischen Fragen und Antworten, auf einer tieferen, wichtigeren Ebene aber handelt es davon, wie Fragen uns auf eine Reise schicken, wohin diese Reise führt, warum wir sie antreten sollten und was wir unterwegs zu sehen bekommen.

Es mag den Anschein haben, dass es in Mathe darum gehe, die richtigen Antworten zu finden, aber in Wahrheit geht es um das Forschen und Entdecken, um die Reise zur mathematischen Wahrheit und darum, zu erkennen, wann wir diese gefunden haben. Die Reise beginnt mit Neugier, und Neugier äußert sich in Fragen.

1

Wie Mathe entsteht

Warum ist 1 + 1 = 2?

Eine mögliche Antwort auf diese Frage lautet: «Es ist einfach so!» – eine Abwandlung von «Weil ich es sage!» und eine Antwort, die Kinder seit Generationen frustriert. «Weil ich es sage» bedeutet, es gibt eine Autoritätsperson, die die Regeln aufstellt, ohne sie rechtfertigen zu müssen; sie kann sich beliebige Regeln ausdenken, und alle anderen sind Lakaien, die diese Regeln zu befolgen haben.

Es ist vollkommen in Ordnung, wenn man von dieser Vorstellung frustriert ist. Es ist sogar ein starker mathematischer Impuls, alle Regeln brechen oder Szenarien finden zu wollen, in denen diese Regeln nicht gelten – nur um zu zeigen, dass die vermeintliche Autoritätsperson nicht so viel Autorität hat, wie sie glaubt.

Mathe kann wie eine Welt von Regeln erscheinen, die man einfach befolgen muss; sie erscheint dann rigide und langweilig. Im Unterschied dazu wird meine Liebe zur Mathematik von meiner Vorliebe für das Brechen von Regeln – oder zumindest das Anrennen gegen sie – befeuert. Es macht mich ein bisschen verlegen, weil ich damit wie eine Jugendliche klinge, die nie erwachsen geworden ist. Meine Liebe zur Mathematik wird auch davon befeuert, dass ich bei allem nach dem «Warum» fragen will – wie ein Kleinkind! Aber beide Impulse sind von großer Bedeutung für die Erweiterung unseres Wissens, insbesondere des mathematischen. Sie waren wichtig für die Entstehung der Mathematik und sind wichtig für deren Weiterentwicklung. Vor allem letzteres ist unser Thema in diesem Kapitel.

Ich möchte betonen, dass ich im Alltagsleben ein gesetzestreuer Mensch bin, denn ich verstehe Regeln, die den Zweck haben, eine Gemeinschaft zusammenzuhalten und für die Sicherheit der Menschen sorgen. Ich glaube an diese Regeln. Ich habe nichts dagegen, Regeln zu befolgen, die einen Sinn haben. Dagegen glaube ich nicht an willkürliche Regeln, die keine Berechtigung zu haben scheinen oder an deren Berechtigung ich nicht glaube: Regeln wie «Du musst jeden Tag dein Bett machen» (was wirklich nicht nach meinem Geschmack ist) oder «Bring Schokolade niemals in der Mikrowelle zum Schmelzen» (sicher kann man sie dadurch leicht ruinieren, aber wenn man sie alle 15 Sekunden umrührt, kann nichts passieren, habe ich festgestellt).

Ich möchte also untersuchen, woher sie kommen, die Regeln der Mathematik und die Mathematik selbst. Ich werde beschreiben, wie Mathe aus kleinen Keimen entsteht, auf organische Weise wächst und schließlich große Höhen erreicht. Die Keime sind scheinbar naive Fragen, die jeder von uns stellen könnte und die kleine Kinder oft stellen, statt sich einfach damit zufrieden zu geben, dass es so ist, wie ihnen gesagt wird: Fragen wie die, warum 1 + 1 gleich 2 ist. Wie alle Keime müssen auch diese auf die richtige Weise genährt werden, um zu wachsen. Sie benötigen einen fruchtbaren Boden, Platz für ihre Wurzeln und schließlich Nahrung. Leider werden unsere scheinbar naiven Fragen allzu oft nicht auf diese Weise genährt, sondern als «dumm» abgetan und beiseitegeschoben. Aber Fragen, die die Fundamente der Mathematik betreffen, unterscheiden sich von scheinbar naiven Fragen vielleicht nur darin, dass erstere gehegt und gepflegt werden. Das heißt, es gibt keinen Unterschied. Die Keime sind die gleichen.

Menschen, die Mathe nicht mögen, werden oft von der autoritären Feststellung abgeschreckt, dass etwas die richtige Antwort sei, ohne dass dies begründet würde. «Eins plus eins *ist* einfach zwei.» Aber wenn wir uns fragen, warum ein solcher Satz wahr ist, können wir uns dadurch eine solide Grundlage für die Mathematik schaffen, so dass wir klare und schlüssige Aussagen treffen können. Manche empfinden diese Klarheit und Schlüssigkeit als entspannend und befreiend, während andere sie als einschränkend und autoritär empfinden. Doch wenn wir einer Frage wie «Warum ist 1 + 1 = 2?» nachgehen, können wir den Gedanken prüfen, dass es in der Mathematik keine eindeutig richtigen Antworten gibt, sondern dass in verschiedenen Kontexten verschiedene Antworten richtig sind. Dies wird uns danach fragen lassen, woher die Zahlen und die Regeln der Arithmetik überhaupt kommen und wie wir diese Regeln in anderen mathematischen Kontexten verwenden können, etwa wenn wir über geometrische Formen nachdenken. Das berührt viele wichtige Themen in der Entwicklung der Mathematik, beginnend mit der Herstellung von Zusammenhängen, dem Ernstnehmen der Abstraktion und der Erweiterung unseres Denkens, um nach und nach mehr von der Welt um uns herum zu erfassen.

Aber fragen wir uns zunächst, statt darüber nachzudenken, warum eins plus eins gleich zwei ist, ob das überhaupt immer zutrifft.

Grenzen in Frage stellen

Kinder scheinen von Natur aus immer auf der Suche nach Gegenbeispielen zu sein. Ein Gegenbeispiel ist ein Beispiel, das beweist, dass eine Behauptung nicht wahr ist. Zu behaupten, etwas sei immer wahr, ist wie das Ziehen einer Grenze um etwas herum, und Beispiele vorzubringen, die die Behauptung widerlegen sollen, ist wie ein In-Frage-Stellen dieser Grenze. Das ist ein Drang, der wichtig ist für die Mathematik.

Sie können versuchen, einem Kind die Antwort auf das «eins plus eins» beizubringen, indem Sie etwa fragen: «Wenn ich dir einen Muffin gebe und noch einen Muffin, wie viele Muffins hast du dann?» Das Kind könnte aber vergnügt erklären: «Keinen, weil ich sie schon gegessen habe!» Oder gar: «Keinen, weil ich keine Muffins mag.» Ich bin immer entzückt, wenn ich im Internet kecke Antworten von Kindern entdecke, die deren Eltern gepostet haben. Eine meiner absoluten Lieblingsantworten war die Antwort auf die Frage: «Joe hat sieben Äpfel und macht aus fünf davon einen Apfelkuchen – wie viele Äpfel hat er übrig?» Das Kind meiner Freundin hatte nämlich geschrieben: «HAT ER DEN KUCHEN SCHON GEGESSEN?» Ich freue mich über Antworten, die wohl richtig, aber definitiv nicht die Antworten sind, die als richtig gelten sollen. In der Denkweise der Kinder kommt ein wichtiger, aber zu wenig gewürdigter Aspekt des mathematischen Instinkts zum Ausdruck, nämlich das Bedürfnis, sich gegen ungerechtfertigte Autoritäten aufzulehnen.

Es kann sein, dass Kinder sich gegen Autoritäten auflehnen, um die Grenzen von Situationen auszuloten oder um ein Gefühl ihrer selbst in einer

Welt zu erlangen, in der kaum etwas nach ihrem Willen geschieht. Ich erinnere mich noch genau an meine Kindheit und daran, wie frustrierend es war, immer tun zu müssen, was die Erwachsenen von mir forderten. Wenn ich merkte, dass ein Erwachsener mir eine Suggestivfrage stellte, machte es mir Spaß, ein bisschen das Thema zu wechseln und zum Beispiel zu sagen: «Ich mag keine Muffins.»

Das mag ein vorwitziges und obstruktives Bedürfnis sein, aber ich denke, es ist auch ein mathematisches Bedürfnis. Ja, vielleicht ist die Mathematik vorwitzig und obstruktiv, aber man kann es auch so ausdrücken, dass sie Grenzen ausloten will – genauso, wie Kinder es tun. Wir wollen uns im Klaren sein über die Grenzen, in denen etwas wahr ist, damit wir Gewissheit haben, dass wir uns in einem «sicheren» Bereich befinden; wir wollen aber auch außerhalb dieses Bereichs forschen können, wenn wir uns wagemutig fühlen oder neugierig sind. Es ist wie bei einem Kleinkind, das davonrennt, um zu sehen, wann ein Erwachsener ihm nachläuft. Das Nachdenken über Szenarien, in denen eins plus eins *nicht* zwei ist, ist ein Beispiel dafür.

Wenn ich sage: «Ich bin nicht nicht müde», dann bedeutet das, dass ich müde bin, und manche Kinder finden es lustig zu sagen: «Ich bin nicht nicht nicht nicht nicht nicht nicht nicht nicht nicht nicht müde!» Um dann in hysterisches Lachen auszubrechen, weil sie wissen, dass keiner mitgezählt hat, wie oft sie «nicht» gesagt haben. Worauf es hier ankommt, ist, dass ein «nicht» plus ein «nicht» dasselbe ist wie null «nicht». Das erinnert mich an das Korrigieren der Lösungen einer furchtbar schwierigen Prüfungsaufgabe, die eine lange und mühsame Berechnung mit vielen Gliedern enthielt, bei der die Studierenden leicht ein negatives Vorzeichen übersehen konnten. Dieses Korrigieren war besonders unangenehm, weil die Studierenden, wenn sie zwei oder gar vier solcher Fehler gemacht hatten, trotzdem vielleicht zur richtigen Antwort gekommen waren. Aber in Mathe zählt die Antwort nur dann als richtig, wenn sie richtig zustande gekommen ist (ein Punkt, auf den ich im nächsten Kapitel zurückkomme), und so musste ich ziemlich genau hinsehen, um zu erkennen, ob die Antwort zwar «richtig», der Weg dorthin aber fehlerhaft gewesen war.

Ein weiteres Szenario, in dem eins plus eins gleich null ist, ist das, in dem alles null ist, wie die Welt der Süßigkeiten, als ich klein war: Ich war allergisch gegen künstliche Lebensmittelfarben, und damals enthielten alle Süßigkeiten künstliche Lebensmittelfarben, so dass ich, egal, wie viele Süßigkeiten ich hatte, im Grunde keine hatte.

Manchmal kann eins plus eins auch mehr als zwei ergeben, weil Rundungsfehler auftreten. Wenn wir nur mit ganzen Zahlen arbeiten, zählt 1,4 als 1 (weil das die nächstliegende ganze Zahl ist). Aber 1,4 plus 1,4 ergibt 2,8, was (gerundet auf die nächstliegende ganze Zahl) als 3 zählt. In der Welt der gerundeten Zahlen sieht es also so aus, als ob eins plus eins drei ergäbe. In einem verwandten Szenario haben sowohl Sie als auch Ihr Freund jeweils genug Geld, um sich eine Tasse Kaffee zu kaufen, und *zusammen* haben Sie genug, um sich *drei* Tassen Kaffee zu kaufen. Aber auch wenn *Sie selbst* 1,5- oder gar 1,9-mal so viel Geld haben, wie eine Tasse Kaffee kostet, bekommen *Sie selbst* für Ihr Geld trotzdem nur *eine* Tasse Kaffee.

Manchmal kann eins plus eins auch deshalb mehr als zwei ergeben, weil es um Fortpflanzung geht: Wenn man zum Beispiel ein Kaninchen und ein anderes Kaninchen zusammenbringt, kann es durchaus sein, dass man am Ende eine ganze Menge Kaninchen hat. Manchmal ergibt eins plus eins mehr als zwei aber auch deshalb, weil die Dinge, die man addiert, komplizierter sind: Wenn sich ein Tennisdoppel-Team mit einem anderen Tennisdoppel-Team zu einem Tennisnachmittag trifft, können am Ende mehr als zwei Doppel-Teams gespielt haben, weil die zwei mal zwei Tennisspieler in allen möglichen Kombinationen gegeneinander angetreten sind. Wenn das erste, gemischte Doppel-Team aus A und B besteht und das zweite aus C und D, sind folgende Paarbildungen möglich: AB, AC, AD, BC, BD, CD. Ein Tennisdoppel-Team plus ein anderes Tennisdoppel-Team kann also insgesamt sechs Tennisdoppel-Teams ergeben.

Manchmal ist eins plus eins auch einfach nur eins: Wenn man einen Sandhaufen auf einen anderen Sandhaufen schaufelt, hat man hinterher noch immer nur einen Sandhaufen. Oder, wie ein Kunststudent in einem meiner Seminare bemerkte: Wenn man eine Farbe mit einer anderen Farbe mischt, erhält man *eine* Farbe. Oder, wie ich in einem lustigen Meme gesehen habe: Wenn man eine Lasagne auf eine andere Lasagne legt, ist es immer noch nur *eine* Lasagne (wenn auch eine größere).

Ein etwas anderes Szenario, in dem eins plus eins gleich eins ist: Wenn man einen Gutschein für, sagen wir, einen Donut zum Kaffee hat, aber man kann maximal einen Gutschein pro Person einlösen, so ist es auch dann, wenn man einen weiteren Gutschein hat, so, als hätte man nur einen (es sei denn, man kann ihn jemand anderem geben). Oder wenn man im Zug die «Türen öffnen»-Taste mehr als einmal drückt, kommt es auf das Gleiche heraus, wie wenn man sie nur einmal drückt – jedenfalls, was den Effekt angeht, den das Drücken der Taste hat. Vielleicht aber nicht, was das Maß an Frustration betrifft, das man mit dem Drücken der Taste abreagieren kann; möglicherweise ist das der Grund, warum manche Leute die Taste mehrmals drücken.

Sie denken jetzt vielleicht, dass eins plus eins in den beschriebenen Szenarien nicht *wirklich* etwas anderes ergibt als zwei, weil darin nicht *wirklich* addiert wird, oder weil es nicht *wirklich* um Zahlen geht, oder aus einem anderen Grund. Das können Sie gern denken, aber das ist nicht das, was Mathe macht.

Mathe sagt vielmehr: Lasst uns herausfinden, was das für Kontexte sind und was sie bedeuten. Lasst uns herausfinden, welche Folgen es hat, wenn die Dinge so liegen, und sehen, welche anderen Kontexte es gibt, in denen die Dinge ähnlich liegen. Lasst uns genauer bestimmen, in welchem Kontext eins plus eins wirklich zwei ist und in welchen nicht. Dadurch werden wir einen Aspekt der Welt besser verstehen als bisher.

So ist Mathe entstanden, so entwickelt sie sich weiter. Und um Kontexte zu untersuchen, in denen eins plus eins zwei beziehungsweise *nicht* zwei ist, möchte ich nicht nur graben, um herauszufinden, wie diese Gleichung entstanden ist, sondern ich möchte so tief graben, dass klar wird, wie jede Form von Mathe entsteht.

Die Ursprünge der Mathematik

Mathe entsteht aus dem Wunsch, Dinge besser zu verstehen. Und um Dinge besser zu verstehen, suchen wir einen Weg, über sie nachzudenken, der sie einfacher macht. Ein Weg, Dinge einfacher zu machen, ist, die schwierigen Aspekte zu ignorieren. Aber besser ist es, eine Sichtweise zu entwickeln, die es uns ermöglicht, uns auf den Aspekt zu konzentrieren, der für uns gerade wichtig ist, ohne zu vergessen, dass die anderen Aspekte existieren.

Es ist ein bisschen wie ein Filter auf der Kameralinse, der es uns ermöglicht, uns auf bestimmte Farben zu fokussieren, bevor wir ihn gegen einen anderen Filter austauschen, um andere Farben zu sehen. Oder wie bei der Zubereitung eines Eintopfs, wenn man die Flüssigkeit abseiht, um sie zu reduzieren und zu verdicken – man schüttet das andere nicht weg, sondern gibt es anschließend wieder hinein.

Der bekannteste Ausgangspunkt für Mathe sind die Zahlen. Die meisten Kinder werden mit ihnen in Mathe eingeführt und erhalten so den ersten Eindruck davon, was Mathe ist. Für viele Menschen bestimmen sie sogar den bleibenden Eindruck von Mathe. Aber in Mathe geht es um viel mehr als nur um Zahlen. Und selbst wenn es in Mathe scheinbar um Zahlen geht, geht es in Wahrheit oft um den Prozess, der uns von unserer Welt in die Welt der Zahlen gelangen lässt, und um die Erkenntnisse, die wir dabei gewinnen.

Das Bedauerliche an der starken Assoziation von Mathe mit Zahlen ist, dass Zahlen Menschen, die Mehrdeutigkeit, Kreativität, Phantasie und Forschen ohne Vorgaben mögen, langweilig erscheinen können – und dass ihnen deshalb zu Unrecht auch Mathe langweilig erscheinen kann. Ich behaupte nicht, dass Zahlen interessant sind, sondern ich behaupte das Gegenteil: dass sie in der Tat langweilig sind, dass genau das aber ihren Wert ausmacht. Sie *müssen* langweilig sein.

Bei der Arbeit mit Zahlen geht es darum, einen Aspekt der Welt um uns herum so auf den Punkt zu bringen, dass wir mit ihm so schnell wie möglich fertig sind und unser Gehirn sich mit den aufregenderen Aspekten der Welt befassen kann. Das ist, wie wenn wir einen Computer die uninteressantesten Aufgaben des Lebens erledigen lassen – für mich gehören dazu das Bezahlen von Rechnungen, das Bestellen von Lebensmitteln und das Skalieren von Rezepten –, so dass unser Gehirn für die interessanteren Dinge frei ist: Ich zum Beispiel möchte lieber mit Menschen interagieren, Musik machen und leckeres Essen kochen.

Zahlen entstehen aus unserem Wunsch, die Welt um uns herum zu vereinfachen. Kein Wunder, dass das Ergebnis einfach und damit potentiell langweilig ist. Aber wie wir Zahlen erfinden, das ist alles andere als langweilig. Zahlen entstehen, wenn wir verschiedene Gegebenheiten als analog auffassen und entscheiden, welchen Aspekt dieser Gegebenheiten wir vorübergehend ignorieren. Wir sehen etwa zwei Äpfel und zwei Bananen und erkennen eine gewisse Ähnlichkeit zwischen den beiden Paaren, die dazu führt, dass wir den Begriff «zwei» bilden. Aber um das zu tun, müssen wir das Apfel-Sein der Äpfel und das Banane-Sein der Bananen ignorieren und diese Dinge abstrakt als bloße Objekte ohne ihre besonderen Eigenschaften sehen.

Das ist ein Abstraktionssprung. Er ist schwierig, und es ist kein Wunder, dass Kinder eine Weile brauchen, um ihn zu machen. Wir können versuchen, ihnen dabei zu helfen, indem wir immer wieder vor ihren Augen Dinge zählen, aber letztlich müssen sie den Sprung selbst machen; wir können das nicht für sie tun.

Das Problem ist, dass es reduktionistisch erscheinen kann, wenn wir die wesentlichen Merkmale der betreffenden Objekte vergessen. Sehen wir nur den Aspekt, der die Dinge «langweiliger macht», dann erscheint uns alles langweilig, während wir unser Augenmerk doch darauf richten sollten, was der Sinn der Sache war, nämlich erstaunliche neue Wege des Verständnisses zu eröffnen.

Abstraktion

Durch das Erfinden von Zahlen haben wir etwas sehr Bedeutsames getan: Wir haben eine Abstraktion geschaffen. Abstrahieren heißt, einige Details einer Gegebenheit zu vergessen, um eine «idealisierte» Version von ihr zu betrachten, die nicht mit der konkreten (realen) Version identisch ist, aber die Merkmale erfasst, über die wir gerade nachdenken wollen. Damit entfernen wir uns von der realen Gegebenheit, aber wir tun es mit einem Ziel: Wir wollen Ähnlichkeiten zwischen verschiedenen Gegebenheiten entdecken, damit wir mehr Gegebenheiten auf einmal verstehen können, ohne viel Aufwand treiben zu müssen. Wir vereinfachen gewissermaßen unsere

Bausteine, um kreativer bauen zu können. Es ist wie der Unterschied zwischen einem Puzzle, dessen Teile ein bestimmtes Bild ergeben sollen und nur auf *eine* Weise zusammenpassen, und einem Puzzle, dessen Teile weniger individuell sind und daher auf vielerlei Weise zusammenpassen; bei einem solchen Puzzle sollen die Teile nicht zu einem bestimmten Bild zusammengesetzt werden, sondern es geht darum, alle Gebilde kennenzulernen, zu denen man die Teile zusammensetzen kann. Das Tangram-Puzzle, bei dem es um letzteres geht, hat mir aus ebendiesem Grund immer viel Spaß gemacht; die Teile sind einfache geometrische Formen: ein Quadrat, einige Dreiecke verschiedener Größe und ein Parallelogramm. Man nimmt an, dass das Tangram aus dem China des 18. Jahrhunderts stammt; ähnliche Konstruktionen gehen aber auf chinesische Mathematiker viel früherer Zeiten zurück. Die Formen können zu einem Quadrat zusammengelegt werden, wie unten zu sehen ist, sie können aber auch dazu verwendet werden, unendlich viele andere Formen zu bilden, die auf stilisierte Weise Menschen, Tiere oder was immer darstellen. Zum Beispiel einen Hasen:

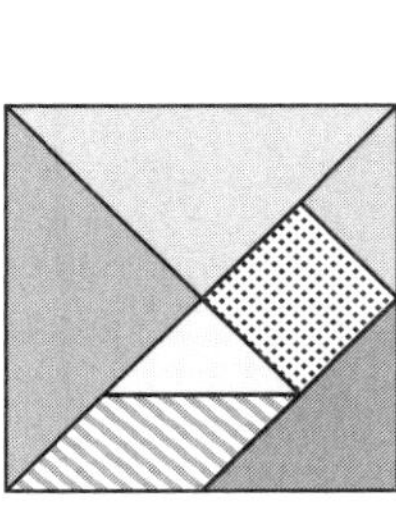

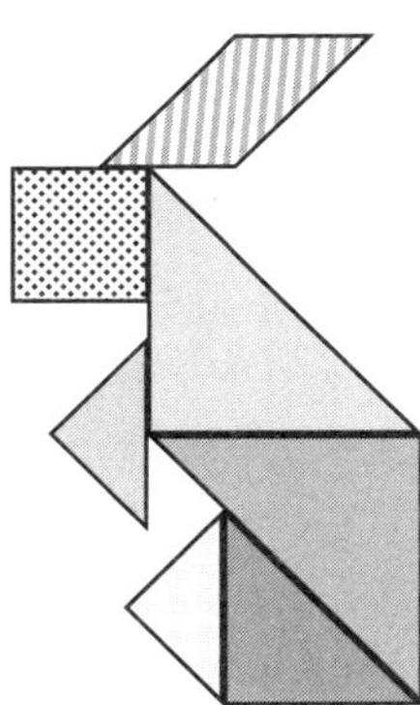

Auch Zahlen erschließen eine Welt unbegrenzter Möglichkeiten, nur eben auf weniger anschauliche Weise. (Auf die Verwendung von Bildern in Mathe komme ich in Kapitel 7 zurück.) Und abgesehen davon, dass Zahlen weniger reizvoll sind, können sie ziemlich abweisend wirken, wenn das Einzige, was man mit ihnen tut, darin besteht, auf bestimmte Fragen bestimmte Antworten zu geben, und man dann gesagt bekommt, dass man entweder richtig oder falsch lag.

Zahlen sind definitiv nicht das A und O der Mathematik, aber mit ihnen fangen wir an zu lernen, mit Abstraktionen logisch zu denken. Die wichtigen Schritte dieses Vorgangs sind etwa die folgenden.

Zunächst entscheiden wir, für welche Aspekte einer Gegebenheit wir uns interessieren. Vielleicht stellen wir Gemeinsamkeiten zwischen verschiedenen Gegebenheiten fest und sind neugierig darauf, woher diese kommen. Dann abstrahieren wir: Wir fokussieren uns auf Aspekte der verschiedenen Gegebenheiten, die einander ähnlich sind. Handelt es sich um Quantitäten, lassen wir uns etwas einfallen wie Zahlen, die die «Essenz» dessen sind, worauf wir uns gerade fokussieren. Damit ist eine neue, abstrakte Welt erschaffen, die wir dann erkunden können, um herauszufinden, wie die Dinge dort funktionieren, was für Geschöpfe dort leben, was für seltsame und wunderbare Landschaften hinter der nächsten Ecke lauern.

Wenn wir uns eingeengt fühlen von dieser Welt, können wir einfach eine neue erschaffen und diese erkunden, und das tun wir auch oft. Wenn wir aber mehr darüber wissen wollen, wie diese Welt mit der Welt um uns herum zusammenhängt, können wir auch das in Erfahrung bringen. Und wenn wir eine andere Beziehung zwischen der Welt um uns herum und unserer abstrakten Welt herstellen wollen, können wir das ebenfalls tun; zum Beispiel können wir Quantitäten auf verschiedene Weise messen, Dinge auf andere Weise zählen oder Zahlen mit Dingen auf vielerlei Weise in Zusammenhang bringen – genauso, wie wir ein Restaurant nach verschiedenen Kriterien bewerten können. Wenn wir uns auf einen anderen Aspekt der Welt um uns herum fokussieren wollen, zum Beispiel auf geometrische Formen statt auf Quantitäten, können wir das tun.

Es ist ein bisschen so, wie wenn man einen neuen Tuschkasten bekommt und die Farben mischt, um zu sehen, was man mit ihnen machen kann. Das Wunderbare an den mathematischen Farben aber ist, dass sie nie ausgehen. Man riskiert nicht, sie für nichts und wieder nichts aufzubrauchen, wenn man sie auf eine Art und Weise mischt, die einem hinterher nicht gefällt, denn sie sind ja nur Vorstellungen, und es sind immer mehr da, mit denen man experimentieren kann. Wenn man mit Zahlen spielt, verbraucht man sie nicht, und so ist es mit allen abstrakten Begriffen. Für mich ist das einer der schönsten und befriedigendsten Aspekte der Mathematik. Aber es wirft auch die knifflige Frage auf, ob irgendetwas davon real ist.

Sind abstrakte Begriffe real?

Das Erste, was mir zu dieser Frage einfällt, ist: Was bedeutet überhaupt «real»? Ist irgendetwas real? Wenn ich zu viel darüber nachdenke, kann ich mir leicht einreden, dass ich nicht real bin und dass nichts real ist.

Wenn Sie sich schon mal gefragt haben, ob Mathe real ist, hat man Ihnen vielleicht gesagt: Das ist eine dumme Frage. Vielleicht haben Sie dann an Menschen gedacht, die «gut in Mathe» sind, und es ist Ihnen aufgefallen, dass diese Menschen sich keine Gedanken über solche Fragen machen, sondern einfach die richtigen Antworten finden.

Nun, ich versichere Ihnen, dass Mathematiker und vor allem Philosophen die Frage nach dem Status der Mathematik durchaus stellen. Gibt es Zahlen? Ich bin keine Philosophin, daher werde ich mich nicht zu der philosophischen Frage äußern, sondern nur sagen, was ich denke.

Um zu untersuchen, was es bedeutet, dass etwas «real» ist, könnte es uns helfen, an einige Dinge zu denken, die wir für real beziehungsweise für nicht real halten. Es gibt viele konkrete Dinge, die wir anfassen können und bei denen wir uns wahrscheinlich einig sind, dass sie real sind. Die Welt ist real, Menschen sind real, Essen ist real. Dann gibt es Dinge, die wir nicht anfassen können, die wir aber für real halten, wie zum Beispiel Hunger, Liebe und Armut. Es gibt aber auch Dinge, bei denen wir uns vielleicht einig sind, dass sie nicht real sind: Dazu gehören der Osterhase, die Zahnfee und der Weihnachtsmann. Und es gibt Dinge, bei denen die Menschen sich definitiv nicht einig sind, wie Gott, UFOs, Geister und leider auch COVID.

Aber warten Sie einen Moment: Ich glaube nämlich, der Weihnachtsmann und die Zahnfee *sind* real. Sie denken jetzt vielleicht, ich hätte den Verstand verloren, aber lassen Sie mich versuchen, meinen Gedanken zu erläutern.

In einigen Kulturen glauben kleine Kinder (weil es ihnen von den Erwachsenen gesagt wird), dass der Weihnachtsmann ein Mann mit einem flauschigen weißen Bart sei, dass er einen roten Mantel trage und in einem von Rentieren gezogenen Schlitten um die Welt fliege, um den Kindern Geschenke zu bringen. Irgendwann werden diese Kinder älter und stellen desillusioniert fest, dass sie ihre Weihnachtsgeschenke von ihren Eltern bekommen, die sie unter den Baum legen. Man sagt, diese Kinder erkennen dann, dass es den Weihnachtsmann «nicht gibt», dass er also «nicht real ist».

Ich behaupte jedoch, dass hier im Grunde etwas anderes zu erkennen wäre: nicht, dass der Weihnachtsmann nicht real ist, sondern dass die unrealistische traditionelle Beschreibung des Weihnachtsmanns nicht wörtlich genommen werden darf. Denn *etwas ist* real: etwas, das dazu führt, dass an Weihnachten Kinder auf der ganzen Welt Geschenke bekommen. Dieses Etwas ist ein abstrakter Begriff – die Vorstellung «Weihnachtsmann». Vielleicht kann man sagen, dass die Vorstellung «Weihnachtsmann» real ist, der Weihnachtsmann «selbst» aber nicht. Mathematische Begriffe sind jedoch so abstrakt, dass sie nichts als Vorstellungen sind. Die Vorstellung «zwei» *ist* die Zahl zwei. Und diese Vorstellung ist real. Da ich es gewohnt bin, abstrakte mathematische Vorstellungen als reale Objekte zu behandeln, betrachte ich auch den Weihnachtsmann gern als reale abstrakte Vorstellung. Vorstellungen ernst zu nehmen und sie als reale Dinge zu behandeln, ist ein wichtiger Bestandteil der Entwicklung der Mathematik.

Wie Mathe sich entwickelt

Es mag den Anschein haben, als ginge es in Mathe nur um Zahlen und Gleichungen. Aber wenn Sie an die frühe Schulmathematik zurückdenken, erinnern Sie sich vielleicht daran, dass es auch um andere Dinge ging, etwa um geometrische Formen und Muster und bildliche Darstellungen wie Balkendiagramme und Venn-Diagramme. Meine Forschungen (in dem hoch abstrakten Zweig der Mathematik, der als Kategorientheorie bezeichnet wird) haben überhaupt nichts mit Zahlen und Gleichungen zu tun. Wenn Mathe also nicht nur die Untersuchung von Zahlen und Gleichungen ist, was ist sie dann? Ich nenne sie gern «die Untersuchung der Funktionsweise von Dingen», aber ich meine damit nicht die Lehre von irgendwelchen lange bekannten Dingen und auch nicht irgendeine alte Lehre. Ich sage:

Mathematik ist die logische Untersuchung
der Funktionsweise logischer Dinge.

Das erste Problem an dieser Definition ist, dass nichts wirklich logisch ist: Alles im Leben funktioniert durch eine Mischung aus Logik und anderen Dingen, wie Zufall, Chaos, Gefühlen. Oder es ist so, dass auch diese anderen Dinge logisch sind, nur zu komplex für uns, um sie mithilfe von logischem Denken zu verstehen. Das Wetter zum Beispiel ist eigentlich logisch, nur werden wir nie in der Lage sein, die Vorgänge in der Atmosphäre so genau zu messen, dass wir das Wetter mithilfe von logischem Denken verlässlich vorhersagen können. Das Wetter ist nicht unlogisch, es ist nur schwer zu verstehen.

Mathe bearbeitet dergleichen Dinge zumeist mit dem Prozess, den ich gerade beschrieben habe: Abstraktion. Wir vergessen bestimmte Details von Gegebenheiten, um uns aus der chaotischen «realen» Welt in die abstrakte Welt der Vorstellungen zu versetzen, in der sich die Dinge logisch verhalten, weil wir die Details, die das nicht tun, bequemerweise (vorübergehend) ignoriert haben. Ich vermeide es, die nicht-abstrakte Welt als «real» zu bezeichnen, da abstrakte Vorstellungen keineswegs irreal sind, und nenne die nicht-abstrakte Welt – die Welt, die wir anfassen können – lieber «konkret».

Ein faszinierender Aspekt von Mathe ist, dass sie nicht nur durch das definiert wird, was sie untersucht. Die meisten Fächer, wie Geschichte, Biologie, Psychologie, Wirtschaft, werden durch das definiert, was sie untersuchen, und sie entwickeln Methoden zur Untersuchung ihrer Gegenstände. Mathe dagegen schreitet zyklisch voran: Das, *was* wir untersuchen können, wird durch die Art und Weise definiert, *wie* wir es untersuchen, mit der Konsequenz, dass wir neue Dinge entdecken, die wir dann auch untersuchen können, und neue Methoden, diese Dinge zu untersuchen. Es ist in etwa so:

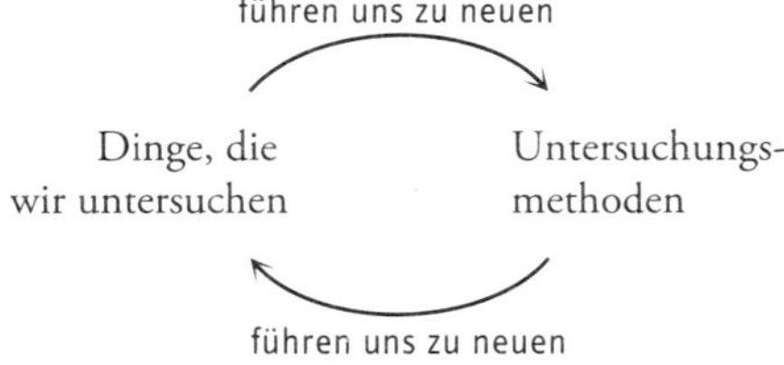

Aber *jeder* Pfeil bringt uns Neues; wir drehen uns also nicht im Kreis, sondern der Kreis ist eine Spirale, bei der es auch immer nach oben geht. Wir entdecken immer neue Dinge, die wir mit unseren Methoden untersuchen können, und finden neue Methoden, um diese Dinge zu untersuchen. Wir steigen gewissermaßen diese spiralförmige «Treppe» hinauf, die ganz unten mit den Zahlen beginnt:

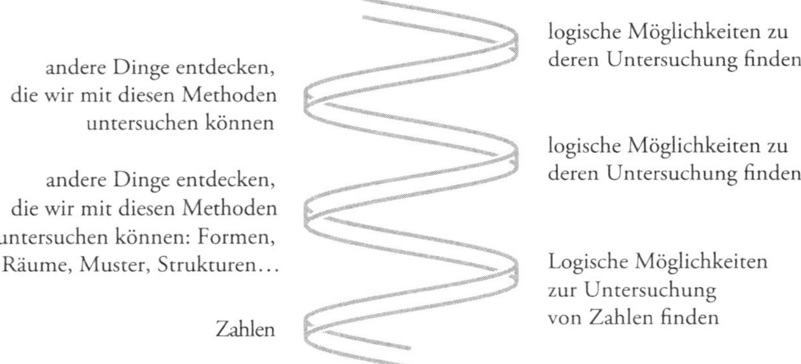

Wir haben also eine Art Wendeltreppe, die immer weiter nach oben führt. Ich möchte zeigen, wie das funktionieren kann, indem ich einen kleinen Gang die Treppe hinauf mache, um zu sehen, wohin sie uns womöglich führt. Dieser Gang wird sich nicht direkt um die Frage nach eins plus eins drehen, sondern er soll den Hintergrund erkunden, damit wir die Frage schließlich auf sinnvolle Weise beantworten können.

Den ersten Schritt die «Treppe» hinauf haben wir getan, als wir herausfanden, wie wir von Dingen um uns herum abstrahieren können, um zu Zahlen zu gelangen. Zahlen verhalten sich logischer als Kekse, Kühe oder was immer wir zu zählen versuchten. Wir haben dann Möglichkeiten gefunden, Zahlen zu untersuchen, beispielsweise wie sie aufeinander bezogen werden, wenn wir addieren und subtrahieren, multiplizieren und dividieren.

Danach haben wir erkannt, dass es noch mehr Dinge gibt, die wir auf diese Weise untersuchen können, zum Beispiel geometrische Formen. Wir haben festgestellt, dass wir von den Dingen um uns herum abstrahieren können, um Gemeinsamkeiten zum Beispiel zwischen einem Fenster, einer Tür und einer Tischplatte zu finden, weil sie alle rechteckig sind. Und wir haben herausgefunden, dass wir einen Halbkreis zu einem Kegel für einen Hut zusammendrehen können, dass der Kegel auch eine geeignete Form zur vorübergehenden Markierung von Fahrbahnen im Straßenverkehr ist und dass er (wenn wir ihn aus Teig backen und umdrehen) einen praktischen essbaren Behälter für Eiscreme abgibt. Das meine ich übrigens, wenn ich sage, dass dieses Buch eher eine Darstellung von Mathe «fürs Gefühl» ist als eine Geschichte der Mathematik – denn natürlich wurden Kegel schon untersucht, lange bevor es Absperrkegel und Eis in der Waffel gab.

Wie können wir nun geometrische Formen mit den Methoden untersuchen, die wir für die Untersuchung von Zahlen entwickelt haben? Zum Beispiel, indem wir Formen addieren oder subtrahieren, das heißt sie zusammenkleben oder Teile von ihnen ausschneiden. Wir können auch Formen multiplizieren, aber das ist etwas schwieriger und setzt voraus, dass wir uns genauer klarmachen, was Multiplikation bedeutet.

Erweiterung des Begriffs der Multiplikation

Ganz gleich, ob wir mit dem Multiplizieren von Zahlen gut zurechtkommen oder ob uns davor graut, es ist etwas, das wir für selbstverständlich halten. Doch wenn wir, statt etwas für selbstverständlich zu halten, intensiv darüber nachdenken, was es bedeutet oder wie es funktioniert, können wir manchmal viel mehr daraus machen. Nicht immer. Manchmal lähmt es uns mental, etwa wenn wir zu intensiv darüber nachdenken, was der Sinn des Lebens ist. Aber wenn ich wirklich intensiv über, sagen wir: meine Komfortzone nachdenke, kann ich die Zahl der Dinge, die ich gern tue, vergrößern, statt das Gefühl zu haben, dass ich meine Komfortzone verlasse, wenn ich diese Dinge tue.

Wir werden jetzt intensiv über das Multiplizieren von Zahlen nachdenken. Das wird uns mit der Möglichkeit bekannt machen, andere Dinge zu multiplizieren, zum Beispiel geometrische Formen, und so den Begriff der Multiplikation für uns erweitern. Die Mathematiker haben das immer weiter vorangetrieben und nach und nach eine ganze Theorie entwickelt, wann es möglich ist, überhaupt etwas zu multiplizieren. Die «abstrakten» Mathematiker wollen das wahrscheinlich für alle mathematischen Begriffe zu tun, nicht nur für die der Arithmetik.

Wenn wir mit dem Multiplizieren von Zahlen beginnen, können wir uns 4 × 2 als «vier Mengen à zwei» vorstellen, also 2 + 2 + 2 + 2. Wir können zwei Zähler nehmen, und dann zwei weitere, und zwei weitere, und zwei weitere, und sie einfach zusammenzählen, um zu sehen, wie viele es insgesamt sind:

Das mag für das Multiplizieren von geometrischen Formen mit Zahlen sinnvoll sein, denn «4 × ein Kreis» würde einfach «vier Kreise» ergeben. Es ist aber nicht sinnvoll für das Multiplizieren von Formen mit Formen. Denn wenn wir ein Quadrat mit einem Kreis multiplizieren wollen, was um Himmels willen soll «Kreis Mengen à Quadrat» bedeuten? Nun, es kann etwas bedeuten, wenn wir beim Multiplizieren ein wenig phantasievoller vorgehen. Eine Möglichkeit ist, 4 × 2 neu zu denken, und zwar so, dass wir mit einer Spalte von 2 Zählern beginnen und sie entlang einer Linie von 4 Zählern «vervielfältigen», so dass ein 4 × 2-Gitter entsteht:

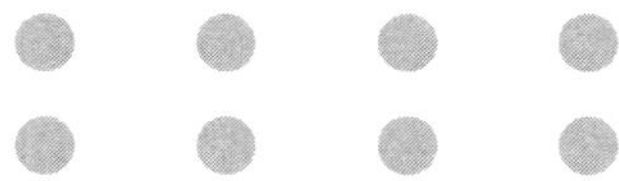

Mit etwas Phantasie können wir uns vorstellen, dies auch mit einem Kreis und einem Quadrat zu tun – wir bewegen ein Quadrat auf einer Kreisbahn und vervielfältigen es dadurch. Es ist ein bisschen schwierig, das auf einer

Buchseite darzustellen, aber vielleicht können wir es mit anderen Formen machen, zum Beispiel mit einer Linie und einem Kreis. Wenn wir mit einem vertikalen Kreis beginnen und ihn in einer geraden Linie «vervielfältigen», entsteht diese Form: ein Zylinder.

Wenn wir es andersherum machen, bewegen wir eine gerade Linie im Kreis und erhalten ebenfalls einen Zylinder. (In beiden Fällen müssen wir darauf achten, dass wir in eine Richtung bewegen, die im rechten Winkel zu der zu bewegenden Form liegt.) Das entspricht zwei verschiedenen Techniken, den Ärmel eines Pullovers zu stricken: Wir können Rundstricknadeln verwenden und Kreis an Kreis stricken, bis wir einen zylindrischen Ärmel haben, und wir können mit normalen Nadeln ein Rechteck stricken und anschließend die beiden langen Kanten zusammennähen. (Ich weiß, der Ärmel müsste am einen Ende breiter sein als am anderen, um formschön zu sein, aber ich hoffe, Sie verstehen die Abbildung.)

Das ist sehr vage, gibt aber eine allgemeine Vorstellung davon, wie wir uns das «Multiplizieren von Formen» vorstellen. Nach dem, was ich gerade gesagt habe, ist

Kreis × Linie = Zylinder

und auch

Linie × Kreis = Zylinder

Das heißt

Kreis × Linie = Linie × Kreis

was analog ist zu dem Vertrauteren

$$4 \times 2 = 2 \times 4$$

Das wird auch als «Kommutativität der Multiplikation» bezeichnet. Dies ist ein Beispiel dafür, wie wir anfangen können, geometrische Formen ähnlich wie Zahlen zu untersuchen. Ich werde später auf weitere Möglichkeiten zu sprechen kommen, einschließlich der Idee, erkennen zu wollen, welches die fundamentalen Bausteine jeder Welt sind.

Nachdem wir nun auf die Idee gekommen sind, geometrische Formen in unsere logischen Untersuchungen einzubeziehen, können wir an weitere Möglichkeiten, Formen zu untersuchen, denken; wir werden mit ihnen eine weitere Stufe unserer «Wendeltreppe» ersteigen.

Weiter die Wendeltreppe hinauf

Wir haben uns eine Methode zur Untersuchung geometrischer Formen angesehen, die von der Multiplikation von Zahlen inspiriert ist. Eine andere, für Zahlen nicht so relevante Methode basiert auf der Vorstellung von Symmetrie. Geometrische Formen sind subtiler als Zahlen, und Symmetrie ist ein Aspekt dieser Subtilität.

Ein Quadrat und ein Rechteck zum Beispiel sind in einer Hinsicht gleich und in anderer Hinsicht verschieden, und eine Möglichkeit, den Unterschied festzustellen, ist, über Symmetrie nachzudenken.

Ein Quadrat ist symmetrischer als ein Rechteck, weil wir es entlang einer Diagonale falten können und die beiden Hälften dann genau aufeinander liegen, was bei einem allgemeinen Rechteck* nicht der Fall ist. Das ist eine praktische Methode, um aus einem rechteckigen Stück Papier ohne Lineal ein Quadrat zu machen: Falten Sie dazu, wie in der Abbildung, eine Ecke nach unten. Im Grunde nutzen wir die Symmetrie eines virtuellen Quad-

* Ich sage «allgemeines Rechteck», um klar zu machen, dass ich von einem Rechteck spreche, das kein Quadrat ist. In der Mathematik gilt das Quadrat als Sonderform des Rechtecks, aber ein quadratisches Stück Papier in der Umgangssprache als Rechteck zu bezeichnen wäre genauso seltsam wie jemanden, der einen Doktortitel hat, als Abiturienten zu bezeichnen.

rats, um als Teil des Rechtecks ein diagonal gefaltetes faktisches Quadrat zu erhalten:

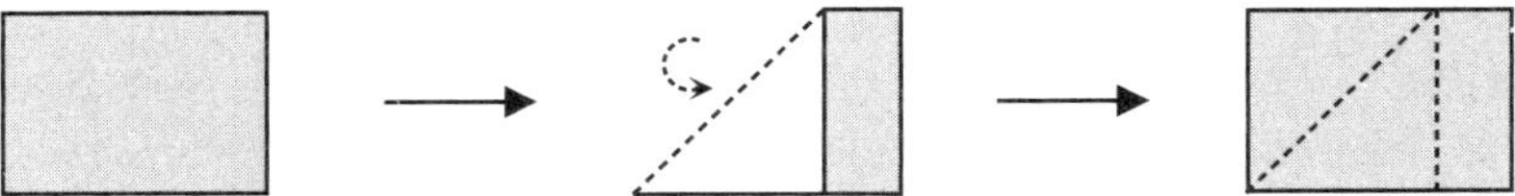

Wir können unser Verständnis von Symmetrie weiterentwickeln, indem wir andere Formen von Symmetrie einbeziehen. Die «Falt»-Form wird als *Reflexions-* oder *Spiegel*-Symmetrie bezeichnet, weil es bei ihr so ist, als würde ein Teil der geometrischen Form gespiegelt und dadurch scheinbar verdoppelt. Eine andere Form von Symmetrie, die sogenannte *Rotations*-Symmetrie, ähnelt in der bildlichen Darstellung eher einer Windmühle; bei ihr kann man eine Form so drehen, dass ein Teil auf einem anderen landet:

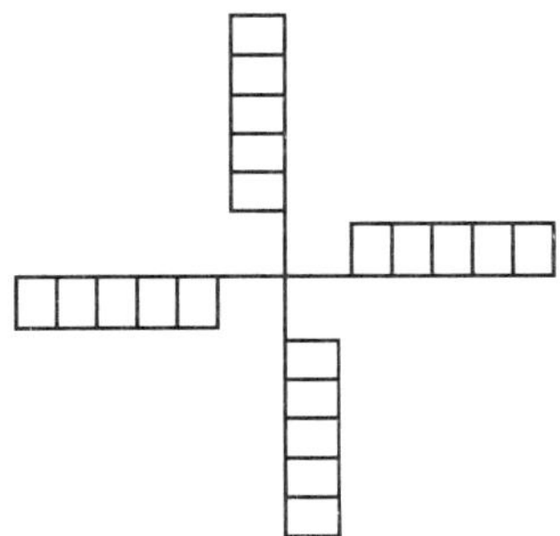

Quadrate und Rechtecke weisen beide Formen von Symmetrie auf. Was geschieht, wenn wir Symmetrien kombinieren? Darum geht es in der *Gruppentheorie*, die aus Symmetrien und deren Kombinationen abstrakte Strukturen macht.

Da wir einmal beim Thema Symmetrie sind: Es gibt noch andere Dinge, die wir auf diese oder ähnliche Weise untersuchen können – Dinge, die keine geometrischen Formen und nur quasi-symmetrisch sind. Sie bringen uns eine weitere Stufe höher auf unserer Wendeltreppe. Ein Beispiel für diese Form von Symmetrie ist die Symmetrie in Wörtern und Folgen von Wörtern, d. h. in Palindromen wie

Anna hetzte Hanna
Dreh mal am Herd
Tu erfreut

Wir erkennen schnell, dass solche Folgen von Wörtern, rückwärts gelesen, das gleiche ergeben wie vorwärts gelesen, wenn wir bereit sind, Leerzeichen, Satzzeichen und Groß- und Kleinschreibung hier und da zu ignorieren.

Auch manche Gleichungen enthalten eine Form von Symmetrie. In diesem Ausdruck zum Beispiel

$$a^2 + ab + b^2$$

haben das a und das b analoge Bedeutung: Wenn wir a und b in jedem der drei Glieder vertauschen, erhalten wir

$$b^2 + ba + a^2$$

was dasselbe ist wie der erste Ausdruck (vorausgesetzt, die Reihenfolge, in der wir addieren und multiplizieren, spielt keine Rolle). Dies ist eine Form von Symmetrie, die auf einem Teilgebiet der Mathematik namens *Galois-Theorie* untersucht wird. Ich bin also jetzt dazu übergegangen, Ausdrücke mit Buchstaben einzubeziehen. (Wenn die Buchstaben Sie nervös machen, habe ich dafür Verständnis; ich komme später darauf zurück, was die Buchstaben in den Gleichungen zu bedeuten haben.)

Wir entwickeln dann mehr Möglichkeiten, über diese Ausdrücke mit Buchstaben nachzudenken – vielleicht indem wir intensiv über die Beziehungen nachdenken, die sie mit geometrischen Formen haben könnten: über das, was sie mit diesen Formen gemeinsam haben, und das, was sie von ihnen unterscheiden könnte. Wo wir also vorher zum einen solche Formen, zum anderen Ausdrücke mit Buchstaben untersucht haben, denken wir jetzt über die Beziehung zwischen Formen und Ausdrücken mit Buchstaben nach. Damit beschäftigt sich mein Forschungsgebiet, die Kategorientheorie. Das ist ein Gebiet, das sich auf Beziehungen zwischen Dingen konzentriert und dies immer weiter vorantreibt, so dass wir Beziehungen zwischen fast allen Dingen untersuchen können. Außerdem können wir anfangen, Dinge, die ursprünglich keine Beziehungen sind, als Beziehungen zu *betrachten*, um sie auf ähnliche Weise zu untersuchen. Zum Beispiel können wir Symmetrie als Beziehung zwischen einem Objekt und ihm selbst betrachten, was bizarr klingt, sich aber als sehr fruchtbare kleine geistige Gymnastik erweist.

Und das ist ein wichtiger Punkt: Weil Mathe mit Abstraktion beginnt, können wir mehr Dinge mathematisch untersuchen, wenn wir uns neue Möglichkeiten ausdenken, eine Abstraktion durchzuführen. Es erweisen sich dann mehr Beispiele als analog, als zuvor analog zu sein schienen. Das ist der Unterschied zur Untersuchung etwa von Delfinen, wo man nicht einfach Dinge als Delfine betrachten kann, um sie dann als Delfine zu studieren, wenn sie nicht schon Delfine sind. Bei einem abstrakten Begriff wie einer Beziehung aber kann man das. Wir können Symmetrie als Beziehung zwischen einem Objekt und ihm selbst betrachten. Wir können Zugfahrten als Beziehungen zwischen dem Ausgangsort und dem Zielort betrachten. Wir können Zahlen als Beziehungen zwischen anderen Zahlen betrachten, zum Beispiel ist 3 als Differenz von 2 und 5 eine Beziehung zwischen diesen Zahlen.

In dieser Weise ist der Ausgangspunkt für Mathe die geistige Gymnastik, die darin besteht, flexibel über Gegebenheiten nachzudenken, um Beziehungen zwischen Dingen herzustellen, die vorher nichts miteinander zu tun zu haben schienen. Eine blühende Phantasie ist hilfreich, um diese Beziehungen ins Leben zu rufen.

Beziehungen herstellen

«Abstraktion» klingt nach einem Vorgang, bei dem man sich von der konkreten Welt entfernt; in Wirklichkeit ist Abstraktion ein Herstellen von Analogien zwischen Dingen, d. h. ein Herstellen von Beziehungen. Ich liebe es, Beziehungen zwischen Dingen zu entdecken. Ich liebe es, Beziehungen zwischen Menschen herzustellen. Ich liebe es, wenn Musik mich an andere Musik erinnert. Ich liebe es, wenn mir dämmert, dass ein Schauspieler in einem Film auch in einem anderen Film, den ich gesehen habe, mitgespielt hat, wie zum Beispiel, als Crispin Bonham-Carter, der in der BBC-Verfilmung von *Pride and Prejudice* (1995; dt. *Stolz und Vorurteil*) den Mr. Bingley gespielt hatte, in *Casino Royale* (2006; dt. *James Bond 007: Casino Royale*) wieder auftauchte, ohne dass die Identität des einen Akteurs mit dem anderen unübersehbar gewesen wäre. Ganz besonders liebe ich es, Ähnlichkeiten zwischen Situationen zu entdecken und zu erkennen; ich habe diese Situation schon in einem anderen Zusammenhang verstanden, muss also nicht bei null anfangen. So löst Miss Marple die geheimnisvollen Mordfälle in den Büchern von Agatha Christie, die ich immer gern gelesen habe.

Wir sind im Leben oft vollauf damit beschäftigt, Unterschiede zwischen Dingen zu entdecken. Wir betonen die Unterschiede zwischen den Erfahrungen von Menschen, um nicht – zum Beispiel – alle Menschen derselben «Rasse» über einen Kamm zu scheren oder zu insinuieren, alle Frauen wählten dieselbe Partei. Aus demselben Grund weisen wir nicht nur darauf hin, dass jemand einer unterdrückten Minderheit angehört, sondern auch darauf, dass verschiedene unterdrückte Minderheiten auf verschiedene Weise unterdrückt werden, insbesondere die Minderheiten derer, die mehreren Minderheiten angehören.

Das alles ist wichtig, aber es ist auch wichtig, nicht das aus den Augen zu verlieren, was uns verbindet. Ich bin sogar überzeugt, dass die Stärkung des uns Verbindenden von entscheidender Bedeutung ist, wenn wir die Gesellschaft aus dem Griff des weißen Patriarchats befreien wollen. Die Zersplitterung von Minderheiten in immer mehr verschiedene Gruppen begünstigt das weiße Patriarchat, das sich nur an der Macht halten kann, wenn die Minderheiten nicht zusammenarbeiten, um die Machtstrukturen zu verändern. Wenn die Minderheiten das sie Verbindende stärken und untereinander genügend Beziehungen aufbauen, um zusammenzuarbeiten, werden sie zur Mehrheit.

In Mathe betonen wir weder die Unterschiede noch verlieren wir die Gemeinsamkeiten aus den Augen, sondern bleiben in unserem Denken immer flexibel: Wir zeigen auf, was Dinge gemeinsam haben, aber auch, was sie unterscheidet. Und wir bleiben nie auf eine Sichtweise fixiert, sondern lernen nur, was wir aus ihr lernen können, um uns dann für eine andere Sichtweise zu entscheiden und ebenfalls zu lernen, was wir aus ihr lernen können. Bei dieser Art, «Mathe zu machen», haben wir ein ganz anderes Gefühl, als wenn wir einem rigiden System von Regeln folgen müssten.

Eine Hinsicht zu entdecken, in der Dinge gleich sind, ist ein guter Ausgangspunkt, der es uns ermöglicht, verschiedene Dinge gleichzeitig zu untersuchen, etwa wenn wir uns zum ersten Mal in die Welt der Zahlen begeben.

Ein anderes Beispiel sind geometrische Formen, die zwar nicht genau gleich sind, aber etwa skalierte Versionen voneinander, wie diese beiden Dreiecke:

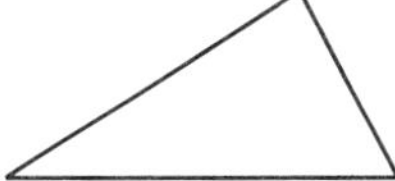

In manchen Kontexten können wir Dreiecke nur dann als gleich betrachten, wenn sie in jeder Hinsicht gleich sind. So lassen sich zum Beispiel gewisse Teile nur zu einem ganz bestimmten Dreieck zusammenfügen. Diese Version von Gleichheit wird als «Kongruenz» bezeichnet.

In anderen Kontexten spielt es keine Rolle, wie groß das Dreieck ist – etwa wenn wir einen Winkel berechnen oder ein ganzes Dreieck skalieren. Aus solchen Kontexten ist der Begriff der *ähnlichen* Dreiecke abgeleitet, die skalierte Versionen voneinander sein können, wie die oben abgebildeten – wichtig ist nur, dass sie proportional skaliert sind, so dass sie die gleichen Winkel und die gleichen Proportionen zwischen ihren drei Seiten haben.

In wieder anderen Kontexten ist es sogar egal, welche Form das Dreieck hat, solange es ein Dreieck *ist*. Wenn wir zum Beispiel einen rechteckigen Bilderrahmen versteifen wollen, müssen wir auf der Rückseite Streben anbringen, die an jeder Ecke ein Dreieck mit dem Rahmen bilden. Welche Form die Dreiecke haben, spielt dabei keine Rolle:

So kommen wir auf den Begriff «Dreieck»: Ein Dreieck ist einfach eine Form, die aus drei geraden Kanten besteht und somit drei Winkel hat.

Die Untersuchung kongruenter und ähnlicher Dreiecke mag nutzlos erscheinen, wenn es nur um die Frage geht, ob Dreiecke kongruent, ähnlich oder weder das eine noch das andere sind. Viel interessanter finde ich die Frage, *in welchem Kontext* uns diese verschiedenen Arten der «Gleichheit» von Dreiecken wichtig sind. Es gibt sogar Kontexte, in denen mehr Formen als Dreiecke gelten, als wir uns gewöhnlich träumen lassen. In der abstrakten Mathematik etwa halten wir es für akzeptabel, dass Dreiecke eine oder mehrere Seiten der Länge null haben. Ja, für einige Konstruktionen ist es nicht nur akzeptabel, sondern sogar wichtig, dass diese Formen als Dreiecke gelten. Sie werden als «entartete» Dreiecke bezeichnet. Die unten abgebildeten Formen gelten also tatsächlich als Dreiecke, obwohl sie wie eine Linie und ein Punkt aussehen, was ich ziemlich befriedigend subversiv finde.

Das erste ist ein Dreieck, bei dem eine Seite die Länge null hat. Man kann sich zum Beispiel vorstellen, dass die gestrichelte Seite immer kürzer wird, bis sie null ist:

Beim zweiten haben alle drei Seiten die Länge null, so dass das Ganze auf einen Punkt geschrumpft ist.

In meinem Forschungsgebiet, der Kategorientheorie, bezeichnen wir Dinge als Dreieck, wenn sie drei Seiten haben, unabhängig davon, ob die Seiten gerade Kanten sind oder nicht. Der Grund dafür ist, dass wir uns in der Kategorientheorie nur für Beziehungen zwischen Dingen interessieren; alle Formen, die wir zeichnen, stellen abstrakte Beziehungen dar. Zum Beispiel gilt diese Beziehung:

$$A \longrightarrow B$$

als nicht verschieden von dieser:

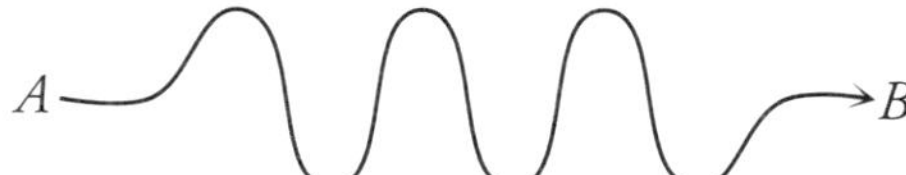

Und die folgenden beide Dinge gelten als «das gleiche» Dreieck:

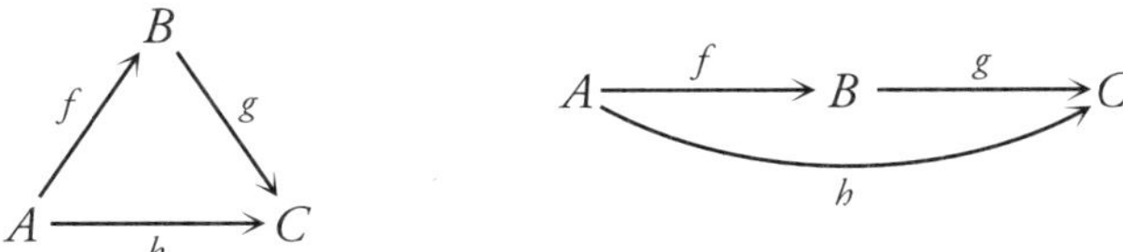

Das mag komisch anmuten, wird für Sie aber hoffentlich annehmbarer, wenn ich Ihnen folgendes erzähle: Als ich studierte, verlief mein Leben im Grunde genommen so, dass meine Wege ein Dreieck zwischen meinem Zimmer, meinem College und dem Fachbereich Mathematik bildeten. Ich habe «Dreieck» gesagt, aber ich bin natürlich nicht auf geraden Linien zwischen diesen Orten hin und her gelaufen, denn so waren die Straßen nicht angelegt. Aber es fühlte sich wie ein Dreieck an, obwohl es eigentlich so aussah:*

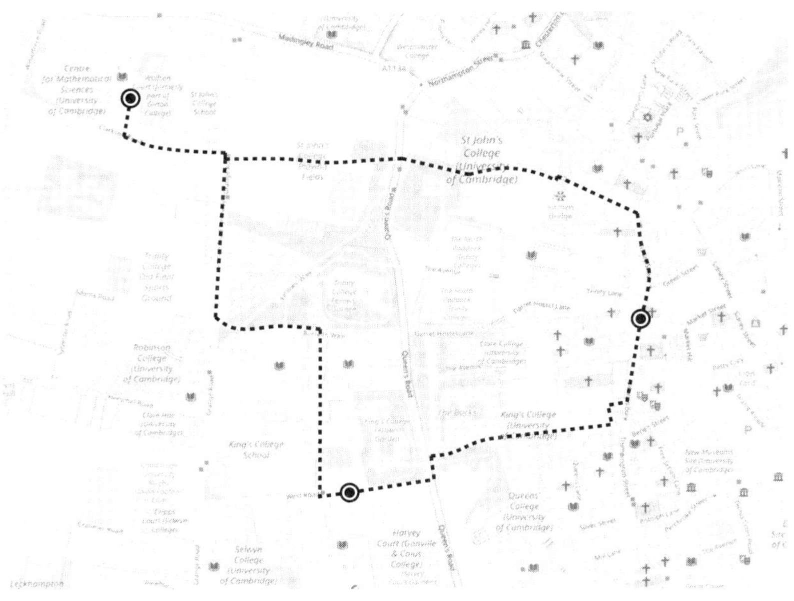

* Kartenbild © OpenStreetMap contributors. Die Daten sind unter der Open Database License verfügbar: siehe https://www.openstreetmap.org/copyright.

Dieses Erkennen von Hinsichten, in denen Dinge gleich und verschieden sind, ist der Ausgangspunkt aller Mathematik und kommt auch ins Spiel, wenn wir darüber nachdenken, wann eins plus eins zwei ist und wann nicht. Wir beginnen mit etwas recht Einfachem wie Dreiecken und gehen dann zu komplexeren Dingen über. Im Unterricht können die einfachen Dinge trivial erscheinen, wenn niemand erklärt, was wir an ihnen üben wollen. Aber sobald wir Übung haben, wird es viel einfacher, Zusammenhänge in komplizierteren Situationen zu erkennen, zum Beispiel in der Ausbreitung von Viren.

Viruserkrankungen verbreiten sich durch wiederholte Multiplikation. Stellen wir uns vor, dass jede infizierte Person im Durchschnitt eine bestimmte Anzahl von Personen ansteckt. Nehmen wir an, diese Anzahl sei 3. Dann stecken auch diese 3 Personen jeweils 3 Personen an (im Durchschnitt), was 3 × 3 = 9 ergibt. Diese 9 Personen stecken ebenfalls jeweils 3 Personen an, was 3 × 9 = 27 ergibt. In jeder Phase multipliziert sich die Gesamtzahl der Neuinfektionen mit 3.

Wie die wiederholte Addition, so untersuchen die Mathematiker auch die wiederholte Multiplikation abstrakt. Wiederholte Multiplikation führt zu Exponentialfunktionen, womit in Mathe etwas ganz Bestimmtes gemeint ist: Wenn wir im Alltag sagen, etwas «wächst exponentiell», meinen wir vielleicht nur, dass es schnell wächst. Doch in Mathe bedeutet es, dass es durch wiederholte Multiplikation wächst. Das führt in der Tat zu einem schnellen Anstieg, aber auf eine präzise Art und Weise, die wir dann mit anderen Methoden untersuchen können. So kann etwa die Ausbreitung von Viren unter verschiedenen Bedingungen untersucht und prognostiziert werden, selbst wenn sie anfangs nur sehr langsam fortschreitet und die Zahlen klein sind. Der Graph einer Exponentialfunktion sieht so aus:

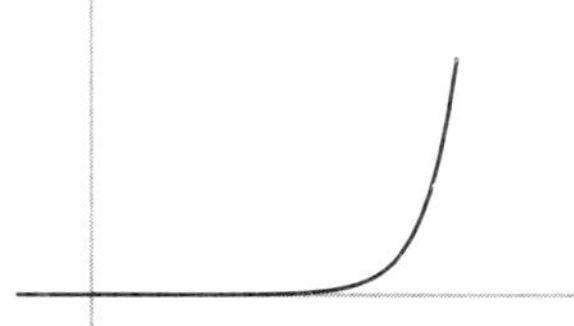

Wie Sie sehen, ist die Kurve am Anfang sehr flach, steigt aber später dramatisch an. Die Untersuchung von Exponentialfunktionen ermöglicht es den Wissenschaftlern, Virusausbrüche abstrakt besser zu verstehen, selbst wenn die Zahlen noch nicht so schlimm erscheinen; leider halten Leute, die nicht wissen, was Exponentialfunktionen sind, das für reine Panikmache.

Die «virale» Verbreitung von Videos lässt sich genauso erklären. Wenn ein Video «viral geht», kommt das oft überraschend und geschieht sehr plötzlich. Es kann aber genauso abstrakt modelliert werden wie die Ausbreitung von Viruserkrankungen, nur dass wir statt über eine Infektion darüber nachdenken, wie das Video geteilt wird. Wir nehmen zum Beispiel an, dass jede Person das Video teilt, was dazu führt, dass eine bestimmte Anzahl ihrer Freunde oder Follower es wiederum teilt. Selbst wenn diese Anzahl ziemlich klein ist, sagen wir 3 im Durchschnitt, wird die Anzahl der Personen, mit denen das Video geteilt wurde, schnell groß, weil dies das Ergebnis von Exponentialfunktionen ist. Es braucht nur dreizehn Schritte, damit aus den 3 zu Beginn mehr als eine Million werden.

Exponentialfunktionen liegen allen möglichen anderen Entwicklungen zugrunde, die sonst anscheinend nichts miteinander zu tun haben, wie beispielsweise dem Anstieg der Temperatur eines Bratens während des Garens. Es gibt Fleischthermometer zu kaufen, die nicht nur die Temperatur des Fleisches während des Garens messen, sondern auch mit einer App verbunden sind, die vorausberechnet, wie lange das Fleisch noch garen muss, bis es die gewünschte Innentemperatur erreicht hat. Diese Berechnung basiert auf Exponentialfunktionen. Auch radioaktiver Zerfall vollzieht sich «exponentiell», nur dass in diesem Fall etwas immer wieder mit einer Zahl kleiner als 1 multipliziert wird, sodass es immer kleiner wird.

Es gibt auch Unterschiede zwischen diesen Entwicklungen, abgesehen davon, dass einige lebensbedrohlich sind, andere nicht. Sowohl bei den Viruserkrankungen als auch bei den viralen Videos gibt es eine Grenze der möglichen Ausbreitung: Sie ergibt sich aus der Gesamtpopulation, die infiziert beziehungsweise auf das Video hingewiesen werden kann. Sobald ein bestimmter Anteil der Population infiziert ist beziehungsweise das Video gesehen hat, verlangsamt sich die Ausbreitung, selbst wenn nicht eingegriffen wird, um sie zu stoppen, einfach weil nicht mehr viele Leute übrig sind, die das Virus noch erreichen kann. Beim Garen von Fleisch gibt es eine solche Dynamik nicht, wobei ich annehme, dass das Fleisch, wenn man es der Ofenhitze sehr lange aussetzt, schließlich verbrennt und zerfällt. Eine Ausbreitung verlangsamt sich ab einem bestimmten Zeitpunkt immer dann, wenn die Ressource dem exponentiellen Wachstum eine Grenze setzt. Das ist auch beim Bevölkerungswachstum der Fall, da einer Bevölkerung irgendwann die Nahrungsressourcen ausgehen. Ein solches exponentielles Wachstum, das erstmals Mitte des 19. Jahrhunderts von dem belgischen Mathematiker Pierre-François Verhulst untersucht wurde, ist subtiler als das einfache exponentielle Wachstum. Es ergibt ein Diagramm wie das folgende:

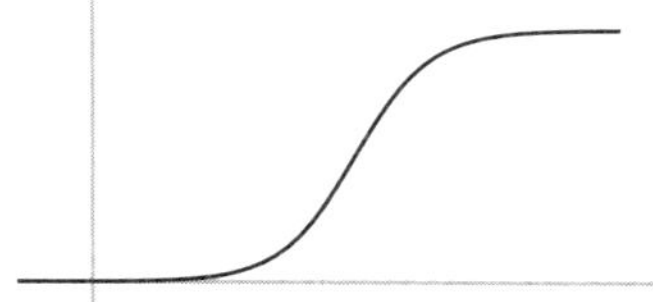

Die Kurve sieht am Anfang wie eine einfache Exponentialkurve aus, flacht dann aber ab, statt unbegrenzt weiter zu steigen.

All das soll besagen, dass es bei der mathematischen Berechnung solcher Entwicklungen darum geht, sowohl herauszufinden, worin Entwicklungen sich gleichen, als auch, worin sie sich unterscheiden, damit wir nicht versuchen, Analogien herzustellen, die die Sache nicht hergibt. Dieser Ansatz hilft uns aber auch, den Begriff der «richtigen Antwort» nicht zu eng zu fassen. Statt dies zu tun, finden wir Gemeinsamkeiten zwischen Kontexten, in denen etwas wahr ist, und nutzen sie als Anhaltspunkte, um zu untersuchen, was dieses Etwas in diesen Kontexten wahr macht. Auf diese Weise untersuchen wir auch verschiedene mögliche Antworten auf die Frage, was 1 + 1 ergibt.

Wann 1 + 1 nicht 2 ist

Am Beginn dieses Kapitels haben wir uns Beispiele dafür angesehen, dass 1 + 1 Verschiedenes ergeben kann. Man kann das abtun und sagen, das sei «nicht wirklich Mathe» oder «nicht wirklich Addition von Zahlen» gewesen, aber Mathematiker untersuchen lieber, was es mit diesen Beispielen auf sich hat. Sie wollen nämlich besser verstehen: sowohl diese Fälle als auch, wann 1 + 1 gleich 2 *ist*. Als ich Autofahren lernte, ließ mein Fahrlehrer mich den Wagen einmal absichtlich abwürgen, damit ich besser verstand, wie die Kupplung funktioniert. Wenn wir verstehen, warum etwas *nicht* funktioniert, verstehen wir besser, warum es funktioniert, *wenn* es funktioniert.

Auch unsere Beispiele dafür, dass 1 + 1 Verschiedenes ergeben kann, wiesen Gemeinsamkeiten und Unterschiede auf. Wir haben uns Fälle angesehen, in denen 1 + 1 = 0 ist, und haben in ihnen neben dieser Gemeinsamkeit auch Unterschiede gefunden. In einigen Fällen war 1 + 1 = 0, weil sich etwas «aufhob», wie die «nicht» und die Vorzeichenfehler in der Prüfung. In anderen ergab sich die Null daraus, dass die ganze Welt Null war, wie meine Nullwelt der Süßigkeiten, als ich klein war. Diese Fälle unterscheiden sich leicht.

Wenn die ganze Welt Null ist, haben wir 1 = 0. Das mag falsch erscheinen, ist aber nur in gewöhnlichen Zahlenwelten falsch. In der Nullwelt ist es richtig; in anderen Welten mit komplizierteren Objekten und komplizierteren Vorstellungen von 1 und 0 ist es ebenfalls richtig.

Die Welten, in denen sich etwas aufhebt, unterscheiden sich, weil in ihnen die 1 und die 0 genuin verschieden sind, wobei sich nur die 1 aufhebt, wenn sie mit sich selbst kombiniert wird. Diese Welten können daher beschrieben werden als abstrakte Strukturen mit zwei Objekten und einer Möglichkeit, diese Objekte zu kombinieren, bei der es zu dieser «Aufhebung» kommt. Wir können das in dieser kleinen Tabelle darstellen:

	0	1
0	0	1
1	1	0

Wenn wir die 0 hier als «0 negative Vorzeichen» und die 1 als «1 negatives Vorzeichen» interpretieren, dann sagt uns diese Tabelle etwas über die Multiplikation von positiven und negativen Zahlen, wobei das Muster dem bei der Addition von ungeraden und geraden Zahlen entspricht:

×	positiv	negativ
positiv	positiv	negativ
negativ	negativ	positiv

+	gerade	ungerade
gerade	gerade	ungerade
ungerade	ungerade	gerade

Wir sehen in Mathe oft ein und dasselbe Muster in verschiedenen Kontexten auftauchen. Wir isolieren es (wie in diesen Tabellen) und bemerken es dann auch in Kontexten, an die wir vorher nicht gedacht hatten. Ich habe das obige Muster benutzt, um Toleranz besser zu verstehen. Wenn wir versuchen, tolerant zu sein, kommen uns manchmal Zweifel und wir fragen uns, ob wir auch gegenüber intoleranten Menschen tolerant sein müssen. Ich glaube aber, dass es wieder das gleiche Muster ist, wie in der Tabelle unten dargestellt: Wenn wir gegenüber Intoleranz tolerant sind, lassen wir zu, dass die Intoleranz gedeiht. Also sollten wir stattdessen intolerant sein gegenüber Intoleranz; auch das ist dann eine Form von Toleranz.

	tolerant	intolerant
tolerant	tolerant	intolerant
intolerant	intolerant	tolerant

Das waren alles Kontexte, in denen Dinge sich aufheben, so dass $1 + 1 = 0$ ist. Es sind abstrakte Strukturen, die man in der Schule normalerweise erst in höheren Klassen untersucht. Sie werden als «die zyklische Gruppe der Ordnung 2» bezeichnet.

Was ist mit Kontexten, in denen $1 + 1 = 1$ ist, weil die zweite 1 nichts ändert? Diese Kontexte können als abstrakte Struktur mit ebenfalls zwei Objekten beschrieben werden, die sich aber anders aufeinander beziehen als in den vorigen Mustern. Hier ist es nicht so, dass sich etwas aufhebt, sondern hier kann sich etwas immer weiter anhäufen, ohne einen Effekt zu haben. Wir können das in einem Diagramm wie diesem darstellen:

	0	1
0	0	1
1	1	1

Es ähnelt einem Diagramm für dominante und rezessive Gene. In diesem Fall steht die 1 für «dominant» und die 0 für «rezessiv», so dass man *zwei* Mal die 0 braucht, um eine 0 zu erhalten, aber *eine* 1 für eine 1 ausreicht.

Das «tolerant-/intolerant»-Muster und das «dominant-/rezessiv»-Muster sind zwei verschiedene Strukturen, aber mit dieser Erkenntnis können wir die Strukturen selbst als hübsche kleine Pakete betrachten, die wir verstanden haben.

Pakete

Mehrere Dinge in ein Paket zu packen ist eine nützliche Methode, um sie auf einmal zu transportieren. Ein Dutzend Eier zu transportieren wäre ziemlich schwierig, wenn wir sie nicht im Eierkarton kaufen könnten. Manche Dinge lassen sich zum Beispiel in einem Beutel transportieren, der für vieles geeignet ist, aber Dinge wie Eier profitieren von einer speziellen, eigens für sie bestimmten Verpackung. Wenn man dann entdeckt, dass die spezielle Verpackung auch für andere Zwecke verwendet werden kann, zum Beispiel als Farbpalette oder für die Anzucht von Setzlingen, ist das umso schöner.

Das Herstellen abstrakter Beziehungen zwischen verschiedenen Dingen ist ebenfalls eine Möglichkeit, sie so zu verpacken, dass man sie besser mit sich herumtragen kann. Nur dass die Dinge, die wir Mathematiker verpacken, eben abstrakt sind, wir sie also als Gedanken im Gehirn mit uns herumzutragen, statt sie physisch von einem Ort zu einem anderen zu schleppen. Wir können uns alle Szenarien des Typs «tolerant/intolerant» zusammen als «zyklische Gruppe der Ordnung 2» vorstellen, als einen einzigen Gedanken, den wir mit uns herumtragen können, so dass der Rest unseres Gehirns für andere Gedanken frei bleibt. Das ist übrigens etwas, was alle Menschen schon als Kinder lernen, zum Beispiel beim Lesenlernen.

Wenn wir lesen lernen, erkennen wir zunächst einzelne Buchstaben. Wir müssen dann lernen, diese Buchstaben, sofern sie Gruppen bilden, als Wörter zu interpretieren. Auf der Stufe, auf der wir jeden Buchstaben einzeln erkennen, ist es äußerst mühsam, ganze Sätze zu lesen. Deshalb beginnen wir dann (bewusst oder unbewusst), statt Buchstabe für Buchstabe ganze Wörter auf einmal zu erkennen.

Wir verpacken dann eine Gruppe von Buchstaben zu einer Einheit, damit unser Gehirn sie leichter mit sich herumtragen kann. Das Gehirn kann dann auch Fehler korrigieren oder Lücken füllen, so dass wir Wörter selbst dann erkennen, wenn sie einen Tippfehler aufweisen oder wenn Buchstaben fehlen.

Wir heben das dann auf eine andere Ebene, indem wir anfangen, Wörter zu ganzen Sätzen zu verpacken, statt Wort für Wort zu lesen; das hilft uns, schneller zu lesen. Dieses Verpacken von immer mehr Dingen zu einem Paket ist auch die Art und Weise, wie wir Musikstücke spielen lernen, vor allem wenn sie lang und komplex sind. Sieht man einem Pianisten beim «Vom-Blatt-Spielen» zu, wundert man sich vielleicht, wie er all diese Punkte, Striche und Schnörkel so schnell entschlüsseln kann, aber er tut es meist, indem er ganze Pakete entschlüsselt. Wir lesen nicht eine Note nach der anderen, weil es äußerst mühsam wäre, ein ganzes Stück Note für Note zu lesen. Stattdessen erkennen wir Gruppen von Noten als Akkorde und Gruppen von Akkorden als Akkordprogressionen. Wenn eine Komposition sehr lang und komplex ist, verpacken die Komponisten für uns nicht nur Akkordfolgen zu Phrasen und Phrasen zu Abschnitten, sondern auch Abschnitte zu Sätzen. Wenn eine Folge von Phrasen zu einem Abschnitt verpackt ist, können wir diesen als Einheit betrachten und Beziehungen zwischen ganzen Abschnitten des Stückes oder Werkes erkennen. So kann eine dreißigminütige Komposition für uns aus fünf Abschnitten bestehen, die wir uns viel leichter vorstellen können als 10 000 Noten.* In Mathe geht es darum, Methoden zum Verpacken von Vorstellungen zu entwickeln, damit wir mit unserer begrenzten Gehirnleistung mehr erreichen können. Beispiele dafür haben wir schon gesehen: die wiederholte Addition und die wiederholte Multiplikation.

Mathematische Pakete

Wenn wir an wiederholte Addition denken, denken wir an Dinge wie 2 + 2 + 2 + 2. Wir könnten diese Reihe fortsetzen, aber wenn wir eine wirklich lange Reihe dieser Glieder hätten, würde das Addieren ziemlich langweilig werden. Deshalb verpacken wir die vier Glieder zu einem Paket namens Multiplikation, in diesem Fall 4 × 2. Es ist nicht so wichtig, wenn wir das nicht jedes Mal tun, wie ich ja auch zwei Eier aus dem Kühlschrank nehmen und sie ohne irgendeine Verpackung zur Arbeitsplatte in meiner Küche tragen kann. Aber wenn ich einen Kuchen mit sechs Eiern backe, nehme ich wahrscheinlich den ganzen Eierkarton und lege ihn zurück, wenn ich die sechs Eier aufgeschlagen habe. (Ich lebe jetzt in den USA, wo Eier normalerweise in Kartons zu mindestens einem Dutzend verkauft werden.)

Es ist nicht schwer, 4 × 2 als wiederholte Addition auszuschreiben, aber es wäre furchtbar nervtötend (und nicht sehr erhellend), dasselbe mit 44 × 22 zu tun. Multiplizieren ist schwieriger als Addieren, weil es ein Paket von Rechenoperationen ist, aber wir kommen mit diesem Paket viel weiter. Wir können zum Beispiel auch wiederholte Multiplikationen durchführen, wie 3 × 3 × 3 × 3. Und wie bei der wiederholten Addition kann es nützlich sein, das zu einem einzigen Paket zu verpacken. Wir schreiben es dann mit einem «Exponenten», nämlich als 3^4. Das ist leicht getan (wie das Verpacken eines Geschenks), aber es ist ein Ausgangspunkt, der es uns schließlich ermöglicht, in die Welt der Exponentialfunktionen einzutreten und Dinge wie die Ausbreitung von Viren zu verstehen.

---

* Ich habe gerade versucht, die Anzahl der Noten in Beethovens *Pathétique*-Sonate grob zu schätzen und bin auf etwa 10 000 gekommen, obwohl das Werk nur etwa zwanzig Minuten lang ist.

Diese Idee, Dinge zu Einheiten zu verpacken, kann dann auf Dinge angewendet werden, die keine Zahlen sind, so wie wir versucht haben, Dinge, die keine Zahlen sind, zu addieren und zu multiplizieren. Wir können auch unsere Argumente (und die Argumente anderer) auf diese Weise verpacken, so dass wir viel komplexere Argumente verstehen können – genau wie wir komplexe Bücher lesen oder komplexe Musikstücke spielen können.

Logische Argumente sind aus «wenn … dann»-Aussagen aufgebaut, die als logische Implikationen bezeichnet werden. Wir sagen: «Wenn das eine wahr ist, muss auch das andere wahr sein», und indem wir solche logischen Aussagen aneinanderreihen, um sie dann zu durchlaufen, ohne eine Lücke zu lassen, gelangen wir von einem Ausgangspunkt zu einer Schlussfolgerung. Kleine Kinder sind nicht so gut darin, mehrere logische Schritte auf diese Weise zu vollziehen. Sie denken zum Beispiel: «Wenn ich länger aufbleibe, kann ich länger spielen», doch sie kommen nicht so weit zu denken: «Aber dann bekomme ich nicht genug Schlaf und werde morgens schlecht gelaunt sein.» Ehrlich gesagt bin ich als Erwachsene oft auch nicht besonders gut, wenn es darum geht, so vernünftig zu sein; ich bleibe also lieber auf und tue etwas, was mir Spaß macht. Aber um meinem logischen Denken Gerechtigkeit widerfahren zu lassen: Es ist dann nicht so, dass ich den letzten logischen Gedanken nicht gedacht habe; sondern ich habe ihn gedacht, aber entschieden, dass sich der unangenehme Morgen unterm Strich lohnt wegen des Spaßes, den ich jetzt zusätzlich habe.

Beim Schach muss man bekanntlich vorausdenken, um zu erkennen, welche Folgen jeder eigene Zug haben könnte. Anfänger denken vielleicht nur daran, eine gegnerische Figur jetzt zu schlagen, ohne zu bemerken, in welch schwacher Position sie sich danach befinden; umgekehrt wird ein fortgeschrittener Spieler bewusst eine Figur opfern, wenn er dadurch später in eine stärkere Position kommt. Ich gebe zu, dass ich selbst nie weit über die Anfangsgründe des Schachspiels hinausgekommen bin, aber ich bin gut darin, komplexe logische Argumentationen aufzubauen und ihnen zu folgen, was nur beweist, dass wir in manchen Kontexten gut darin sind (und Spaß daran haben), logisch zu denken, und in anderen Kontexten nicht.

Logische Argumente zu Einheiten zu verpacken kann uns helfen, Muster zu erkennen; das gilt sowohl für logische Fehlschlüsse als auch für gute logische Argumentationen. Ein «Strohperson»-Fehlschluss (üblicherweise wird von «Stroh*männern*» gesprochen, aber ich versuche, diese Dinge nicht zu gendern) liegt vor, wenn jemand ein Argument, auf das er antworten müsste, durch ein viel schwächeres (einer Strohperson) ersetzt und dieses dann angreift. Zum Beispiel lehnen manche Menschen den Begriff des «weißen Privilegs» mit der Begründung ab, dass es reiche Schwarze gibt. Sie argumentieren damit jedoch nicht gegen den Begriff des weißen Privilegs, sondern gegen die Vorstellung, dass alle Schwarzen arm seien, was auch niemand behauptet: Dieses Argument ist eine Strohperson. Hat man eine solche Gedankenfolge einmal als Einheit verstanden, merkt man viel leichter, was gespielt wird, und erkennt ähnliche Fehlschlüsse in anderen Zusammenhängen: etwa wenn Leute gegen die Entfernung von Denkmälern für Sklavenhändler einwenden, man dürfe Geschichte nicht «auslöschen». Aber niemand versucht, Geschichte auszulöschen – das Argument ist eine Strohperson. Das Entfernen eines Denkmals ist nicht dasselbe wie das Auslöschen von Geschichte. Die Geschichte ist immer noch da, es ist nur die Frage, ob wir sie feiern sollen oder nicht.

Ein Strohperson-Fehlschluss basiert immer auf einer falschen Äquivalenz, nämlich darauf, dass man das Argument einer Person bewusst mit einem viel schwächeren Argument gleichsetzt, um dieses dann zu entkräften. Wir haben jetzt nicht nur Argumente verpackt, sondern auch untersucht, in welche kleineren Einheiten wir sie unterteilen können.

Das Verpacken von Argumenten, um sie als Einheiten zu begreifen, hilft uns zu verstehen, wie sie in größere Kontexte passen. Es gibt auch eine Art umgekehrten Prozess: das Zerlegen von Argumentationen in ihre Bestandteile, um genau zu verstehen, was sich hinter ihnen verbirgt.

Bausteine

Die Grundbausteine einer Argumentation zu erkennen ist wichtig, wenn wir verstehen wollen, warum andere Menschen denken, was sie denken. Sie haben dafür immer Gründe, auch wenn sie uns nicht logisch erscheinen, und wenn wir empathische Menschen sein wollen, ist es wichtig, diese Gründe zu erkennen und anzuerkennen. Das ist das Prinzip, Dinge in ihre Grundbausteine zu zerlegen.

Wenn es um Überzeugungen geht, sind die Grundbausteine die persönlichen Grundsätze oder Grundüberzeugungen der Menschen. Sie zu verstehen kann uns helfen, die Gründe für Meinungsverschiedenheiten zwischen Menschen zu verstehen, die oft auf einen Dissens über sehr grundlegende Prinzipien zurückzuführen sind, und nicht, wie allzu oft geglaubt wird, darauf, dass die eine Partei logisch denkt und die andere nicht.

In gewisser Weise geht es im Leben immer darum, Dinge dadurch zu verstehen, dass man sie auseinandernimmt und wieder zusammensetzt, und je mehr Methoden wir dafür haben, umso mehr Dinge können wir verstehen. Wir sollten akzeptieren, dass die Dinge kompliziert sind und dass wir sie daher in einfachere Bestandteile zerlegen müssen, um sie zu verstehen. Wir müssen auch verstehen, wie man umgekehrt komplizierte Dinge aus einfachen Bestandteilen zusammensetzt. Es ist wie bei einer Stufentorte, bei der man zuerst die einzelnen Torten backt, dann den Zuckerguss zubereitet und danach mit dem Aufbau beginnt. Es ist wichtig, dass jede Torte stabil genug ist, um die Stufe(n) über ihr zu halten, oder wir müssen das Ganze künstlich stabilisieren.

In der formaleren Mathematik haben wir *Axiome* für eine mathematische Welt, d. h. grundlegende Aussagen, die wir als wahr voraussetzen, um dann zu sehen, welche anderen Wahrheiten sich auf die grundlegenden Wahrheiten dieser Welt gründen lassen. Es ist wichtig, dass wir nicht sagen, diese Axiome seien definitiv wahr; wir sagen, wir wollen einen Kontext untersuchen, in dem diese Axiome wahr sind, um zu sehen, was daraus folgt. Das ist etwas, was wir auch tun können, um die Überzeugungen anderer zu verstehen: ihre Grundprinzipien erkennen und dann sehen, welche Konsequenzen sie haben, ohne dass wir zustimmen oder an dieselben Dinge glauben müssen. Es geht darum, verschiedene Welten zu untersuchen, in denen verschiedene Dinge gelten, so wie 1 + 1 in verschiedenen Welten Verschiedenes ergibt.

So könnte ein grundlegendes Axiom in einer Welt (der Welt der gewöhnlichen Zahlen) 1 + 1 = 2 lauten, in einer anderen Welt (der zyklischen Gruppe der Ordnung 2) aber 1 + 1 = 0 und in einer dritten Welt (der Welt der dominanten oder rezessiven Gene) 1 + 1 = 1. Die Frage lautet also nicht mehr: «Warum ist 1 + 1 = 2?», sondern: «In welcher Welt ist 1 + 1 = 2?» Und daran anknüpfend: «Was muss in einer Welt, in der 1 + 1 = 2 ist, noch wahr sein?» Oder, noch grundsätzlicher: «Was ist eine Welt, in der 1 + 1 = 2 ist?»

Wann 1 + 1 gleich 2 ist

Wir sind endlich bei der abstrakten mathematischen Version der Frage «Warum ist 1 + 1 = 2?» angelangt. Die Antwort lautet, dass 1 + 1 nicht immer gleich 2 ist, sondern dass das Ergebnis davon abhängt, in welchem Kontext wir uns befinden. Wir können diesen Kontext untersuchen, indem wir über seine Grundbausteine nachdenken. Wir beginnen mit der Idee der 1 und der Idee, ein Ding mit einem anderen zusammenzutun. Dann legen wir fest, dass dies definitiv zwei Dinge ergibt, nicht null, nicht ein Ding und nicht drei Dinge. Anschließend fragen wir, welchen Kontext dies ergibt, d. h., was in einer Welt mit diesen Ausgangspunkten noch wahr sein muss.

Das ist im Wesentlichen der Weg, auf dem wir zu den «gewöhnlichen Zahlen» gelangen, d. h. zu den ganzen Zahlen, den zählenden Zahlen: 1, 2, 3, 4 und so weiter. Diese Zahlen werden manchmal auch als *natürliche Zahlen* bezeichnet (wobei sie auch die 0 enthalten können, aber das ist eine ganz andere Geschichte). Wir bauen diese Welt aus der 1 und einem Additionsprozess auf, ohne dass etwas zusammenbricht, verschwindet oder sich wiederholt; in der abstrakten Mathematik wird das als freies Generieren einer Struktur bezeichnet. Das Wort «frei» bedeutet hier, dass wir abgesehen von unseren Axiomen keine Regeln einführen. Wir lassen die Sache einfach organisch wachsen und schleichen uns dann hinein, um zu sehen, was für ein Dschungel entstanden ist.

1 + 1 ist also nicht in jedem Kontext gleich 2, aber es gibt eine ganze Reihe von Kontexten, in denen das der Fall ist. Es ist hilfreich für uns, die abstrakte Welt zu verstehen, in der es der Fall ist; wir können dann nach Kontexten in der konkreten Welt suchen, in denen es der Fall ist, und wissen, dass alles, was wir über die abstrakte Welt gelernt haben, in der 1 + 1 = 2 ist, auch in den entsprechenden Kontexten der konkreten Welt gilt.

Es gibt viele Dinge zu erforschen in dieser Welt, in der 1 + 1 = 2 ist. Eine Frage, die wir uns stellen könnten, lautet: Wenn wir Dinge hinzufügen können, können wir dann auch welche wegnehmen? Diese Frage liegt auf einer ganz anderen Ebene. Sie führt uns in die geheimnisvolle Welt der negativen Zahlen und in das nächste Kapitel.

2

Wie Mathe funktioniert

Warum ist $-(-1) = 1$?

Dass es so ist, ist eine verblüffende «Tatsache», die für manche Menschen auf der Hand liegt, für andere aber unbegreiflich ist. Ist das eine «Tatsache», die wir einfach akzeptieren und uns einprägen müssen? Gibt es überhaupt mathematische Tatsachen, die wir akzeptieren und uns einprägen müssen? Was ist überhaupt eine Tatsache?

Manche Menschen akzeptieren sofort, dass $-(-1)$ gleich 1 ist, und es stört mich, dass sie wahrscheinlich als «Mathemenschen» gelten, diejenigen aber, die das in Frage stellen, als «Nicht-Mathemenschen». Es stört mich, dass es diese Etiketten überhaupt gibt, die den Eindruck erwecken, mathematische Fähigkeiten seien angeboren und manche Menschen hätten sie einfach nicht, während in Wahrheit jeder in irgendeiner Form mathematische Fähigkeiten hat und in Mathe besser werden kann, wenn man ihm hilft.

Diejenigen, die akzeptieren, dass $-(-1) = 1$ ist, sind einfach Menschen, die akzeptieren, dass $-(-1) = 1$ ist, und diejenigen, die es in Frage stellen, sind Menschen, die es in Frage stellen. Wichtig ist, dass es sich hierbei nicht um eine Dichotomie handelt: Es ist möglich, zu akzeptieren, dass $-(-1) = 1$ ist, und es dennoch in Frage zu stellen. In Mathe geht es darum, zu fragen, warum etwas wahr ist, und dieser Frage auf den Grund zu gehen. Wenn es für Sie nicht auf der Hand liegt, sondern ein Rätsel ist, warum $-(-1) = 1$ ist, so muss das kein Zeichen dafür sein, dass Sie «schlecht in Mathe» sind: Es könnte auch bedeuten, dass Sie wie ein Mathematiker denken. Das Sich-Wundern über Dinge in der Mathematik, die für andere auf der Hand liegen, ist die Grundlage dafür, dass die Mathematik sich weiterentwickelt. In diesem Kapitel werden wir uns ansehen, wie viel abstraktes Denken notwendig ist, um die vermeintlich auf der Hand liegende Tatsache, dass $-(-1) = 1$ ist, streng zu beweisen. Es geht mir jedoch nicht darum, die Gleichung zu erläutern – das wird nebenbei geschehen –, sondern um zu erklären, wie wir entscheiden, was in Mathe wahr ist. Bei der Untersuchung der Frage, warum diese Gleichung wahr ist, werden wir klären, woher wir überhaupt wissen, dass etwas in Mathe wahr ist. Woher wissen wir überhaupt jemals, dass eine Aussage wahr ist? In diesem Kapitel geht es um das Bezugssystem, in dem wir entscheiden, was wir in Mathe als wahr akzeptieren.

Jeder hat seine eigene Toleranzschwelle, wenn es darum geht, Dinge als wahr zu akzeptieren. Manche Menschen akzeptieren eine Behauptung als wahr, wenn sie einen Artikel mit dieser Behauptung im Internet gelesen haben, unabhängig davon, wer den Artikel geschrieben hat, wie gut er mit Quellenangaben und Zitaten belegt ist und ob andere Artikel dasselbe behaupten. Andere akzeptieren eine Behauptung als wahr, wenn sie von jemandem, dem (oder an den) sie glauben, für wahr erklärt wurde, etwa von einem renommierten Professor, einer als vertrauenswürdig geltenden Nachrichtenquelle, einem religiösen Führer oder einem politischen Idol. Manche Menschen glauben etwas, wenn es sich für sie wahr anfühlt, zum Beispiel dass Horoskope präzise sind, dass Homöopathie heilt oder – das glaube ich – dass Bach hören hilft, besser Mathe zu machen.

In allen akademischen Fächern gibt es ein Bezugssystem für die Beurteilung des Wahrheitsgehalts von Thesen, ein Bezugssystem, das besser sein soll als «das fühlt sich wahr an» oder «das habe ich gesagt, also ist es wahr» oder «das habe ich im Internet gelesen, also muss es wahr sein». In der Wissenschaft geht es darum, unser Verständnis der Welt um uns herum auf eine sicherere Grundlage zu stellen als auf bloße Meinungen oder Vermutungen, die einer Prüfung nicht standhalten. Der Grund dafür ist, dass wir auf unserem Verständnis aufbauen wollen, statt nur darauf stolz zu sein. Um ein hohes Gebäude zu errichten, brauchen wir ja auch bessere Fundamente, als wenn wir nur ein Ein-Personen-Zelt aufstellen wollen. Warum jemand diesen Drang hat, hohe Gebäude – im wörtlichen oder im metaphorischen Sinne – zu errichten, darauf komme ich zurück, wenn ich über einige unerfreuliche Zusammenhänge zwischen akademischer Forschung und Kolonialismus nachdenke.

Dass es diese unerfreulichen Zusammenhänge gab, ändert nichts daran, dass alle akademischen Disziplinen ein Bezugssystem als wünschenswert erachten. Dieses Bezugssystem soll uns ermöglichen, einen Konsens darüber zu erzielen, was als gute Information gelten soll, und darauf dann in einer Weise aufzubauen, die dem Bezugssystem entspricht. Es ist ein bisschen so, wie wenn man sich auf Regeln für eine Sportart einigt und dann gemäß diesem Bezugssystem Mannschaften zusammenstellt, Turniere veranstaltet und Meisterschaften organisiert. Das bedeutet nicht, dass diese Turniere jeweils von der «richtigen», der besten Mannschaft gewonnen werden, sondern dass der Ausgang vom Bezugssystem der festgelegten Regeln bestimmt wird.

Außerdem sollten die Bezugssysteme objektiv sein, statt darauf zu beruhen, dass einer Autoritätsperson geglaubt wird. Sie können jedoch den Eindruck erwecken, auf Autorität zu beruhen, weil ein Aspekt eines Bezugssystems darin besteht, dass es «Fachleute» als solche ausweist. Diese Fachleute entscheiden also nicht kraft unbegründeter Autorität, sondern sie wurden vom Bezugssystem als kompetent ausgewiesen, und im Prinzip können alle dadurch bessere Fachleute werden, dass sie ihre vom Bezugssystem ausgewiesene Kompetenz steigern.

Das Bezugssystem von Mathe ist Logik, und der Grund, warum ich mich zu Mathe hingezogen fühle, ist, dass ich nicht andere Menschen bestimmen lassen möchte, welche Informationen als wahr gelten sollen. Ich möchte auch nicht Büchern vertrauen müssen, aber wenn ich das Bezugssystem der Logik verstehe, kann ich besser entscheiden, welchen Büchern ich mehr vertraue als anderen, und ebenso, welchen Artikeln ich mehr vertraue als anderen, selbst wenn sie im Internet zu finden sind. Da manche Menschen zu leichtgläubig sind in Bezug auf das, was sie im Internet lesen, wird allgemein empfohlen, tendenziösen Nachrichtenquellen und (zum Beispiel) Wikipedia nicht zu vertrauen. Eine bessere Empfehlung wäre, zu lernen, wie man Aussagen beurteilt, damit wir diesen Quellen weder vertrauen noch sie pauschal verwerfen müssen.

Woher wissen wir, dass Mathe richtig ist?

In diesem Kapitel geht es darum, wie Mathe funktioniert, und zwar im Sinne der folgenden Frage: Welches ist das Bezugssystem für die Entscheidung, dass eine bestimmte mathematische Aussage richtig ist? Die akademischen Fächer haben unterschiedliche Bezugssysteme für die Entscheidung, was als gute Information gelten soll. Naturwissenschaft gründet sich auf empirische Befunde (Evidenzen) und hat klare Bezugssysteme dafür, was als guter empirischer Befund gelten kann. Wichtig ist, dass evidenzbasierte naturwissenschaftliche Ergebnisse nicht absolut wahr sind, sondern naturwissenschaftlich wahr, das heißt, dass sie von einem bestimmten naturwissenschaftlichen Bezugssystem gestützt werden. Das bedeutet oft, dass in einem bestimmten Umfang Tests durchgeführt wurden und dass die empirischen Befunde die Schlussfolgerung mit einem bestimmten Maß an Sicherheit stützen – vielleicht zu 95 oder 99 Prozent, je nachdem, wie wichtig die Sicherheit ist. Das klingt vielleicht so, als wüsste die Naturwissenschaft nichts sicher, weil sie keine 100-prozentige Sicherheit hat. Das ist in gewisser Weise auch richtig; und da sie diese ihr inhärente Unsicherheit nicht loswerden kann, wäre es gefährlich zu behaupten, sie sei absolut wahr. Es ist viel besser, wenn wir verstehen, was diese Unsicherheit bedeutet, als wenn wir so tun, als gäbe es sie nicht. Wir verstehen dann, dass «nicht sicher wissen» nicht bedeutet, dass alles gleich wahrscheinlich ist. Wenn Naturwissenschaftler sagen, sie seien zu 95 Prozent sicher, dass der größte Teil der heutigen Erderwärmung menschengemacht sei, dann ist es sehr viel wahrscheinlicher, dass das stimmt, als das Gegenteil.

Mathe arbeitet nicht mit empirischen Befunden, sondern mit Logik. Wir entscheiden anhand der Logik, dass etwas in Mathe als «richtig» gelten soll. Das bedeutet nicht, dass es absolut richtig ist, sondern dass es im Bezugssystem der Mathematik, also der Logik, richtig ist.

Dies führt uns zu der wichtigen Frage, warum man in Mathe «seinen Gedankengang darlegen» muss. Das ist der Fluch vieler Kinder in diesem Fach: Sie müssen einige Mathefragen beantworten, sie kennen die Antworten und schreiben sie nieder. Die Antworten sind richtig, aber die Kinder haben «ihren Gedankengang nicht dargelegt» und bekommen daher nicht die volle Punktzahl.

Ist das fair?

Der entscheidende Punkt ist, dass es in Mathe nicht allein darum geht, die richtigen Antworten zu kennen, auch wenn es allzu oft so dargestellt wird, als ginge es nur darum. Viele danken daher, in Mathe gehe es um Fakten, die man als Schüler kennen müsse: Die Fakten würden vom Lehrer verkündet, und die Aufgabe der Schüler sei es, sie zu verinnerlichen und nicht in Frage zu stellen. Folglich brauche der Lehrer die Fakten nicht herzuleiten oder zu erklären. Dies ist ein extremes Beispiel, und ich sage nicht, dass der gesamte Matheunterricht so ist, aber zu viel davon ist so oder ähnlich.

Das vermittelt Schülern den Eindruck, dass Mathe auf Autorität basiere: dass sie aus Wahrheiten bestehe, die von oben dekretiert würden wie Erlasse eines Autokraten, und dass wir den Erlassen einfach zu gehorchen hätten, ohne sie in Frage zu stellen. Das ist nicht nur eine falsche Darstellung dessen, was Mathematik ist, sondern auch eine gefährliche Einstellung, wenn man sie Kindern vermittelt.* Wenn sie glauben, Wissen werde von Autoritäten verkündet, besteht die Gefahr, dass sie zu Erwachsenen werden, die ihr Wissen statt von objektiven Bezugssystemen von Autoritätspersonen erhalten. Was sie glauben, hängt dann davon ab, wen sie als Autoritätsperson ansehen, und wir können mit ihnen nicht diskutieren, weil ihr Glaube nicht auf Vernunft, sondern auf Autorität beruht.

Mathe ist fast das genaue Gegenteil davon. In Mathe geht es nur darum, Wahrheiten durch logisches Denken herzuleiten. Nichts muss dann von einer Autorität vermittelt werden, außer den Grundlagen der Logik selbst. Das Problem ist, dass Schulmathematik oft aus Fragen und Antworten besteht und aus einem Antwortschlüssel, der einem sagt, wie die richtigen Antworten lauten, so dass man durch Vergleich der eigenen Antwort mit der des Antwortschlüssels prüfen kann, ob man die richtige gefunden hat.

Doch in der mathematischen Forschung gibt es keinen Antwortschlüssel,

* Ich finde, Professor Dave Kung hat dies in seinem TEDx-Vortrag «Math for Informed Citizens» (Mathematik für informierte Bürger), https://www.youtube.com/watch?v=Nel5PF8jtsM, besonders anschaulich zum Ausdruck gebracht.

weil wir die Antworten noch nicht kennen. Das Leben hat definitiv keinen Antwortschlüssel. Es fragt sich also: Wenn es keinen Antwortschlüssel gibt, wie entscheiden wir, ob wir eine gute Antwort gefunden haben? Darum geht es in Mathe: entscheiden zu lernen, was als gute Antwort gelten soll, wenn es keinen Antwortschlüssel gibt. Und deshalb ist es wichtig, unseren Gedankengang darzulegen: Denn der Gedankengang *ist* die Mathematik. In Mathe geht es nicht darum, «die richtige Antwort zu finden», sondern darum, Argumentationen zu entwickeln, die eine Antwort stützen.

Wir werden die Vorstellung –(–1) untersuchen, indem wir fragen, was all diese Dinge wirklich bedeuten. Das ist eine typische Art und Weise, wie sich Mathematiker ihrer Intuition nähern, um sie zu «entpacken» und mithilfe der Logik zu verstehen. Wenn wir bohrende Fragen stellen, können wir uns eine viel solidere logische Grundlage schaffen – jedenfalls solange der Zweck unserer Fragen darin besteht, die Dinge besser zu verstehen, statt nur darin, sie zu bereden und lächerlich zu machen.

Stellen Sie sich vor, wir würden ein Klettergerüst für Kinder konstruieren. Wenn wir es errichtet haben, würden wir es auf jede nur denkbare Weise testen, um die Gewissheit zu haben, dass es sicher ist. Wir würden es nicht nur dadurch testen, dass wir vernünftig darauf klettern, sondern wir würden darauf springen, daran schaukeln, dagegen schlagen, uns von ihm fallen lassen und versuchen, es aus dem Boden zu ziehen, statt einfach darauf zu vertrauen, dass wir es gut konstruiert haben. Mathe ist solide, weil wir den Dingen nicht vertrauen, sondern springen und schaukeln und uns überzeugen, dass unser Gerüst standhält. Einer der Gründe dafür, dass das Gerüst so stark ist, liegt darin, dass wir es fundamental in Frage stellen. Die einfach klingenden Fragen, die wir stellen, sind nicht nur «nicht dumm», sondern sie sind von entscheidender Bedeutung. Ich gebe zu, dass die Beschäftigung mit einigen dieser Fragen manchmal etwas mühsam erscheinen kann. Im Alltag akzeptieren wir eine gewisse Anzahl von Dingen als wahr, um mit unserem Leben klarzukommen. Wenn Kleinkinder mit endloser Wissbegier «Warum?» fragen, kann das für sie eine wunderbare Möglichkeit sein, mehr über die Welt zu erfahren, aber manchmal muss man sie einfach dazu bringen, ihre Schuhe anzuziehen, damit man aus dem Haus gehen kann.

In Mathe versuchen wir nicht, «mit unserem Leben klarzukommen», sondern wir versuchen, solide Konstruktionen zu schaffen. Es kann mühsam sein, eine solide Konstruktion für ein Haus zu schaffen, doch es ist besser, es zu tun, als Arbeitsschritte zu überspringen, um schneller fertig zu werden. Wenn wir in Mathe forschen, überlassen wir uns anfangs oft den Bildern im Kopf, um herauszufinden, in welche Richtung wir uns bewegen. Aber das ist eher so, wie wenn man die ersten Ideen für den Entwurf eines Gebäudes skizziert, bevor man sich hinsetzt und es wirklich konstruiert.

Um zu verstehen, warum $-(-1) = 1$ ist, müssen wir uns intensiv mit negativen Zahlen und ihrer Bedeutung auseinandersetzen. *Dafür* müssen wir uns intensiv mit der Null und ihrer Bedeutung auseinandersetzen und *dafür* wiederum mit den Zahlen und der Frage, was Zahlen überhaupt sind. Wenn wir über diese Dinge nachdenken, werden wir sehen, dass Mathematiker bessere Argumentationen entwickelt haben – oft, nachdem sie erkannt hatten, dass sie in Bezug darauf, was dieses oder jenes wirklich bedeutet, zu viel für selbstverständlich gehalten hatten.

Negativ

Die negativen Zahlen sind schwierig. Schon die positiven Zahlen sind schwierig. Eine positive Zahl entsteht, wie wir gesehen haben, dadurch, dass wir eine Analogie zwischen verschiedenen Ansammlungen von Gegenständen feststellen, aus der wir diese Zahl dann als abstrakte Vorstellung ableiten. Eine negative Zahl aber kann nicht aus einer Analogie zwischen Ansammlungen von Dingen abgeleitet werden, weil wir «negative Dinge» nicht sehen können. Wir können nicht –2 Erdbeeren und –2 Bananen zählen und sagen: «Aha! Was diese Ansammlungen von Gegenständen gemeinsam haben, ist die Vorstellung –2.»

Es gibt aber Möglichkeiten, sich die Vorstellung negativer Zahlen plausibel zu machen. Eine Möglichkeit ist, an Richtungsänderungen zu denken. Wenn Sie zehn Schritte vor und anschließend zehn Schritte zurück gehen, kommen Sie wieder dort an, wo Sie losgegangen sind. Die beiden

Richtungen heben sich auf, und wir können die Rückwärtsrichtung als «negativ» bezeichnen. Die anschauliche Vorstellung trifft die Sache, aber sie ist nicht streng logisch (allerdings auch nicht unlogisch), und sie ist nicht leicht übertragbar: Wie könnte sie uns helfen, etwa minus zehn Äpfel oder minus zehn britische Pfund zu verstehen?

Eine andere Möglichkeit, sich die Vorstellung negativer Zahlen plausibel zu machen, sind Schulden. Wenn man jemandem zehn britische Pfund schuldet, dann ist es nicht nur so, dass man diese zehn Pfund nicht besitzt, sondern es ist noch schlimmer: Man ist zehn Pfund im Minus. Aber das ist schon eine abstrakte Vorstellung, und für Kinder, die noch nie jemandem etwas geschuldet haben, ist sie schwer zu verstehen. Entweder du hast Kekse, oder du hast keine Kekse. Was soll es bedeuten, dass du einem Freund einen Keks schuldest?

Was es wirklich bedeutet, ist, dass du von irgendwoher einen Keks bekommen und ihn deinem Freund geben musst. Wenn dir jemand einen Keks gibt, hast du normalerweise einen Keks. Aber wenn du deinem Freund einen Keks schuldest, bist du, wenn dir jemand einen Keks gibt, moralisch verpflichtet, den Keks deinem Freund zu geben, und das Ergebnis ist, dass du null Kekse hast.

Es ist ein bisschen seltsam, in einer Diskussion über Zahlen von moralischen Pflichten zu sprechen, aber die negativen Zahlen sind wirklich schwer zu verstehen, und wir sollten das anerkennen. Sie sind eine Stufe abstrakter als die positiven ganzen Zahlen; denn während diese Abstraktionen von etwas Konkretem (von Gegenständen) sind, sind die negativen Zahlen Abstraktionen von etwas, das bereits abstrakt war. Ich fürchte, Sie könnten jetzt die Hände über dem Kopf zusammenschlagen und aufgeben, aber mir gefällt es, dass unser Gehirn in der Lage ist, diese Abstraktionen zu vollziehen. Mir gefällt es, dass wir, wenn wir heranwachsen, mit hypothetischen Vorstellungen immer besser umzugehen lernen, solange es uns Spaß macht, unserer Phantasie freien Lauf zu lassen und uns in einer imaginären Welt zu bewegen. Die negativen Zahlen sind ein bisschen wie magischer Realismus, der gewissermaßen eine Stufe höher steht als die Fiktion. Während Fiktion ein in der realen Welt angesiedeltes imaginäres Szenario ist, ist magischer Realismus ein imaginäres Szenario, das in einer imaginären Version der realen Welt angesiedelt ist, in der Dinge möglich sind, die sich von denen der realen Welt leicht unterscheiden. Fantasy steht vielleicht noch eine Stufe höher: als imaginäres Szenario, das auf einer imaginären Version der realen Welt basiert, die vielleicht nicht einmal von der realen Welt ausgeht, sondern von etwas völlig anderem.

Ich finde es faszinierend, wenn unsere Bereitschaft, von unserem Unglauben an das Geschehen in einem fiktionalen Werk abzusehen, an seine Grenzen stößt. Es gibt einige Bücher (die ich besser nicht nenne, um den Clou nicht zu verraten), die sich am Ende als von A bis Z von einer der Figuren ausgedacht herausstellen. Manche Leser ärgern sich über diese Enthüllung und kritisieren sie mit der Begründung, es sei unglaubwürdig, dass jemand sich eine solche Geschichte ausdenken würde. Dabei wurde das Buch ja von einem wirklichen Autor geschrieben! Diese Leser können zwar akzeptieren, dass ein realer Mensch eine fiktive Geschichte in Buchlänge schreibt, aber nicht, dass ein fiktiver Mensch in einem realen Buch eine fiktive Geschichte in Buchlänge schreibt.

Die Menschen unterscheiden sich darin, wie viel Fantasy in der Fiktion und wie viel Abstraktion in der Mathematik sie tolerieren können. Manche lesen nur Sachbücher gern; manche mögen Fiktion, aber keinen magischen Realismus. Ich persönlich mag magischen Realismus, aber keine Fantasy. Und ich liebe die Abstraktion in der Mathematik. Ich toleriere sie nicht nur, sondern genieße sie und weiß sie zu schätzen. Ich genieße sie als solche, weiß aber auch zu schätzen, was sie zu tun versucht. Die abstrakte Mathematik träumt von imaginären oder hypothetischen Versionen der Wirklichkeit und manchmal auch davon, immer mehr Ebenen des Hypothetischen übereinanderzustapeln, hat dabei aber immer ein Ziel im Auge: ein Licht auf die Wirklichkeit zu werfen. Die negativen Zahlen sind in gewissem Sinne eine Fiktion, die sich Mathematiker ausgedacht haben, um Szenarien des Lebens zu beschreiben, die nichts mit dem bloßen Zählen zu tun haben. Das Szenario des Vor- und Zurückgehens erinnert vielleicht nicht an das Schuldenmachen und -begleichen, aber wenn wir ein bisschen abstrahieren, erkennen wir, worin das Gemeinsame in dem Sinne besteht, wie wir im vorigen Kapitel Gemeinsamkeiten zwischen konkreten Dingen gefunden haben.

Beim Szenario des Vor- und Zurückgehens haben wir gesagt, dass wir, wenn wir zehn Schritte vor und anschließend zehn Schritte zurück gehen, wieder dort landen, wo wir losgegangen sind. Beim Schuldenszenario haben wir gesagt, dass ein Kind, dem jemand einen Keks gibt, das selbst aber einem Freund einen Keks schuldet, im Endeffekt keinen Keks hat, weil es den Keks seinem Freund geben muss. Beide Szenarien basieren auf der Vorstellung, dass wir beziehungsweise das Kind wieder bei null enden. Um die negativen Zahlen zu verstehen, müssen wir also die Null verstehen.

Die Null

Die Null ist eine verblüffende Zahl, weil sie für nichts steht und dennoch etwas ist. Sie ist ein Etwas, das für nichts steht. Es ist schwierig, eine Ansammlung von null Erdbeeren und eine Ansammlung von null Bananen zu betrachten und herauszufinden, was sie gemeinsam haben, denn null Dinge zu sehen ist schwierig. Ich habe einmal erfreut festgestellt, dass ich drei Dreilochstanzen, zwei Zweilochstanzen und eine Einlochstanze besaß. Bekannte sagten, ich besäße auch null Nulllochstanzen, aber da war ich mir nicht so sicher. Ist etwa alles, was kein Loch stanzt, eine Nulllochstanze? In diesem Fall ist meine Wasserflasche eine Nulllochstanze, ebenso mein Computer und jede Kaffeetasse, die ich besitze: Eigentlich ist dann fast alles, was ich habe, eine Nulllochstanze.

Ebenso können wir fast überall, wo wir hinschauen, null Erdbeeren «sehen» und auch null von einer ganzen Menge anderer Dinge. Das ist ziemlich verwirrend. Wenn es Ihnen so geht wie mir, wird Ihnen jetzt ein bisschen schwindlig, da Sie feststellen, dass Sie überall, wo Sie hinschauen, null von einer unendlichen Vielfalt von Dingen sehen können. Ich muss ein bisschen blinzeln und ein paar Mal durchatmen, um in die Wirklichkeit zurückzukehren. Aber wenn ich Mathe mache, habe ich oft dieses Gefühl, plötzlich all diese Nicht-Dinge zu «sehen». Es ist dann mit einem leichten Schwindelgefühl verbunden, dem Gefühl, dass plötzlich eine unendliche Phantasiewelt vor meinen Augen aufblitzt, und mit Verblüffung,

Verwirrung und Aufregung, bevor ich wieder in die Wirklichkeit zurückkehre. Ich genieße das.

Die Null hat eine lange und abwechslungsreiche Geschichte, die ein ganzes Buch füllen könnte. Ich habe nicht vor, die Geschichte der Null zu schreiben, sondern möchte nur das Gefühl bestätigen, dass die Null ein bisschen seltsam ist. Es besteht auch ein Unterschied zwischen der Vorstellung der Null und der Entscheidung, diese Vorstellung als faktische Zahl in ein Zahlensystem aufzunehmen. Das ist eine subtile, aber wichtige Unterscheidung, die für mich mit der Frage zusammenhängt, ob Mathematik erfunden oder entdeckt wird: Ich vertrete die Auffassung, dass die Konzepte der Mathematik bereits existieren und daher Dinge sind, die wir entdecken, dass aber unsere Methoden, sie aufzuschreiben und mit ihnen zu argumentieren, menschliche Konstrukte und daher Dinge sind, die wir erfinden. Manchmal ist das Konzept selbst nicht so einfach zu unterscheiden von der Art und Weise, wie wir es untersuchen, und deshalb halte ich es nicht für möglich (aber letztlich auch nicht für wichtig) zu sagen, ob sie erfunden oder entdeckt wurde.

Viele alte Kulturen, darunter die ägyptische, die babylonische, die indische und die Maya-Kultur, haben sich mit der Null befasst und ein Zeichen für sie verwendet. Die alten Griechen* dagegen waren unsicher, was den Status der Null betraf, und nicht davon überzeugt, dass sie als Zahl gelten sollte. Bis heute sind nicht alle Menschen bei allen Arten von Zahlen bereit, sie als Zahlen zu akzeptieren. Während die meisten heute mit der Null, mit negativen Zahlen und mit Brüchen kein Problem haben, sieht es anders aus, wenn es um avanciertere Vorstellungen wie die «imaginären» Zahlen geht. (Sie wissen vielleicht nicht, was das für Zahlen sind, aber ich komme in Kapitel 4 darauf zurück.) Ich habe wütende E-Mails von Leuten erhalten, die mir mitteilten, dass imaginäre Zahlen nicht als Zahlen bezeichnet werden sollten, weil sie keine Zahlen seien (nicht, dass es meine Schuld wäre, dass sie imaginäre Zahlen genannt werden; aber das ist den Schreibern egal). Die Frage, was als «Zahl» gilt oder gelten soll, nötigt uns

* Einige der Personen, die wir gewöhnlich als «alte Griechen» bezeichnen, stammten aus anderen Teilen der griechischen Welt, nicht aus Griechenland selbst. Ich komme darauf in Kapitel 4 zurück.

auch zu fragen, was Zahlen überhaupt sind, wobei wir – ausgenommen einige Leute, die hinterherhinken – im Laufe der Geschichte immer mehr Vorstellungen als Zahlen akzeptiert haben. Das ist nicht verwunderlich: Wir haben auch gesellschaftlich nach und nach immer mehr zu akzeptieren gelernt, aber auch hier hinken einige hinterher: Sie akzeptieren vielleicht Frauen und Schwarze, aber keine Schwulen, oder sie akzeptieren Schwule, Lesben und Bisexuelle, aber keine Transgender.

Eine Möglichkeit, mit der schwierigen Frage, ob die Null eine Zahl ist oder nicht, fertigzuwerden, besteht darin, sie geschickt zu umgehen. Ist es wichtig zu wissen, was eine «Zahl» ist? Wir können doch einfach eine Welt untersuchen, in der die Null ein Grundbaustein ist, und sehen, was für eine Welt das ist. In diesem System müssen wir nicht sagen, was die Null ist oder wofür sie steht, wir müssen nur sagen, wie sie mit allem anderen im System interagiert.

Die übliche Art und Weise, dies in Mathe zu tun, besteht darin, dass man auf einer bereits existierenden Welt aufbaut. Bisher haben wir uns eine Welt konstruiert, die mit der Zahl 1 beginnt und durch Addition erweitert wird. Dadurch haben wir alle Zahlen der Reihe 1, 2, 3 und so weiter bekommen. Wenn wir die 0 in diese Welt einbeziehen, müssen wir wissen, was geschieht, wenn wir sie zu anderen Zahlen addieren. Insgeheim wissen wir, dass wir versuchen, ein Nichts darzustellen, und können daher erklären, dass das Addieren von 0 zu irgendetwas anderem nichts ändert.

Also ist $1 + 0 = 1$, $2 + 0 = 2$, $3 + 0 = 3$ und so weiter. Wir können nicht alle Gleichungen dieser Art auflisten, da es unendlich viele davon gibt. Aber wir können stattdessen den Grundgedanken formulieren:

> Wenn wir mit einer beliebigen Zahl beginnen und 0 addieren, ist das Ergebnis dieselbe Zahl, mit der wir begonnen haben.

Das ist ein bisschen langatmig, aber wir können der Zahl, mit der wir beginnen, einen Namen geben: Wir könnten sie x nennen und x für «jede Zahl, mit der wir beginnen», stehen lassen. Ich habe jetzt eine Zahl durch einen Buchstaben ersetzt, was Sie vielleicht erschaudern lässt, aber ich komme darauf später zurück. Einstweilen hoffe ich, dass Sie zumindest sehen können (und zwar buchstäblich auf dieser Seite), dass wir damit die obige Aussage viel kürzer formulieren können, nämlich wie folgt:

Für jede Zahl x gilt: $x + 0 = x$.

Das mag ein bisschen nach Mogelei aussehen, da ich nicht erklärt habe, inwiefern die Null eine Zahl ist, die für Nichts steht; stattdessen habe ich sie durch das charakterisiert, was geschieht, wenn man sie zu etwas addiert. Das ist typisch für abstrakte Mathematik, und man könnte sagen, das ist eher pragmatisch als erhellend. Wir haben etwas, was wir nur intuitiv verstehen, in etwas verwandelt, mit dem wir argumentieren können. Wir können also argumentieren, haben aber vielleicht weniger intuitives Verständnis. Die Spannung zwischen diesen beiden Aspekten ist in der abstrakten Mathematik immer präsent.*

Wie auch immer, wir bekommen auf diese Weise eine Welt, die die Null enthält: Wir fügen sie einfach hinzu. Wir sagen: «Ich erkläre, dass es etwas gibt, das 0 heißt und sich gemäß der obigen Aussage verhält», und dann fangen wir an, damit herumzuspielen. Um negative Zahlen zu erhalten, können wir etwas Ähnliches tun.

Negative Zahlen

Um eine Welt mit negativen Zahlen zu entwickeln, wenden wir einen ähnlichen Trick an wie bei der Null: Wir sagen nicht, was negative Zahlen sind, sondern was sie bewirken. Und was sie bewirken, ist wie «zehn Schritte zurückgehen», um zum Ausgangspunkt zurückzukehren. Eine negative Zahl ist eine Möglichkeit, «dorthin zurückzukehren, wo man hergekommen ist». In diesem Fall ist der Ausgangspunkt die Null, weshalb wir für unsere Welt die Vorstellung der Null brauchten.

Wir beschließen also, neue Bausteine in unsere Welt einzubauen, und zwar speziell zu dem Zweck, wieder dorthin zu gelangen, wo wir her-

* David Bessis geht darauf in *Mathematica* näher ein.

gekommen sind. Die Definition von –1 lautet «etwas, das 1 aufhebt». Das ist wie Antimaterie. Als ich klein war, dachte ich, Pfeffer sei die Antimaterie zu Salz, d. h., wenn man zu viel Salz genommen habe, könne man etwas Pfeffer hinzufügen, um es aufzuheben. Ich bin immer noch ein bisschen traurig, dass das nicht der Fall ist und dass man nicht viel dagegen tun kann, wenn etwas zu salzig ist. Außerdem mag ich keinen Pfeffer; also ist Pfeffer für mich als Erwachsene eine doppelte Enttäuschung.

Eine formalere Art zu sagen, –1 hebt 1 auf, ist zu sagen, wir addieren –1 zu 1 und erhalten 0. Diese Zahl, die eine andere aufhebt, wird als Gegenzahl bezeichnet und in diesem Fall als additive Gegenzahl, weil wir in diesem Fall eine Addition rückgängig machen. Wir wollen nun aber nicht nur in der Lage sein, 1 aufzuheben, sondern wir wollen jede Zahl aufheben können.

Mir ist klar, dass Sie persönlich vielleicht gar nichts aufheben wollen, aber ich versuche, das mathematische Bedürfnis zu erklären, das hinter all dem steht. Wenn ich also sage: «Wir wollen», meine ich im Grunde: «Das ist das mathematische Bedürfnis.» Ich weiß, dass jeder von uns andere Bedürfnisse hat. Manche Menschen sehen eine offene Schranktür und haben das Bedürfnis, sie zu schließen – ich nicht! Manche Menschen sehen einen Berg und wollen ihn unbedingt besteigen – ich will auch das nicht. Aber ich habe mathematische Bedürfnisse. Manchmal handelt es sich um Bedürfnisse, eine Operation zu übertragen: Ich habe zum Beispiel etwas gelöscht oder weggekürzt und will wissen, ob ich auch alles andere löschen oder wegkürzen kann. Analoge Bedürfnisse habe ich in der Küche: Ich habe zum Beispiel versucht, mit einer bestimmten Mehlsorte einen Kuchen zu backen, und möchte wissen, was geschieht, wenn ich mit jeder Mehlsorte einen Kuchen backe – mit Weizenmehl, Hafermehl, Mandelmehl, Reismehl, Kokosmehl und so weiter.

Wenn wir dem mathematischen Bedürfnis folgen, stellen wir fest, dass wir, nachdem wir –1 als Baustein für die Aufhebung von 1 eingeführt haben, damit alles entwickeln können, was wir brauchen, um jede andere ganze Zahl aufzuheben. Das liegt daran, dass alle ganzen Zahlen durch zwei- oder mehrmaliges Zusammenkleben von 1 gebildet werden, so dass wir, um sie aufzuheben, nur –1 genauso oft verwenden müssen. Wenn wir zum Beispiel zwei negative Zahlen zusammenkleben, können wir damit die zwei entsprechenden positiven Zahlen aufheben. Wenn wir das, was beim Zusammenkleben von –1 und –1 entsteht, als Gleichung schreiben, lautet diese:

$$(-1) + (-1) = -2$$

Das sieht vielleicht wie die Definition von –2 aus, ist es aber nicht: Die Definition von –2 ist gemäß unserem Ansatz «etwas, das 2 aufhebt».* Dafür gehen wir folgende Schritte:

- Wir haben einen Baustein 1.
- 2 wird in dieser Welt per definitionem als 1 + 1 gebildet.
- Das, was 2 aufhebt, ist in dieser Welt per definitionem –2.
- $\{1 + 1\} + \{(-1) + (-1)\} = 0$, also hebt $(-1) + (-1)$ 2 auf.
- Also ist $(-1) + (-1) = -2$.

Wenn wir jetzt einen kühlen Kopf bewahren, können wir herausfinden, was –(–1) ist. Sie erinnern sich, dass eine negative Zahl ein Etwas ist, das etwas anderes aufhebt. Da das ziemlich vage ist, führe ich wieder einen Buchstaben ein, der für «etwas» stehen soll: $-x$ bedeutet «etwas, das x aufhebt (durch Addition)».

«–(–1)» bedeutet also «etwas, das (–1) aufhebt». Das Etwas, das (–1) aufhebt, ist aber 1, und deshalb ist $-(-1) = 1$. Wir können das wie oben Schritt für Schritt schreiben:

- Wir haben einen Baustein 1.
- –1 ist das, was 1 aufhebt, also ist $1 + (-1) = 0$.
- –(–1) ist das, was –1 aufhebt.
- –1 wird aber auch durch 1 aufgehoben, wie die Gleichung $1 + (-1) = 0$ besagt.
- 1 ist also –(–1).

* Eine Feinheit besteht hier darin, dass wir gewährleisten müssen, dass es für jedes x nur *ein* Etwas gibt, das x aufhebt, weil diese Definition von $-x$ sonst mehrdeutig wäre.

Sie fanden das vielleicht mühsam – oder Sie fanden es aufschlussreich. Ich habe mit Interesse festgestellt, dass Menschen, die in der Schule als «gut in Mathe» galten, es oft als mühsam empfinden, Menschen, die in der Schule als «schlecht in Mathe» galten, aber als aufschlussreich (so zum Beispiel manche meiner Kunststudenten). Ich erinnere mich nicht mehr, wie ich diese Herleitung empfand, als ich sie kennenlernte, aber ich weiß, dass sie für mich die einzig befriedigende ist, weil sie den Dingen und ihrer Bedeutung wirklich auf den Grund geht.

Sie fragen sich vielleicht, warum uns das wichtig sein sollte. Ich glaube gar nicht, dass all das jedem wichtig sein sollte, denn jedem ist etwas anderes wichtig. Das Einzige, was meiner Meinung nach wirklich jedem wichtig sein sollte, ist die Verringerung von menschlichem Leid, von Gewalt, Hunger, Vorurteilen, Ausgrenzung und Herzschmerz. Abgesehen davon hoffe ich, dass es jedem wichtig ist, immer noch intensiver darüber nachzudenken, warum wir etwas für wahr halten oder nicht.

Wir bekommen Probleme in der Welt, wenn Menschen davon ausgehen, dass sie recht hätten, ohne dass es ein Bezugssystem gibt, um darüber zu befinden. Eine solche Einstellung führt zu Widersprüchen, Streitigkeiten und Verschwörungstheorien. Es herrscht eine doppelte Konfusion darüber, ob immer alle Meinungen gleichermaßen berechtigt sind. Manchmal sind sie es, aber Leute behaupten, sie seien es nicht, und manchmal sind sie es nicht, aber Leute behaupten, sie seien es.

Manche Meinungen sind wirklich nur Meinungen, und jeder hat das Recht auf eine andere Meinung. (Dasselbe gilt für Geschmackssachen, zum Beispiel, wenn es um den persönlichen Geschmack in Sachen Essen, Musik oder Film geht. Aber manche Leute glauben, dass es in Geschmackssachen ein Richtig und ein Falsch gebe. Die Tatsache, dass ich kein großer Fan von Toast und auch nicht von Mozarts Musik bin, bedeutet nicht, dass ich falsch liege, denn hier kann ich nicht falsch liegen – ich mag nur beides nicht. Dennoch sagen Leute mir immer wieder, dass ich in Bezug auf das eine oder das andere falsch liege.)

Es gibt jedoch Zusammenhänge, in denen nicht alle Meinungen gleichermaßen berechtigt sind. Wenn eine Auffassung durch eine Vielzahl von Belegen gestützt wird, dann spricht meiner Ansicht nach viel mehr dafür, sie für berechtigt zu halten, als einer Behauptung Glauben zu schenken, für die es im Wesentlichen keine Beweise gibt, wie zum Beispiel, dass die Erde flach sei oder dass die Demokratische Partei die amerikanischen Präsidentschaftswahlen von 2020 durch Betrug in großem Umfang «gestohlen» hätte. (Es gibt keine solchen Beweise für Betrug in großem Umfang, aber viele Beweise für Wahlkreismanipulationen und Wählerunterdrückung zugunsten der Republikaner. Das bedeutet nicht, dass die eine Seite notwendigerweise Recht hat und die andere Unrecht, es bedeutet aber, dass die eine Seite ihre Behauptung gegen die Beweislage vertritt.)

Mathematiker gehen ausdrücklich nicht davon aus, dass sie Recht haben, ganz gleich, wie richtig sich eine Auffassung für sie anfühlt. Das Gefühl ist oft der Ausgangspunkt, aber es kann in die Irre führen; daher stellen wir es, um sicherzugehen, immer wieder in Frage und halten es erst dann für richtig, wenn es durch eine strenge logische Argumentation gestützt wird. Dieses Sich-selbst-in-Frage-Stellen ist nicht immer gut für unser Selbstwertgefühl, aber oft können auf diese Weise die Grundlagen der Mathematik gefestigt werden, was dann weitere Fortschritte ermöglicht. So etwas geschah sogar vor gar nicht langer Zeit (gemessen an der langen Geschichte der Mathematik), als Mathematiker versuchten herauszufinden, was Zahlen eigentlich sind.

Wenn Mathematiker unsicher werden

Was sind Zahlen? Ich habe diese Frage oben umgangen, doch sie ist nicht so leicht zu umgehen, wenn wir kompliziertere Zahlen betrachten. Die Welt der ganzen Zahlen einschließlich der negativen Zahlen zu entwickeln war ein ziemlich aufwendiger Prozess, aber wir haben es geschafft. Die Welt der Brüche zu entwickeln, die auch als rationale Zahlen bezeichnet werden, weil sie *rationes*, Verhältnisse, darstellen, ist noch einen Schritt aufwendiger. Es ist aber unvergleichlich viel anspruchsvoller, wenn wir versuchen, über die sogenannten irrationalen Zahlen nachzudenken. Zu sagen, was sie in der Welt beschreiben, ist gar nicht so schwierig; das Schwierige ist, sie als mathematische Welt zu konstruieren. Bei den ganzen Zahlen haben wir mit der 1 als Grundbaustein begonnen und sind von dort aus weitergegangen. Bei den irrationalen Zahlen ist überhaupt nicht klar, welches die Grundbausteine sein sollten.

Sie wissen vielleicht nicht mehr, was eine irrationale Zahl ist (oder haben es nie gewusst); deshalb sollte ich sagen, was darunter zu verstehen ist. Leider ist das äußerst schwierig. Diese Zahlen werden manchmal als «Dezimalzahlen, die hinter dem Komma endlos weitergehen, ohne sich zu wiederholen» bezeichnet – aber was um Himmels willen bedeutet das? Wenn eine Dezimalzahl endlos weitergeht, ohne sich zu wiederholen, woher wissen wir dann, was sie ist? Ganz gleich, wie weit wir die Stellen hinter dem Komma auflisten, wir werden einige ausgelassen haben (unendlich viele sogar, um genau zu sein). Wir können sie auch nicht anhand eines Musters beschreiben, denn der springende Punkt ist eben, dass sie sich nie wiederholen, dass es also kein Muster gibt, das wir zur Beschreibung verwenden können. Wenn jemand mit all dem spielend fertig wird, dann hat er einige Feinheiten übersehen.

Die Geschichte der irrationalen Zahlen ist lang. Die Vermutung, dass es sie gebe, kam früh auf – lange bevor die Mathematiker einen Weg fanden, diese Zahlen zu verstehen. Schon die Mathematiker des antiken Griechenlands erkannten, dass es «Zahlen» gibt, die nicht als Bruch geschrieben werden können. Es ist gar nicht so schwer, auf eine solche «Zahl» zu kommen (aber schwerer, zu beweisen, dass sie kein Bruch ist). Sehen Sie sich zum Beispiel dieses Quadrat an:

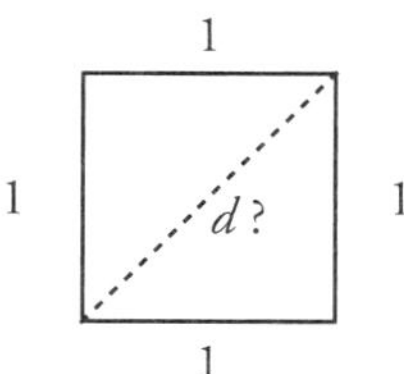

Alle Seiten dieses Quadrats haben die Länge 1. Sie fragen sich vielleicht, 1 von welcher Einheit, aber das Wunderbare an der abstrakten Mathematik ist, dass das keine Rolle spielt. Es ist 1 von was immer ich will, und weil es keine Rolle spielt, brauche ich es nicht anzugeben.

Jetzt könnten wir uns fragen, wie lang die Diagonale des Quadrats ist. (Vielleicht fragen Sie sich das gar nicht, aber ich meine, es sich zu fragen ist ein mathematisches Bedürfnis.) Wenn Sie sich an den Satz des Pythagoras erinnern, können Sie es ausrechnen: Der Satz des Pythagoras besagt, bei einem rechtwinkligen Dreieck «ist die Summe der Quadrate über den beiden kürzeren Seiten gleich dem Quadrat über der längsten Seite», was sich (mit Buchstaben!) knapper wie folgt formulieren lässt:

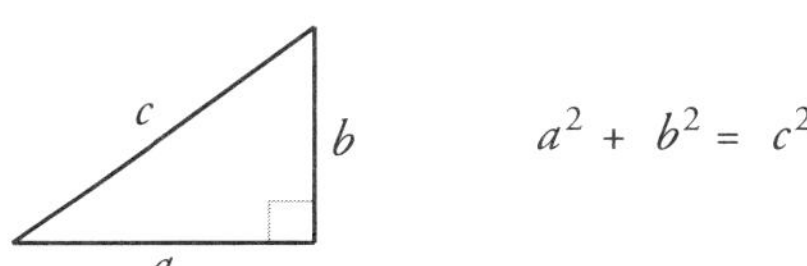

Wir können das jetzt auf eines der Dreiecke des Quadrats übertragen, das wir verstehen wollen: Wenn die Länge der Diagonale *d* heißt (ich verwende wieder einen Buchstaben), dann ergibt die Formel Folgendes:

$$1^2 + 1^2 = d^2$$

Das heißt:

$$2 = d^2$$

Das besagt, dass *d* eine Zahl ist, die die Eigenschaft hat, dass man 2 erhält, wenn man sie quadriert. Man kann aber beweisen, dass es keine Bruchzahl *d* mit dieser Eigenschaft gibt. Wir haben also zwei Möglichkeiten: Entweder hat die Diagonale dieses Quadrats keine messbare Länge, oder es muss Längen geben, die durch Zahlen gemessen werden, die keine Brüche sind.

Die erste Option ist logisch keine Katastrophe, sie ist aber unbefriedigend. Wie kann es Strecken geben, die keine Länge haben? Ein guter mathematischer Instinkt sagt uns, dass das merkwürdig wäre. Wenn wir nur Brüche als Zahlen zuließen, gäbe es winzige Lücken zwischen ihnen, in denen keine Zahl stünde. Wir könnten zwar wiederum einen Bruch in die Lücke setzen, aber wenn wir nah genug herangingen, würden wir immer sehen, dass eine Lücke bliebe – so wie eine Kurve auf einem Computerbildschirm sich schließlich in einzelne Pixel auflöst, wenn wir sie aus größter Nähe betrachten.

Wenn es zwischen den Zahlen winzige Lücken gäbe, würde das auch bedeuten, dass es, sagen wir, wenn wir wachsen, Momente gäbe, in denen wir keine Körpergröße hätten – wirklich eine bizarre Vorstellung. Die Alternative ist, dass wir eine neue Art von Zahlen zulassen.

Man kann immer entschlossen sein, zum eigenen Leben nicht noch mehr Dinge zuzulassen, so wie viele Menschen sich standhaft weigern, die gleichgeschlechtliche Ehe oder mehr als zwei Geschlechter oder sogar Mathematikerinnen zu akzeptieren. Die Mathematik denkt so aber nicht.* Entgegen der Vorstellung, sie verändere sich nicht mehr und sei rigide, will sie immer mehr Dinge zulassen. Nicht unbedingt zu einer bestimmten Welt. Aber sie will immer wieder eine neue Welt erforschen, in der diese Dinge glücklich mit denen koexistieren können, die schon Teil von ihr waren.

In Bezug auf die Diagonale des Quadrats hat sich die Mathematik daher für die inkludierende Option entschieden und statt zu erklären, die Diagonale habe keine Länge, anerkannt, dass es Zahlen geben müsse, die keine Brüche sind. Aber wenn es keine Brüche sind, was um Himmels willen sind sie dann?

Im Jahr 1872 machten sich die Mathematiker Georg Cantor und Richard Dedekind unabhängig voneinander Gedanken darüber, wie sie ihren Studenten auf eine strenge Art und Weise die Welt der Zahlen nahebringen könnten. Ich stelle mir vor, dass sie, wie gute Lehrer es tun, ihre Vorlesungen vorbereiteten, indem sie sich fragten, wie ihre Studenten reagieren würden; so konnten sie sich Antworten auf die Fragen überlegen, die ihre Studenten vermutlich stellen würden. Ein solches Vorgehen verhilft guten Lehrern zu einem tieferen Verständnis der Dinge, denn um diese Schülern oder Studenten zu erklären, die aus vielen verschiedenen Blickwinkeln Fragen stellen, muss man die Dinge selbst aus vielen verschiedenen Blickwinkeln betrachtet haben. Cantor und Dedekind erkannten beide, dass die Mathematiker bisher keine strengen Zahlensysteme aufgestellt hatten; also machten sie sich daran, dies selbst zu tun.

Es gehört zu den Seltsamkeiten der Menschheitsgeschichte, dass sie dies ungefähr zur gleichen Zeit taten, aber auf ganz verschiedene Art und

---

* Manche Mathematiker leider doch.

Weise. Beide Ansätze sind schwer zu erklären, wenn man nicht eine Menge Hintergrundwissen voraussetzen kann, aber ich will versuchen, die Grundideen anzudeuten. Cantors Grundidee entsprach mehr als diejenige Dedekinds der Formulierung «Dezimalzahlen, die hinter dem Komma endlos weitergehen, ohne sich zu wiederholen»: Cantor fand einen Weg, um zu präzisieren, was das bedeuten könnte, indem er Ideen von Augustin-Louis Cauchy, einem zwei Generationen älteren Kollegen, aufgriff. Die Konstruktion wird daher gewöhnlich als «Cauchy-Folgen-Modell der reellen Zahlen» bezeichnet, was ein bisschen verwirrend ist, aber Cauchy den ihm gebührenden Tribut zollt. Dedekinds Grundidee war vergleichbar dem Nachdenken über die Möglichkeit, einen Kuchen in all seine Krümel zu zerlegen, indem man ihn auf jede nur denkbare Weise in Scheiben schneidet. Hat man den Kuchen auf jede nur denkbare Weise aufgeschnitten, so hat man ihn tatsächlich, wenn auch indirekt, in all seine Krümel zerlegt. Beide Konstruktionen geben uns die Möglichkeit, die Lücken zwischen den Brüchen auf vollkommen strenge Art und Weise zu füllen.

Aber es geht mir hier nicht darum, Cantors oder Dedekinds Konstruktion der «reellen Zahlen» zu erklären, wie das Zahlensystem einschließlich der irrationalen Zahlen genannt wird. Ich möchte nur den Gedanken vermitteln, dass wir die Dinge besser verstehen müssen, um sie anderen gut beibringen zu können, und dass dieses Besserverstehen die mathematische Forschung vorantreibt. Cantors und Dedekinds Arbeit ermöglichte die strenge Entwicklung des gesamten Bereichs der Infinitesimalrechnung, die wiederum alle mathematischen Entwicklungen der modernen Welt ermöglichte. Und all das ist zwei Professoren zu verdanken, die sicher sein wollten, ihren Studierenden etwas Bestimmtes erklären zu können.

Die Bedeutung der Fragen der Studierenden

Für mich bestätigt all das die Bedeutung, die die Fragen von Studierenden haben. Ich schätze es, wenn Studierende ernsthafte Fragen stellen, Fragen, die sich daraus ergeben, dass sie nicht einfach akzeptieren, was wir sagen, sondern wissen wollen, warum und weshalb; Fragen, die vielleicht naiv klingen, aber die Fundamente der jeweiligen Wissenschaft betreffen. Das sind natürlich andere Fragen als die, mit denen Studierende ihre Professoren oder Professorinnen prüfen wollen, um sie auf dem falschen Bein zu erwischen oder ihre Schwächen herauszufinden. Ich fürchte, dass Studierende (namentlich weiße männliche bei – vor allem nicht-weißen – Professor*innen*) auch solche Fragen stellen.

Ich werfe ihnen das nicht vor, denn ein Großteil des Bildungssystems ist darauf ausgerichtet, diese Art von «Cleverness» zu belohnen, mit der man ein Streitgespräch «gewinnt», indem man jemanden in die Enge treibt, so dass er nicht vernünftig antworten kann. Leider führt das zu einer Atmosphäre, in der sich die Lehrer aus dieser Ecke befreien müssen, indem sie den Leuten manchmal sagen, ihre Fragen seien dumm. Das ist ein Teufelskreis, von dem ich mir wünschte, wir würden aus ihm herausfinden.

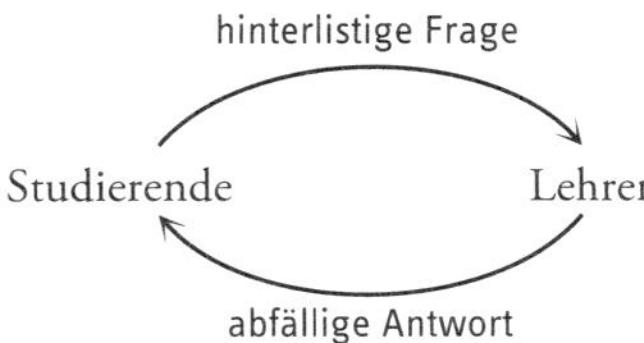

Eine Möglichkeit, aus dem Teufelskreis herauszufinden, bestünde darin, diese Art von Nullsummen-Cleverness, die darauf zielt, andere dumm dastehen zu lassen, nicht mehr zu belohnen, sondern stattdessen zum Stellen ernsthafter, sei es auch naiv klingender Fragen zu ermuntern. Wir denken allzu oft, es gebe «gute» (also kluge) und «dumme» Fragen, aber ich unterscheide Fragen lieber in solche, bei denen jemand wirklich etwas verstehen möchte, und solche, bei denen jemand zeigen will, wie clever er ist.

Fragen, bei denen jemand wirklich etwas verstehen möchte, sind meiner

Meinung nach immer gute Fragen, und oft sind es die scheinbar naivsten, die mich am meisten zum Nachdenken bringen. Ich liebe es, wenn Kinder sich fragen, wie viele Seiten ein Kreis hat: keine (weil er keine geraden Kanten hat), eine (rundherum) oder unendlich viele kleine?

Man könnte versucht sein zu glauben, diese Antworten widersprächen einander, weshalb eine von ihnen richtig und die anderen falsch sein müssten. Leider neigen wir dazu, das Leben zu einem Nullsummenspiel zu machen, vor allem wenn es um Streitgespräche und Meinungsverschiedenheiten geht. Wir sollten lieber versuchen herauszufinden, ob nicht in gewisser Hinsicht jeder Recht hat; das würde uns zu einem tieferen Verständnis verhelfen. Ich möchte den Nullsummen-Ansatz anhand der Terminologie, die ich in meinem Buch *x+y: A Mathematician's Manifesto for Rethinking Gender* eingeführt habe, als «ingressiv» bezeichnen und die Suche nach einem gemeinsamen tieferen Verständnis als «kongressiv». Der Ansatz, der ein tieferes Verständnis anstrebt, geht davon aus, dass in Mathe viel mehr Differenzierungen möglich sind, als mit Mathe oft assoziiert wird.

Binäre Logik versus Differenzierungen

Es gibt hier ein Spannungsfeld. Einerseits gibt es viele Kontexte, in denen zwei einander scheinbar widersprechende Aussagen in gewisser Weise beide richtig sind, weshalb wir uns nicht in einer binären Richtig-oder-falsch-Situation befinden. Andererseits basiert Mathe auf Logik, und zwar zumeist auf binärer Logik, in der Aussagen entweder richtig oder falsch sind. Widerspreche ich mir jetzt? Nein. Ich werde zeigen, dass beides stimmt. Der entscheidende Punkt ist, dass meine Behauptung, zwei einander scheinbar widersprechende Aussagen könnten in gewisser Weise beide richtig sein, eine andere Ebene im Auge hat als die der binären Logik, mit der wir die Grundlagen der Mathematik schaffen.

In Bezug auf die Logik der mathematischen Grundlagen bin ich bereit zuzugeben, dass es in der Mathematik Antworten gibt, die entweder richtig oder falsch sind. Aber das bezieht sich nur auf die Logik, mit der wir Aussagen verknüpfen, nicht auf die Aussagen selbst. Diese Logik stellt Implikationen her in der Form «a impliziert B», wobei a und B Aussagen sind und die logische Implikation bedeutet: «Immer wenn a wahr ist, ist B notwendigerweise auch wahr.» Eine andere Art zu sagen «a impliziert B» ist «Wenn a, dann B» (oder, weniger prägnant, «Wenn a wahr ist, dann ist B wahr»).

In bestimmter Hinsicht sind Implikationen wie diese binär, in anderer aber enthalten sie mögliche Differenzierungen. Streng binär sind sie in der Hinsicht, dass eine Implikation entweder wahr oder falsch ist. Entweder erzwingt a, dass B wahr ist, dann ist auch die Implikation wahr; oder a tut das nicht, dann ist die Implikation falsch. Die ganze Aussage kann allerdings mehrdeutig in dem Sinne sein, dass a vielleicht nicht erzwingt, dass B wahr ist, sondern es nur nahelegt. In diesem Fall gilt die Implikation nach der mathematischen Logik zwar immer noch als falsch. Aber sie enthält Raum für Differenzierungen – diese sind nur absorbiert. Betrachten Sie zum Beispiel folgende Aussage:

«Wenn Sie ein Mensch sind, sind Sie ein Säugetier.»

Das ist per definitionem absolut wahr, da Menschen biologisch als Säugetiere klassifiziert sind. Nun aber zu dieser Aussage:

«Wenn Sie weiß sind, sind Sie reich.»

Nicht alle Weißen sind reich, nur einige. Genauer: Weiße sind im Durchschnitt reicher als Schwarze, sowohl in Großbritannien als auch in den Vereinigten Staaten und wahrscheinlich auf der ganzen Welt. Man mag versucht sein zu sagen, die Implikation sei manchmal wahr und manchmal nicht wahr, oder sie sei im Durchschnitt wahr, aber so wertet die binäre Logik diese Aussage nicht. Da die Schlussfolgerung nur manchmal wahr ist, ist die Implikation nach der elementaren Logik falsch. Sie enthält aber mögliche Differenzierungen – die binäre Logik hat diese nur absorbiert.

Die möglichen Differenzierungen sind also nicht verloren gegangen; sie sind nicht für immer absorbiert. Wenn wir in Mathe abstrahieren, tun wir das nie für immer, sondern nur vorübergehend, um zu sehen, was wir aufgrund der Abstraktion verstehen können. Später können wir unsere Gedanken dann weiter verfeinern. Wir können also auch mit der binären Logik immer tiefer in die Differenzierungen vordringen und so differenziert formulieren, wie wir wollen. Zum Beispiel so:

«In Großbritannien und in den USA ist das mittlere Einkommen der Weißen höher als das mittlere Einkommen der Schwarzen.»

Und da das individuelle Einkommen nicht der einzige Indikator für Wohlstand ist, könnten wir das Einkommen oder das Vermögen der privaten Haushalte betrachten. Wir könnten auch den Zugang zu Ressourcen wie Bildung und Gesundheitsfürsorge betrachten. Wir könnten andere Indikatoren für gesellschaftliche Teilhabe oder Nichtteilhabe betrachten, zum Beispiel die Beteiligung an Wahlen, den prozentualen Anteil an der Gesamtzahl der Inhaftierten und die Polizeigewalt. Wir könnten andere Durchschnittswerte als den Median betrachten. Wir könnten beliebig viele Differenzierungen vornehmen!

Selbst wenn wir statt gleichsam in die Tiefe eines Kontextes in die Breite mehrerer paralleler Kontexte gehen, können sich daraus Differenzierungen ergeben. Wir haben dann zwar vielleicht noch immer nur richtige oder falsche Antworten in jedem gegebenen Kontext, aber wenn wir Kontext für Kontext durchgehen, erhalten wir verschiedene Antworten, weil wir einen oder mehrere Begriffe der Aussage verschieden definiert haben. Das ist wie die Tatsache, dass die Frage, was 1 + 1 ergibt, nicht nur insgesamt eine richtige Antwort erlaubt, sondern vielleicht eine richtige Antwort in jedem gegebenen Kontext – und zwar jedes Mal eine andere. Ebenso kann die Aussage «Jeder ist rassistisch» wahr oder falsch sein, je nachdem, wie wir «rassistisch» definieren. Wenn wir uns mit dieser Mehrdeutigkeit der Aussage befassen, tun wir es nicht, um Menschen zu beschämen (was ja unproduktiv ist), sondern um uns darüber klar zu werden, was wir unter «rassistisch» verstehen.

Zusammenfassend räume ich ein, dass es in Mathe tatsächlich definitive Begriffe von Richtig und Falsch gibt, weil Mathe auf Logik basiert. Logik fließt in bestimmte Richtungen, und sich in der jeweiligen Gegenrichtung zu bewegen ist mit der Logik nicht vereinbar. Diese Begriffe von Richtig und Falsch sind jedoch andere als zum Beispiel in der Behauptung, 2 sei die einzig richtige Antwort auf die Frage, was 1 + 1 ergibt, und 0 oder 1 sei eine falsche Antwort. Beim Richtig und Falsch der Logik geht es mehr um richtige und falsche Schlussfolgerungen. Wenn wir zum Beispiel wissen, dass «a impliziert B» wahr ist, dann können wir, wann immer a wahr ist, daraus korrekterweise schließen, dass auch B wahr ist. Wenn wir jedoch wissen, dass B wahr ist, können wir daraus nicht schließen, dass auch a wahr ist, und wenn wir das tun, verstoßen wir gegen die Logik. Bei Streitgesprächen im täglichen Leben geschieht das oft. Wir wissen zum Beispiel, dass jeder, der sich in einem Land illegal aufhält, ein Immigrant ist, da er von woanders hergekommen sein muss. Manche Leute glauben jedoch, dies bedeute, dass sich jeder Immigrant illegal im Land aufhalte. Das verstößt gegen die Logik. Das Richtig und Falsch lässt in diesem Kontext keine Differenzierungen zu; die Schlussfolgerung ist einfach falsch. Andererseits könnte jemand prinzipiell gegen Immigranten sein. Ich würde sagen, dass diese Einstellung ignorant, abscheulich, vorurteilsbehaftet, vielleicht bigott und oft heuchlerisch ist, aber sie ist streng logisch nicht falsch.

Ich würde also sagen, dass es in Mathe weniger darum geht, richtige Antworten zu finden, als gut zu begründen, dass sie richtig sind.

Begründungen, nicht richtige Antworten

In der Hochschulmathematik verlagert sich der Schwerpunkt tendenziell von den Antworten auf die Begründungen, was für diejenigen, die Mathe früher mochten, weil es ihnen leichtfiel, die «richtigen Antworten» zu finden, ein Schock sein kann. An der Universität heißt es meistens nicht mehr: «Wie lautet die Antwort auf diese Frage?», sondern: «Beweisen Sie, dass dies die richtige Antwort ist.» Da die «Antwort» schon in der Frage gegeben ist, kann es nicht mehr um sie, sondern nur noch um die Begründung gehen.

Wir könnten den Schwerpunkt auf diese Weise auch für Kinder verlagern. Mein Lieblingsbeispiel dafür ist Christopher Danielsons hervorragendes Buch *Which One Doesn't Belong?*. Auf jeder Seite sind vier Bilder zu sehen, und gefragt wird: «Welches gehört nicht dazu?» Aber jedes der vier Bilder könnte dasjenige sein, das nicht dazugehört, je nachdem, was man als Kriterium für «Zugehörigkeit» versteht. Es gibt also weder richtige noch falsche Antworten, sondern nur verschiedene Gesichtspunkte, unter denen jedes der Bilder nicht dazugehört. Das lenkt unser Augenmerk fort von der Antwort auf die Begründung.

Ich könnte mir vorstellen, dass man das auch für das Einmaleins machen könnte. Statt Kinder zu fragen: «Was ist sechs mal acht?», könnte man sie bitten: «Zeig, dass 6 × 8 = 48 ist.» Wenn wir fragen: «Was ist 6 × 8?», «wissen» sie es vielleicht nur einfach, ohne nachdenken zu müssen. Ich kann «Sechs Achter sind achtundvierzig» sagen, ohne irgendeinen Teil meines bewussten Gehirns einzuschalten. Aber wenn mir jemand nicht glauben wollte, könnte ich meine Antwort mit verschiedenen Begründungen rechtfertigen, unter anderem mit diesen:

- Ich könnte in Achtern zählen: 8, 16, 24, 32, 40, 48.
- Ich könnte argumentieren, dass 6 = 3 + 3 ist, so dass ich, um sechs Achter zu bekommen, drei Achter bilden und sie zu drei anderen Achtern addieren könnte.
- Analog ist 8 = 4 + 4; also könnte ich sechs Vierer bilden und sie zu sechs anderen Vierern addieren.
- Ich könnte von der Tatsache Gebrauch machen, dass sechs Achter dasselbe sind wie acht Sechser, und da 8 = 10 – 2 ist, könnte ich statt acht Sechser zehn Sechser bilden und zwei Sechser wegnehmen.
- Da 6 = 5 + 1 ist, könnte ich auch fünf Achter bilden und anschließend acht addieren.

Das wird in den Schulen eingeführt, so dass die Kinder verschiedene «Strategien» für die Lösung ein und derselben Aufgabe lernen müssen. Ich höre oft, dass Eltern klagen, wie sinnlos das doch sei: Denn wenn die Kinder die Aufgabe auf eine Weise lösen können, warum müssen sie dann all die anderen Möglichkeiten ebenfalls kennen? (Natürlich handelt es sich bei diesen anderen Möglichkeiten um solche, die die Eltern selbst oft *nicht* kennen.)

Der entscheidende Punkt ist, dass man ein tieferes Verständnis einer Sache erhält, wenn man verschiedene Möglichkeiten, über diese Sache nachzudenken, kennt, und dass man mehr Möglichkeiten hat zu prüfen, ob man sich auf das, was man getan hat, verlassen kann. Es ist ein bisschen so, wie wenn man ein Gerüst baut, um auf das Dach des eigenen Hauses zu klettern und es zu reparieren. Bevor man dem Gerüst sein Leben anvertraut, sollte man auf verschiedene Weise – nicht nur auf eine – prüfen, ob es sicher ist.

Deshalb ist es wichtig zu erkennen, dass es in Mathe nicht nur darum geht, die richtige Antwort zu finden, sondern auch darum, wie man feststellen kann, ob es die richtige ist. Ein Problem dabei ist, dass das Einmaleins so früh unterrichtet wird und dass Menschen, die «gut in Mathe» sind, im Einmaleins oft ziemlich schnell sind. Das wirkt dann so, als hätten sie es auswendig gelernt und als gehörte das Auswendiglernen des Einmaleins dazu, wenn man ein guter Mathematiker werden wolle.

Das ist natürlich nicht der Fall. Ich selbst habe das Einmaleins nie auswendig gelernt. Martin Hyland, mein wunderbarer Doktorvater, erzählt gern eine Geschichte über seine Probleme mit dem Einmaleins in der Kindheit: Als er acht Jahre alt war, sei seine Klasse jeden Tag geprüft worden, ob alle das Einmaleins beherrschen, und wenn ein Kind drei Tage hintereinander alles richtig hatte, habe es an den Prüfungen nicht mehr teilnehmen müssen. Das einzige Kind in der Klasse, das das nie geschafft habe, sei *er* gewesen. Er ist aber auch der Einzige, der ein weltbekannter Mathematiker und Professor an der Universität von Cambridge wurde. Er sagt, er habe ein «schlechtes Gedächtnis für das, was bedeutungslos erscheint», aber ein «gutes Gedächtnis für die Form von Ideen». In der abstrakten Mathematik geht es um die Form von Ideen; doch leider sehen allzu viele Kinder in ihr bedeutungslose Fakten, die man auswendig lernen muss.

Auch ich bin schlecht im Auswendiglernen von Fakten. Ich kenne das Einmaleins und kann es überdurchschnittlich schnell hersagen – aber nur bis 10. (Na ja, vielleicht bis 11.) Aber ich kann es nicht, weil ich es auswendig gelernt hätte; jedenfalls habe ich es mir nicht mechanisch eingeprägt. Ich habe es sozusagen im Kopf, so wie ich meinen Namen im Kopf habe, aber es wäre seltsam, wenn ich sagen würde, ich habe meinen Namen auswendig gelernt. Ich sage lieber, dass ich das Einmaleins kenne, oder vielleicht, dass ich es «verinnerlicht» habe. Aber in Wahrheit habe ich die Beziehungen zwischen den Zahlen so gut verstanden, dass ich mir das Einmaleins schnell ins Gedächtnis rufen kann, indem ich mich verschiedener Methoden bediene, einschließlich der mentalen Visualisierung und der Anwendung der Prinzipien der Kommutativität (bei der es keine Rolle spielt, in welcher Reihenfolge wir multiplizieren), der Assoziativität (bei der es keine Rolle spielt, wie wir die Zahlen bei der Multiplikation zusammenfassen) und der Distributivität (des Vorrangs der Multiplikation vor der Addition). Das gibt mir auch mehr Möglichkeiten, etwas zu erklären, wenn Leute es nicht verstehen, und das habe ich schon immer gern getan. Deshalb zieht mich das Unterrichten an, vor allem das Unterrichten von Studierenden, die scheinbar naive Fragen stellen, statt zu glauben, die Dinge verstünden sich von selbst und müssten nicht erklärt werden. Diese Dinge, die sich vermeintlich von selbst verstehen, werfen oft das hellste Licht auf das «Mathe-Machen»; wenn wir über sie hinweggehen, verschenken wir viel von dem, was ich an Mathe tiefgründig und erhellend finde. Ein klassisches Beispiel ist das Dividieren durch null. Ich möchte dieses Kapitel mit einer Erörterung darüber abschließen, um all die Themen, die ich angesprochen habe, zusammenzuführen.

Warum kann man nicht durch null dividieren?

Die Frage, warum man nicht durch null dividieren kann, beschäftigt die Menschen seit Generationen. Manche meinen, es liege auf der Hand: Wenn man versucht, eine Packung Kekse zu teilen, aber jeder Person null Kekse gibt, wird kein Keks vergeben. Diese Erklärung setzt aber eine bestimmte Interpretation dessen voraus, was «teilen» bedeutet, und man kann den Begriff auch anders interpretieren: Wenn man versucht, eine Packung Kekse unter 0 Personen aufzuteilen, wie viele Kekse bekommt dann jede Person? Das ist ein bisschen knifflig: Man könnte denken, jede Person bekäme 0 Kekse. Aber auch, jede Person bekäme 1 Keks: Von 0 Personen bekäme jede einzelne 1 Keks. Oder 2 Kekse. Wenn «jede Person» insgesamt null Personen umfasst, dann ist das ein Szenario, das als «leer» bezeichnet wird: Die Bedingungen sind nicht erfüllt, weil wir sie auf eine leere Menge von Personen anwenden. Das ist so, als würde ich sagen, alle Elefanten in meinem Haus seien lila: Es befinden sich null Elefanten in meinem Haus, und jeder einzelne davon ist lila.

Um zu verstehen, warum man nicht durch null dividieren kann, müssen wir besser verstehen, was «Dividieren» ist. Dividieren ist schwierig. Es ist definitiv schwieriger als Multiplizieren, das schon schwieriger war als Addieren. Das liegt zum Teil daran, dass es im realen Leben zwei verschiedene Interpretationen des Dividierens gibt.

Um zum Beispiel 12 durch 6 zu dividieren, könnten Sie 12 Spielkarten nehmen und sie auf 6 Personen verteilen. Sie könnten sie wie bei einem Kartenspiel austeilen, so dass zuerst jeder eine Karte bekommt, und dann fangen Sie wieder von vorn an und geben jedem eine weitere Karte. Am Ende zählen Sie, wie viele Karten jeder hat, und stellen fest, dass die Antwort 2 ist.

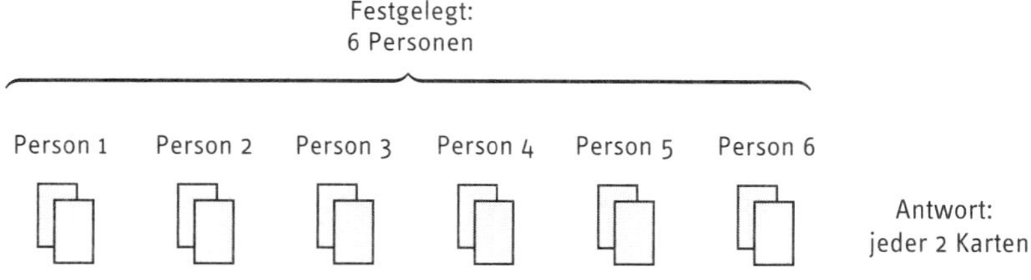

Es gibt aber noch eine andere Möglichkeit: Diesmal nehmen Sie die 12 Karten und bilden 6er-Stapel. 6 bilden also einen Stapel, und 6 bilden einen anderen Stapel. Am Ende zählen Sie, wie viele Stapel Sie gebildet haben, und stellen fest, dass die Antwort 2 ist.

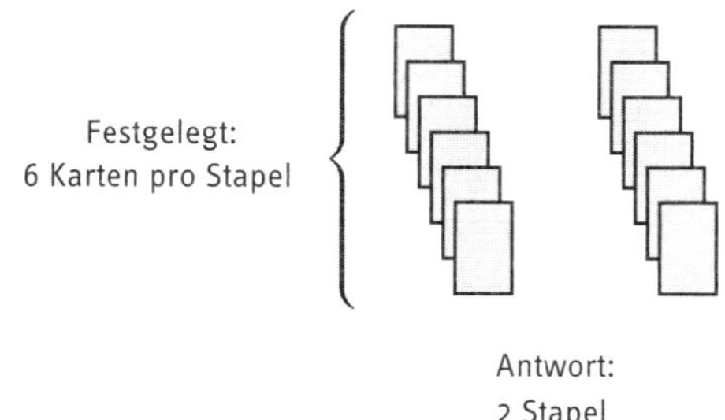

Der Unterschied kann verwirrend sein. Ich habe einmal in der Schule einem kleinen Mädchen geholfen, das wirklich mit dem Dividieren zu kämpfen hatte, und ich hatte ein Buch, das ihr helfen sollte. Das Problem war, dass das Buch das Dividieren nach der ersten Methode erklärte, dass das Mädchen es aber nach der zweiten Methode machen wollte.

Die Antwort ist in beiden Fällen die gleiche, aber die Verfahren sind sehr verschieden, wie die Tatsache zeigt, dass im ersten Fall die Antwort «2 Karten» lautet, im zweiten Fall aber «2 Stapel». Im ersten Fall legt man die Anzahl der Stapel fest und zählt, wie viele Karten auf jedem Stapel liegen, im zweiten Fall legt man die Anzahl der Karten auf jedem Stapel fest und zählt die Anzahl der Stapel. Es leuchtet nicht unbedingt ein, warum sich in beiden Fällen die gleiche Antwort ergeben sollte. Jedenfalls finde ich das, und es leuchtet auch mathematisch nicht ein. Deshalb bin ich der Meinung, dass die Leute, denen es nicht einleuchtet, eher wie Mathematiker denken als die Leute, denen es einleuchtet. Und doch sind die Leute, denen es einleuchtet, wahrscheinlich diejenigen, die in der Schule mit ihren Hausaufgaben schnell fertig waren und gelobt wurden, während die Leute, denen es nicht einleuchtet, nachdachten und in Mathe scheinbar langsam waren.

Mathematiker definieren das Dividieren auf keine der beiden möglichen Weisen, weil diese zu viele Unklarheiten enthalten. Sie tun das aber auch aus einem anderen Grund nicht. Es gibt nämlich einen alternativen Weg, den wir auch schon beschritten haben, was bedeutet, dass wir uns kein neues Verfahren ausdenken müssen: Wir können es wie bei den negativen Zahlen machen, bei denen wir über Zahlen, die sich gegenseitig aufheben, das heißt über Gegenzahlen nachgedacht haben. Bei den negativen Zahlen ging es um *additive* Gegenzahlen, denn wir hoben Additionen auf. Beim Dividieren werden wir stattdessen über Gegenzahlen in Bezug auf Multiplikationen nachdenken; wir sprechen daher von *multiplikativen* Gegenzahlen oder auch von Kehrwerten. Das bedeutet nicht nur, dass wir bereits entwickelte Denkprozesse wiederverwenden können, sondern es ermöglicht uns auch, strenger über die Frage des Dividierens durch null nachzudenken.

Dividieren als Kehrwertbildung

In der strengen Mathematik wird das Dividieren als Aufhebung des Multiplizierens definiert, so wie wir das Addieren negativer Zahlen, also das Subtrahieren, als Aufhebung des Addierens positiver Zahlen definiert haben. Das bedeutet, dass das Subtrahieren und das Dividieren abstrakt dasselbe sind. Wir müssen die Analogie jedoch mit Vorsicht behandeln.

Als wir die negativen Zahlen definierten, haben wir zunächst daran gedacht, «die Addition aufzuheben und zum Ausgangspunkt zurückzukehren», und das bedeutete, zu 0 zurückzukehren. Wir hatten die 0 bereits als das Objekt charakterisiert, das beim Addieren «nichts bewirkt»: Wenn wir 0 zu einer beliebigen Zahl addieren, ändert sich nichts. Wir müssen also zunächst herausfinden, was beim Multiplizieren das Objekt ist, das «nichts bewirkt». Dieses Objekt ist nicht mehr die 0, denn wenn wir eine beliebige Zahl mit null multiplizieren, ändert sie sich – sie wird zu 0.* Die Zahl, die beim Multiplizieren «nichts bewirkt», ist vielmehr die 1; denn wenn wir eine beliebige Zahl mit 1 multiplizieren, ändert sie sich nicht. Wir können das wieder formaler ausdrücken, indem wir für die Zahl, mit der wir beginnen, den Buchstaben x verwenden. Was wir sagen wollen, ist, dass für jede Zahl x gilt: $x \times 1 = x$.

Der Fachbegriff dafür ist «Identität». Wir sagen, 1 ist die Identität in Bezug auf das Multiplizieren, oder 1 ist die «multiplikative Identität», und 0 ist die Identität in Bezug auf das Addieren, oder 0 ist die «additive Identität».

Wir können dann fragen, wie wir Zahlen aufheben, um zur Identität zurückzukehren. Beim Multiplizieren können wir fragen: Wie heben wir durch Multiplizieren die Zahl 4 auf, um zu 1 zurückzukehren? Die Zahl, die das tut, ist ¼. Das heißt

$$4 \times \frac{1}{4} = 1$$

* Jaja, ich weiß: Wenn man 0 mit 0 multipliziert, ändert sie sich nicht.

So *definieren* wir Brüche abstrakt – analog dazu, wie wir negative Zahlen definieren: Wir entscheiden, dass es für alle Zahlen in unserer Welt Gegenzahlen geben soll, und nehmen diese als Grundbausteine auf. «Durch 4 dividieren» ist dann nur ein kürzerer Ausdruck für «mit der Gegenzahl, dem Kehrwert von 4 multiplizieren», so wie «4 subtrahieren» ein kürzerer Ausdruck ist für «die Gegenzahl von 4 addieren».

Leider sagt uns das nicht, wie man in der Praxis eine Divisionsaufgabe wie 12 dividiert durch 6 löst. Es sagt uns im Prinzip, dass wir Folgendes rechnen sollen:

$$12 \times \frac{1}{6}$$

was bedeutet: «Multipliziere 12 mit der Zahl, die 6 aufhebt.» In der Praxis müssen wir dann herausfinden, wie sich 12 als «etwas mal 6» formulieren lässt, damit wir den Bruch $\frac{1}{6}$ wirklich die 6 aufheben lassen können. Wenn wir das herausgefunden haben, nämlich dass 12 2 × 6 ist, können wir dies tun:

$12 \div 6$	$= 12 \times \frac{1}{6}$	per definitionem
	$= 2 \times 6 \times \frac{1}{6}$	Umformulierung von 12 als 2 × 6
	$= 2$	Aufhebung von 6 durch $\frac{1}{6}$

Wenn Sie meinen, das sei kompliziert, dann stimme ich Ihnen voll und ganz zu. Dividieren ist wirklich kompliziert. Vielleicht scheint es jetzt so, als wäre Dividieren durch Verteilen einfacher: Auch das stimmt, aber es hat seine Grenzen. Wenn wir das Dividieren abstrakt durch Kehrwertbildung definieren, kommen wir damit viel weiter und können es auf andere Gebiete wie Formen und Symmetrie ausdehnen, auf denen kein Verteilen möglich ist.

Der abstrakte Ansatz ermöglicht es uns auch, Ausdrücke analog zu negativen Zahlen zu verstehen. Zum Beispiel verstehen wir sofort, was, mit additiven Gegenzahlen ausgedrückt, die Gleichung $-(-x) = x$ besagt, nämlich: Die additive Gegenzahl der additiven Gegenzahl von x ist gleich x. Wir können analoge Gleichungen aber auch für multiplikative Gegenzahlen, also für Kehrwerte aufstellen – in mehreren Schritten: Zuerst erklären wir, dass wir für den Kehrwert von x, d. h. für die Zahl, die x zu 1 aufhebt, $1/x$ schreiben, wie in

$$x \times \frac{1}{x} = 1$$

Was, wenn wir jetzt den Kehrwert von $1/x$ bilden? Für viele Schülerinnen und Schüler ist das der Horror in Mathe: das Dividieren durch einen Bruch:

$$\frac{1}{\frac{1}{x}}$$

Aber das ist einfach «die Zahl, die $1/x$ aufhebt», und wir wissen bereits, dass x das tut. Also wissen wir, dass

$$\frac{1}{\frac{1}{x}} = x.$$

Das ist «dasselbe» wie $-(-x) = x$ auf der nächsthöheren abstrakten Ebene: Die Gegenzahl der Gegenzahl von x ist immer x, unabhängig davon, ob es um additive oder um multiplikative Gegenzahlen geht (sofern die Gegenzahl existiert).

Ganz allgemein ist das die Erklärung dafür, dass wir beim Dividieren durch einen Bruch diesen «auf den Kopf stellen» müssen. Aber um das zu verstehen, müssten wir noch ein paar Schritte weiter gehen, und eigentlich wollte ich nur erklären, warum wir nicht durch 0 dividieren können – oder genauer: in welchem Sinne wir es nicht können.

Wo wir durch null dividieren können und wo nicht

Die Frage ist: Was würde es bedeuten, durch 0 zu dividieren? Wir haben gerade festgestellt, dass Dividieren «Multiplizieren mit dem Kehrwert» bedeutet. Man könnte denken, der Kehrwert von 0 ist 1/0, was aber nicht existiert. Das stimmt zwar irgendwie, aber es gilt, noch etwas Logik hineinzubringen: Woher wissen wir, dass 1/0 nicht existiert? Können wir es nicht einfach als Baustein einfügen, genauso wie wir ½, ⅓, ¼ und so weiter eingefügt haben?

Müssen wir im Voraus wissen, was für ein Baustein das wäre? Können wir es nicht einfach einfügen und mit ihm herumspielen? Das sind gute Fragen.

Der Knackpunkt ist, dass sich dann Probleme ergeben. Dieses neue Objekt soll ja ein Kehrwert von 0 sein, also «0 aufheben, zurück zu 1». Es soll eine Zahl a sein, für die gilt:

$$0 \times a = 1$$

Das kann aber nie der Fall sein, da $0 \times a$ immer 0 ist. Das bedeutet, dass 0 keinen Kehrwert haben kann: Es kann keine Zahl geben, die die besagte Eigenschaft hat – jedenfalls nicht im normalen Zahlensystem. Und das bedeutet es, wenn man sagt, «man kann nicht durch 0 dividieren»: Es bedeutet, dass es im normalen Zahlensystem keinen Kehrwert von 0 gibt.

Eine andere Begründung lautet, dass das «Multiplizieren mit 0» nicht rückgängig gemacht werden kann, um zum Ausgangspunkt zurückzukehren, weil das Ergebnis immer 0 ist. Wollten wir den Rechenschritt rückgängig machen, so wüssten wir nicht, wohin wir zurückgehen sollten, weil aus jedem Ausgangspunkt 0 geworden wäre. Es wäre so, als würde man einen Code erstellen, in dem für jeden Buchstaben ein X stünde. Eine verschlüsselte Nachricht an Sie könnte dann so lauten:

XXXX XX X XXXXXXXXXX XXXXXXXX

Sie hätten keine Chance, diese Nachricht zu entschlüsseln, weil sich jeder Buchstabe in dasselbe Zeichen verwandelt hätte.

Es ist aber wichtig, dass wir mit einer anderen Tatsache argumentiert haben: damit, dass $0 \times a$ immer 0 ist. Sie fragen sich vielleicht, welchen Grund das hat, und das ist eine gute Frage. Denn wenn $0 \times a$ nicht immer 0 ist, können wir dann vielleicht doch durch null dividieren? Das ist ein hervorragender Gedanke. Die Warum-Frage – die Frage, warum wir nicht durch 0 dividieren können – ist nämlich auch hier nicht die beste Frage. Eine bessere Frage lautet: Wo können wir nicht durch 0 dividieren? Und wo können wir es?

In der gewöhnlichen Welt der Zahlen können wir nicht durch 0 dividieren, weil das aufgrund der anderen Interaktionsregeln zu einem Widerspruch führen würde. Was hat es mit diesen anderen Interaktionsregeln auf sich? Nun, sie sind Teil der Definition der gewöhnlichen Welt der Zahlen. Ich komme darauf später zurück und möchte im Moment nur betonen, dass es andere, vollkommen gültige mathematische Welten gibt, die man erforschen kann und in denen andere Dinge geschehen.

Wir Mathematiker erforschen Welten, in denen man durch 0 dividieren kann, weil die Vorstellung, es gebe etwas, was man nicht könne, uns – wie viele Kinder – frustriert. Wir haben das Gefühl, dass wir doch durch 0 dividieren können und dann Unendlichkeit erhalten, wobei Unendlichkeit allerdings keine gewöhnliche Zahl ist. Also müssen wir uns in einer Welt befinden, die Unendlichkeit enthält. Nun, es gibt verschiedene Möglichkeiten, sie zu kreieren. Eine davon habe ich in meinen eigenen Forschungen praktiziert: Ich habe Unendlichkeit einfach als Baustein eingefügt, um von dort aus weiterzugehen. Man muss nur einige Interaktionsregeln aufgeben, da sie zu Widersprüchen führen würden, sobald Unendlichkeit ins Spiel kommt. Man muss zum Beispiel die Kommutativität der Multiplikation aufgeben, die Regel, nach der die Rechnung unabhängig davon, in welcher Reihenfolge wir multiplizieren, immer dasselbe Ergebnis liefern muss, und man muss einige der Formen aufgeben, in denen Addieren und Multiplizieren interagieren. Man muss sich vielleicht davon verabschieden, dass Multiplizieren «wiederholtes Addieren» ist.

Wenn Sie mehr und mehr verwirrt sind, dann reagieren Sie in gewisser Weise richtig. Wir decken seltsame und verwirrende mathematische Sachverhalte auf, wenn wir anfangen, über die Dinge, die wir für selbstverständlich zu halten gelernt haben, nachzudenken und sie in Frage zu stellen. Diese seltsamen und verwirrenden Sachverhalte verstehen zu lernen ist ein zentraler Bestandteil von Mathe. Es ist ein bisschen so wie damals, als die Europäer in Australien zum ersten Mal auf ein Schnabeltier stießen und verwirrt waren ob dieser Kreatur, die ein innerer Widerspruch zu sein schien. Natürlich war das Schnabeltier kein innerer Widerspruch, aber das Weltbild der Europäer war zu eng, als dass eine solche Kreatur hineingepasst hätte. Sich mit Dingen zu befassen, die verwirrend sind, ist wichtig, wenn wir unser Denkvermögen weiterentwickeln wollen. Der Versuch, solche Dinge zu *ent*wirren, ist auch, wie wir im nächsten Kapitel sehen werden, Teil dessen, was Mathematiker motiviert.

3

Warum wir Mathe machen

Warum ist die 1 keine Primzahl?

Man könnte wie aus der Pistole geschossen antworten: «Weil Primzahlen nur durch 1 und sich selbst teilbar sind und weil die 1 nicht als Primzahl gilt.» Ich hoffe, Sie empfinden diese Antwort als nicht sehr befriedigend, da sie im Grunde lautet: «Weil die Definition es besagt.» Das ist eine weitere Variante des gefürchteten «Weil ich es sage!» und zieht eine Folgefrage nach sich: Warum besagt die Definition es?

Dass die 1 nicht als Primzahl gilt, bringt Leute immer wieder auf die Palme. Ist es nicht ärgerlich, dass die Definition der Primzahlen diese Zahl ausschließt? Wenn Schülerinnen und Schüler das nicht wissen, verlieren sie in einem Test einen Punkt und sind genervt ob der Pedanterie der Mathematik. Vielleicht *wollen* Sie aufgrund dessen, was ich oben ausgeführt habe, dass die 1 als Primzahl gilt und dass wir uns ansehen, was daraus folgen würde. Haben wir das nicht auch gemacht, indem wir die 0 und die negativen Zahlen als Zahlen gelten ließen?

Aber warum sollten Sie wollen, dass die 1 als Primzahl gilt? Die Frage, warum die 1 keine Primzahl ist, ist eine sehr gute Frage. Denn um sie überzeugend zu beantworten, müssen wir uns fragen, warum wir überhaupt über Primzahlen nachdenken. Wozu gibt es Primzahlen? Warum untersuchen wir sie? Warum untersuchen wir überhaupt etwas in Mathe? Warum tun wir überhaupt irgendetwas?

In diesem Kapitel werde ich darüber sprechen, warum wir Mathe machen. In der Schule machen wir vielleicht nur deshalb Mathe, um Tests zu bestehen und erforderliche Qualifikationen zu erwerben. Wir Mathematiker aber lieben Mathe und interessieren uns so sehr dafür, dass wir auch dann noch Mathe machen, wenn wir keine Prüfungen mehr bestehen müssen. Wir tun es, weil uns unbeantwortete Fragen auf den Nägeln brennen. Wir tun es, weil wir etwas besser verstehen wollen, weil wir die Antwort eines anderen nicht ungeprüft übernehmen wollen, oder weil wir etwas in der Ferne schimmern sehen und es genauer ins Auge fassen wollen. Manchmal tun wir es, weil wir Teile eines Puzzles zusammengesetzt haben und, da Lücken geblieben sind, glauben, dass es noch mehr Teile gibt. Manchmal tun wir es, weil wir eine geheimnisvolle Kiste sehen und einfach wissen wollen, was darin ist. Manchmal tun wir es, weil da ein Berg ist und wir ihn besteigen wollen, um die Aussicht zu genießen. Und ja, manchmal tun wir es, weil wir ein bestimmtes Problem lösen wollen. Das ist wahrscheinlich das einleuchtendste Motiv, Mathe zu machen, aber an Mathe ist so viel mehr dran. So machen wir Mathe manchmal einfach deshalb, weil es Spaß macht oder Freude bereitet, etwas, das wächst, zu hegen und pflegen, oder weil es wunderbar ist, Licht am Ende eines Tunnels zu entdecken.

Mathe wird uns in der Schule oft als etwas aufgedrängt, das wir später angeblich brauchen werden, aber die Mathematik, die in der Schule vermittelt wird, ist oft nicht unmittelbar nützlich, und wenn sie einem keinen Spaß macht, hat es auch keinen Sinn, sich damit zu beschäftigen.

Nutzlose Mathematik

Immer wenn der Abgabetermin für die Steuererklärung naht, macht bei uns ein Spruch die Runde, der ungefähr so lautet:

> Jedes Mal, wenn die Dreieckssaison beginnt,
> bin ich froh, dass wir uns mit Dreiecken beschäftigt haben.

Gemeint ist, dass wir uns in der Schule mit Dreiecken abgemüht haben, dass das aber völlig nutzlos war, weil wir dieses Wissen im «wirklichen Leben» nie benötigen, während wir wissen müssen, wie man eine Steuererklärung macht; wäre es daher nicht viel nützlicher gewesen, das in der Schule zu lernen, statt all das Zeug mit den Dreiecken?

Der Spruch macht mich aus vielerlei Gründen traurig. Erstens, weil er ein Körnchen Wahrheit enthält: Viele Dinge, die wir in der Schule in Mathe machen, werden uns im täglichen Leben niemals nützlich sein. Genauer gesagt, sie werden uns niemals *unmittelbar* nützlich sein, und ich nehme an, das ist der eigentliche Punkt. «Nützlich» kann vielerlei bedeuten, und wir fokussieren uns zu lange auf Mathe, die *unmittelbar* nützlich ist, unterrichten aber Mathe, die *nicht* unmittelbar nützlich ist.

Es gibt zwei Möglichkeiten, das zu ändern. Eine Möglichkeit wäre, Mathe zu unterrichten, die unmittelbar nützlich ist. Ich nehme an, das würde Kenntnisse vermitteln über Dinge wie Steuern, Hypotheken, Inflation, Schuldentilgung und Haushaltsplanung. Ich persönlich finde, das klingt furchtbar langweilig. Außerdem lässt es sich nur sehr beschränkt anwenden. Denn wenn man lehrt, «wie man Steuererklärungen macht», dann ist das nur darauf anwendbar, wie man seine eigene Steuererklärung macht. Es gibt auch nicht viele Dinge, die so funktionieren wie eine Hypothek, weshalb das Verständnis von Hypotheken nicht sonderlich hilfreich ist für irgendetwas anderes als das Verständnis von Hypotheken.

Im Grunde läuft das alles auf die Frage hinaus, warum wir Mathe unterrichten, was auf die Frage hinausläuft, warum wir Mathe machen, und auf die Frage, warum wir Schulbildung vermitteln; und all das läuft auf die Frage hinaus, warum wir im Leben überhaupt irgendetwas machen.

Eine Frage, über die ich mich besonders gefreut habe, wurde mir in Panama am Ende eines Publikumsgesprächs über Mathe von einem sechsjährigen Mädchen gestellt. Sie fragte: «Wenn Mathe überall ist, warum müssen wir dann in die Schule gehen, um sie zu lernen?» Diese Frage brachte auf den Punkt, was ich auf mathematischer wie auch auf sprachlicher Metaebene an scheinbar naiven Fragen so wunderbar finde: Sie zu stellen und sie zu verstehen kann leicht sein, aber es kann äußerst schwierig sein, sie zu beantworten.

Für mich besteht der Sinn der Schulbildung im Unterschied zur Bildung durch das Leben darin, sich das Wissen vieler Generationen anzueignen, ohne es «durch Erfahrung» erwerben, d. h. den gesamten Prozess der Gewinnung dieses Wissens selbst durchlaufen zu müssen. Es stimmt zwar, manche Dinge kann man wirklich nur lernen, wenn man selbst Erfahrungen macht, zum Beispiel, wie man mit Trauer umgeht. Auch dabei kann einem zwar geholfen werden, so wie mir eine erfahrene Psychologin mit all ihrem formalen Wissen unermesslich geholfen hat; aber was man nur lernen kann, wenn man selbst die Erfahrung macht, ist, als Individuum auf den Schmerz und auf die Interventionen anderer so zu reagieren, dass es einem hilft. Wir können in der Schule Einblick in so viel mehr gewinnen, als wenn wir darauf warten müssten, dass uns die lehrreichen Erfahrungen zuteilwerden. Das wirft die Frage auf, warum das (oder ob das überhaupt) eine gute Sache ist; ich komme im nächsten Kapitel darauf zurück.

Ich persönlich glaube also, dass der Schulunterricht am besten Kenntnisse vermittelt, die sich nicht zu direkt auf das wirkliche Leben beziehen, sondern sehr weitgehend übertragbar sind: allgemeine Grundkenntnisse, Basiskompetenzen, wenn Sie so wollen, statt sehr spezielle.

Damit habe ich in aller Kürze dargestellt, warum wir Schulbildung vermitteln. Aber warum unterrichten wir Mathe? Und warum tun wir überhaupt etwas?

Menschen tun etwas, weil es nützlich ist, weil es Spaß macht oder weil es schlimme Folgen haben kann, wenn sie es nicht tun. (Ich weiß, finstere Motive wie der Durst nach Rache und Gefühle wie Wut oder Hass sind hiermit nicht berücksichtigt.)

Ist etwas, das Spaß macht, vielleicht auch nützlich? Mit dieser Frage komme ich auf das zurück, was ich über die verschiedenen Bedeutungen des Wortes «nützlich» gesagt habe. Es gibt das utilitaristische Verständnis von «nützlich» im Sinne des unmittelbar Nützlichen, es gibt aber auch das andere Verständnis, wonach *übertragbares* Wissen nützlich ist. Statt «ich mache dies, weil ich es in meinem späteren Leben mit großem Nutzen gebrauchen kann» heißt es dann eher: «Ich mache dies, weil es mein Gehirn trainiert, so dass ich es in meinem späteren Leben mit großem Nutzen gebrauchen kann».

Die Frage, die ich vorziehe, lautet also nicht: «Werde ich genau das jemals in meinem Leben brauchen?», sondern: «Entwickle ich mich, wenn ich das lerne, in einer Weise, die mir später von Nutzen sein wird?» Ich finde, dass diese letztere Definition von «nützlich» – nützlicher ist. Sie ist auch relevanter für die Frage, warum wir in der Schule Mathe machen. Wenn wir uns also mit Algebra befassen oder über Dreiecke oder Primzahlen nachdenken, dann tun wir das nicht, weil wir das Gelernte in unserem späteren täglichen Leben brauchen werden, sondern weil wir damit unser Denkvermögen in einer Weise schulen, die es uns ermöglichen wird, klarer über das tägliche Leben nachzudenken. Es gibt natürlich auch Fälle, in denen das, was wir lernen, für unser späteres Leben sehr wohl nützlich sein wird. Während der COVID-19-Pandemie machte ein Meme die Runde, das einen Mathe-Lehrer zeigte, der in einer Klasse Exponentialfunktionen unterrichtet, und gelangweilte Schülerinnen und Schüler, die sich fragen: «Wann werden wir das je im Leben brauchen?» Nun, als die Pandemie ausbrach, wäre es hilfreich gewesen, wenn mehr Menschen in der Schule verstanden hätten, was Exponentialfunktionen sind. Als die Wissenschaftler aufgrund dessen, was die Exponentialfunktionen aussagten, darauf hinwiesen, dass es sehr schlimm zu werden drohe, glaubten viel zu viele Leute, das sei Panikmache und frei erfunden; man könne doch «die Zukunft nicht vorhersagen»!

Ich will also nicht sagen, dass Schulmathematik nie unmittelbar nützlich sei oder sein sollte. Auch werden Sie gegen Ende dieses Kapitels sehen, dass einige Dinge, die Mathematiker hauptsächlich zum Spaß gemacht hatten, sich später durchaus als unmittelbar nützlich erwiesen – die Menschen sind nicht sehr gut darin, vorherzusagen, was in Zukunft nützlich sein wird.

Ich werde Sie in diesem Kapitel mit verschiedenen Motivationen, Mathe so zu machen, wie wir Mathematiker es tun, bekannt machen. Es geht also nicht nur darum, warum wir überhaupt Mathe machen. Es gibt einige fundamentale Leitprinzipien, die sich aus unserer Auffassung von der Mathematik als der «logischen Untersuchung der Funktionsweise logischer Dinge» ergeben. Wichtig bei der logischen Untersuchung von Dingen ist es, die Sache langsam anzugehen und zunächst zu verstehen, welches die Grundbausteine des mathematischen Kontextes sind und wie sie interagieren. Einiges davon haben Sie schon in den ersten beiden Kapiteln kennen gelernt. Sie werden außerdem sehen, dass das Verständnis der Prinzipien uns nicht nur hilft, die «richtige Antwort» zu finden, sondern auch, durch mathematische Verallgemeinerung mehr Kontexte auf einmal und viel kompliziertere Kontexte als analoge zu verstehen.

Um die Frage zu beantworten, warum die 1 keine Primzahl ist, müssen wir intensiver darüber nachdenken, was Primzahlen ausmacht, als nur über ihre Definition. Und was Primzahlen ausmacht, ist, dass sie Grundbausteine für Zahlen sind.

Nach Grundbausteinen suchen

Der tiefere Grund, warum wir Mathematiker uns für Primzahlen interessieren, ist, dass wir uns für Bausteine interessieren. Ich habe im vorigen Kapitel gesagt, dass wir gern große Ideen in kleine Ideen zerlegen, um zu sehen, wie sie aus diesen kleinen Ideen – oder kleinen Bausteinen – aufgebaut werden können.

Ich habe erwähnt, dass wir die ganze Reihe der sogenannten natürlichen Zahlen 1, 2, 3 und so weiter «frei» mit nur einem Grundbaustein konstruieren können: Wir fangen einfach mit der Zahl 1 an und machen das Addieren von 1 zum Bauverfahren. Die sich daraus ergebende Struktur ist ziemlich einfach, da wir mit nur einem Baustein das Ganze entwickeln können. Damit meine ich nicht, dass die Zahlen selbst einfach sind, sondern dass sie aufgrund dieses Bauverfahrens einfach zu erzeugen sind.

Wir könnten weitere Bausteine verwenden, aber die wären überflüssig. Die 2 etwa können wir als 1 + 1 erzeugen, also brauchen wir nicht außer mit der 1 auch mit der 2 zu beginnen. Das ist so, wie wenn man mit leichtem Gepäck reisen und so wenig wie möglich mitnehmen möchte. Ich bin in diesem Punkt nicht dogmatisch, das heißt, ich reise nicht immer mit leichtem Gepäck, sondern möchte, dass Leichtigkeit des Gepäcks, Komfort und Reisespaß sich gegenseitig ausbalancieren. Aber in Mathe gefällt mir das Prinzip, zu untersuchen, wie leicht man reisen könnte, wenn man es wirklich wollte. Das ist das Prinzip der Suche nach Grundbausteinen: Wir wollen genügend Bausteine, um alles in unserer Welt konstruieren zu können, wir wollen aber keinen, der überflüssig ist.

Wenn wir mehr Bausteine nehmen, ist es wahrscheinlicher, dass wir alles konstruieren können, aber es ist auch wahrscheinlicher, dass wir Redundanz haben. Wenn wir weniger Bausteine nehmen, ist die Wahrscheinlichkeit geringer, dass wir Redundanz haben, aber wir werden wahrscheinlich auch nicht alles konstruieren können. Wir müssen also eine Balance finden: nicht zu viel, aber auch nicht zu wenig.

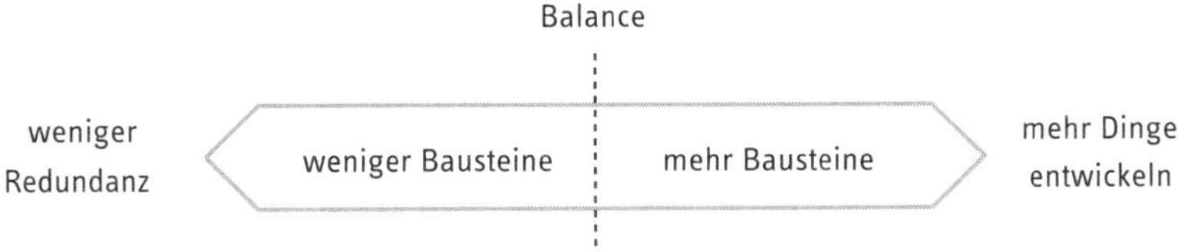

In dem einen Extremfall könnten wir *alles* zum Grundbaustein machen und wären dann sicher, dass wir alles konstruieren können. Aber wir hätten jede Menge überflüssige Bausteine, die wir aus anderen Bausteinen entwickeln könnten. Im anderen Extremfall würden wir *nichts* zum Grundbaustein machen; in diesem Fall wäre nichts überflüssig, aber wir könnten auch nichts entwickeln.

Auf dem Gebiet der persönlichen Überzeugungen entsprechen dem zwei extreme Möglichkeiten, vollkommen rational zu sein. Im ersten Fall machen Sie jede Ihrer Überzeugungen zur Grundüberzeugung. Aber damit haben Sie nichts erreicht, weil Sie sich nicht die Mühe gemacht haben, darüber nachzudenken, welche Ihrer Überzeugungen aus welchen anderen folgen. In meinem Buch *The Art of Logic* habe ich das als logisch, aber ineffizient bezeichnet. Es ist in keiner Weise sinnvoll.

Das andere Extrem verkörpern Leute, die entschlossen sind, nichts zur Grundüberzeugung zu machen, weil sie glauben, vollkommen rational zu sein schließe aus, von irgendetwas überzeugt zu sein, statt es logisch abzuleiten. Diese Leute können jedoch gar nichts ableiten, weil man aus nichts nichts ableiten kann. Wenn sie darauf bestehen, nichts als wahr vorauszusetzen, mag das zwar konsequent rational sein, aber ich halte auch das für nicht besonders hilfreich.

In Mathe versuchen wir, die Anzahl der Bausteine gerade so weit zu erhöhen, dass wir alles konstruieren können, aber nicht so weit, dass wir überflüssige Bausteine haben. Wir können auch umgekehrt überflüssige Bausteine ausschließen, bis wir nur noch die haben, die wir wirklich nicht aus anderen erzeugen können. Die beiden Verfahren werden sich theoretisch in der Mitte treffen, bei einer vollkommenen Balance, bei der wir alles konstruieren können, aber keine überflüssigen Bausteine haben. Diese Balance zu finden ist sehr befriedigend und ein wesentlicher Bestandteil des Verständnisses jeder mathematischen Struktur «von Grund auf». Und Verständnis von Grund auf ist das, was wir in Mathe immer suchen.

Wir wollen es auch in Bezug auf die Primzahlen erreichen.

Primzahlen als Grundbausteine

Die Welt, die wir jetzt untersuchen, ist immer noch die Welt der natürlichen Zahlen 1, 2, 3 und so weiter, aber wir betrachten diese Zahlen jetzt in einem anderen Licht. Oben haben wir untersucht, wie man sie durch Addition bildet, jetzt bilden wir sie durch Multiplikation. Das ist komplizierter, weil sie durch Addition *definiert* sind. Wir nehmen also etwas, das organisch aus Addition erwachsen ist, und sehen, ob wir es künstlich durch Multiplikation herstellen können. Das ähnelt ein wenig der chemischen Synthese organischer Substanzen oder der elektronischen Imitation des Klangs von Musikinstrumenten auf einem Synthesizer.

Wir können es auch als Untersuchung der Interaktion zwischen Addition und Multiplikation betrachten. Es ist ein bisschen so, wie wenn man wissen möchte, wie zwei Menschen, mit denen man befreundet ist, sich verstehen, oder ob zwei Individuen verschiedener Tierarten biologisch in der Lage sind, sich zu paaren (und, wenn ja, was dabei herauskommt).

Damit sind wir bei der Frage, was Primzahlen in unserem Kontext sind: Sie sind die Grundbausteine, die wir brauchen, wenn wir die natürlichen Zahlen durch Multiplikation entwickeln wollen. Ich stelle mir das gern so vor, dass wir zuerst die Idee haben und *dann* herausfinden wollen, welche Zahlen dafür in Frage kommen. Dafür müssen wir fragen, welche Zahlen wir wirklich brauchen und welche überflüssig sind. Darauf bezieht sich übrigens auch die geläufige «Definition» der Primzahl. Ich selbst spreche allerdings lieber von «Charakterisierung» als von «Definition», denn eigentlich charakterisieren wir mit dieser, welche Zahlen in unserem speziellen Kontext als gute Grundbausteine gelten sollen.

Und jetzt kommt's: Die 1 ist *kein* guter Baustein. Sie ist als Baustein fürs Multiplizieren völlig nutzlos, denn wenn wir Zahlen mit 1 multiplizieren, ändert sich nichts. So haben wir sie ja auch definiert: Sie ist die «multiplikative Identität», was bedeutet, dass das Multiplizieren mit ihr nichts bewirkt. Identitäten können niemals Bausteine sein; sie sind zum Konstruieren unbrauchbar. (Das bedeutet nicht, dass sie insgesamt unbrauchbar wären – sie sind sogar sehr wichtig, nur eben nicht zum Konstruieren.)

Eigentlich geht es ja darum, warum die 1 keine Primzahl ist, aber da wir schon mal an diesem Punkt sind, können wir auch gleich die Zahlen charakterisieren, die Primzahlen sind. Es ist zwar so, dass alle größeren Zahlen beim Konstruieren helfen, dass aber einige von ihnen überflüssig sind: Jede Zahl, die durch Multiplikation zweier kleinerer Zahlen gebildet werden kann, ist aus ebendiesem Grund als Baustein überflüssig. Wir brauchen also die 4 nicht als Baustein, weil wir sie durch Multiplikation von 2 mit 2 bilden können. Wir brauchen die 6 nicht als Baustein, weil wir sie durch Multiplikation von 2 mit 3 bilden können, und so weiter.

Um zusammenzufassen: Die nützlichen Bausteine für die Bildung der natürlichen Zahlen durch Multiplikation sind alle Zahlen außer der 1, die überflüssigen Zahlen sind alle, die als Produkt zweier kleinerer Zahlen gebildet werden können. Es bleiben also alle Zahlen übrig, «die keine Faktoren haben außer der 1 und der Zahl, die nur durch 1 und sich selbst teilbar sind, wobei die 1 nicht als Primzahl gilt».

Es gibt noch ein letztes Detail zu bedenken: Man könnte sich fragen, wie wir die 1 in unsere Welt bekommen wollen, wenn wir sie nicht als Baustein einbeziehen. Nun, wir Mathematiker tun das, indem wir «nichts tun» zum zulässigen Entwicklungsschritt machen. So beziehen wir die 0 auch dann ein, wenn wir die natürlichen Zahlen durch Addition entwickeln: Weil wir «nichts tun» dürfen, bleiben wir bei der 0 einfach stehen. Wenn wir die natürlichen Zahlen durch Multiplikation bauen, bleiben wir, wenn wir «nichts tun», bei der 1 stehen. Also erhalten wir die 1 in unserer Welt nicht dadurch, dass wir sie als Baustein einbeziehen, sondern durch einen Bauschritt.

Für den Fall, dass es Sie interessiert, gebe ich im Folgenden eine Erklärung für die Bildung der natürlichen Zahlen durch Multiplikation von

Primzahlen (wir werden diese Erklärung nicht nochmals brauchen, also überblättern Sie sie einfach, wenn Sie sie schwierig finden, und machen Sie sich keine Gedanken). Wenn wir eine lange Liste aller Primzahlen hätten, könnten wir ein Rezeptbuch zusammenstellen, indem wir die Liste durchgehen und sagen würden, wie viele Exemplare jeder Primzahl wir in den Mix geben müssen. So würden wir für die 6 sagen: «Gib eine 2 und eine 3 hinein, aber sonst keine Primzahl.» Für die 10 würden wir sagen: «Gib eine 2, keine 3, eine 5 und sonst keine Primzahl hinein», denn 10 ist 2 × 5. Für die 8 würden wir sagen: «Gib drei 2en hinein, und denk daran, dass wir durch Multiplikation entwickeln.» Wir addieren die drei 2en also nicht (2 + 2 + 2), sondern multiplizieren sie (2 × 2 × 2), was in der Tat 8 ergibt.

Hier ist eine Tabelle mit einigen Einträgen aus diesem Rezeptbuch. Die «Zutaten» (die Primzahlen) sind links von oben nach unten aufgeführt, die Zahlen, die gebildet werden sollen, oben von links nach rechts. Aus jeder Spalte ist abzulesen, wie viele Exemplare von jeder Primzahl in den Mix zu geben sind.

		Wie die … gebildet wird								
		2	3	4	5	6	7	8	9	10
Zutaten	2	1	0	2	0	1	0	3	0	1
	3	0	1	0	0	1	0	0	2	0
	5	0	0	0	1	0	0	0	0	1
	7	0	0	0	0	0	1	0	0	0

Denken Sie daran, dass wiederholtes Multiplizieren als Exponent geschrieben wird, wie in 2^3. Wenn wir also sagen: «Gib keine 3en hinein», dann bedeutet das, dass wir 3^0 berechnen, was 1 ergibt. Das in der Tabelle aufgeführte Rezept für die 2 sagt uns also:

$$2 = 2^1 \times 3^0 \times 5^0 \times 7^0$$

In analoger Weise stelle ich Kochrezepte in einer großen Tabelle zusammen, in der die Zutaten an der Seite aufgelistet sind. So kann ich Mengen vergrößern oder verkleinern, ohne im Kopf rechnen zu müssen, und auch verschiedene Rezepte für dasselbe Gericht vergleichen. Natürlich kann ich so auch die Mengen für eine Einkaufsliste berechnen, wenn ich eine Party für fünf oder sechs (oder mehr) Gäste gebe und Desserts servieren möchte.

Jetzt stellt sich die Frage: Können wir mit den Zutaten für die Bildung der natürlichen Zahlen durch Multiplikation ein Rezept für die 1 zusammenstellen? Nun, wir brauchen nur einfach gar nichts in den «Mix» zu geben. Das würde bedeuten, dass wir in der Tabelle oben eine Spalte mit lauter 0en hätten. Wir würden also $2^0 \times 3^0 \times 5^0 \times$ alles hoch null rechnen. Wenn wir all diese Zahlen miteinander multiplizieren, erhalten wir in der Tat 1, also brauchen wir diese nicht zum Baustein zu machen, sondern können sie als erste Spalte in die Tabelle einfügen:

	Wie die … gebildet wird									
	1	2	3	4	5	6	7	8	9	10
Zutaten 2	0	1	0	2	0	1	0	3	0	1
3	0	0	1	0	0	1	0	0	2	0
5	0	0	0	0	1	0	0	0	0	1
7	0	0	0	0	0	0	1	0	0	0

Das ist ein Beispiel dafür, dass Dinge auf einer höheren Abstraktionsebene manchmal mehr einleuchten. Übrigens ist dies eine gute Ebene, da auf ihr viele andere Aufgaben, bei denen wir etwas «null Mal» tun müssen und unsicher sind, was das bedeuten könnte, genauso verständlich werden.

Zu diesen «Rezepten» ist noch zu sagen, dass es für jede natürliche Zahl nur ein mögliches Rezept gibt, sie aus den Grundbausteinen zu entwickeln. Genau darum geht es bei der Eliminierung von Redundanz – sie beseitigt Mehrdeutigkeiten in den Rezepten. Dieser Gedanke ist im sogenannten Fundamentalsatz der Arithmetik enthalten, der besagt, dass jede natürliche Zahl auf eindeutige Weise als Produkt von Primzahlen ausgedrückt werden kann.

Die Tatsache, dass jede natürliche Zahl als Produkt von Primzahlen ausgedrückt werden kann, sagt uns, dass wir genügend Bausteine haben, um alles zu konstruieren. Die Tatsache, dass es nur einen möglichen Ausdruck gibt, sagt uns, dass wir keine redundanten Bausteine haben, wobei «nur einen» bedeutet, dass die Änderung der Reihenfolge der Faktoren keinen anderen Ausdruck ergibt. Wir können zum Beispiel die 6 als 2 × 3 und als 3 × 2 ausdrücken, aber das gilt als derselbe Ausdruck. In der Rezepttabelle ergeben sie denselben Eintrag.

Wenn wir nun die 1 als Baustein einbeziehen würden, könnten wir auch sagen: 6 = 3 × 2 × 1 oder 6 = 3 × 2 × 1 × 1 und so weiter mit beliebig vielen 1en, aber dann wäre das Rezept nicht mehr eindeutig. Man könnte das als Rechtfertigung dafür betrachten, die 1 nicht als Primzahl einzubeziehen, aber ich betrachte es lieber als Rechtfertigung für die Eliminierung von Redundanz, die dann die Rechtfertigung dafür ist, die 1 nicht als Primzahl einzubeziehen.

Einer der Gründe, warum Mathe verwirrend sein kann, ist die Tatsache, dass es meistens mehrere Möglichkeiten gibt, ein und dieselbe Geschichte zu erzählen, und dass nicht alle Möglichkeiten alle Menschen ansprechen. Eine Möglichkeit, *diese* Geschichte zu erzählen, besteht darin, Primzahlen zu definieren und dann zu beweisen, dass der Fundamentalsatz wahr ist. Ich erzähle die Geschichte aber lieber anders: Ich betrachte den Fundamentalsatz als das Ziel und das Definieren des Begriffs der Primzahl als das, was wir machen müssen, um den Satz wahr werden zu lassen. Für mich ist Mathe wie ein Traum, dass etwas Bestimmtes wahr wird, und ich versuche herauszufinden, was man tun müsste, damit dieser Traum wahr wird. Vielleicht gibt es verschiedene Möglichkeiten, ihn wahr werden zu lassen, und man kann sie einzeln untersuchen.

So halte ich es übrigens mit den meisten Dingen meines Lebens, dass ich mir ausmale, was ich mir für mein Leben und die Welt im Allgemeinen wünsche, und dann darüber nachdenke, was zu tun wäre, um diesen Traum wahr werden zu lassen. Zwar stellt sich oft heraus, dass das, was zu tun wäre, ziemlich unrealistisch oder gar unmöglich ist, aber wenn ich auf diese Weise über den Traum nachdenke, hilft mir das, etwas davon zu verstehen, und vielleicht hilft es mir sogar zu verstehen, wie ein Teil davon wahr gemacht oder wie der Traum als Ganzer ein bisschen realistischer gemacht werden könnte.

Wenn wir Fortschritte in der abstrakten Mathematik machen, dann ist das oft auf Träume und Wünsche zurückzuführen. Wir träumen davon, etwas Bestimmtes zu tun, wir erträumen uns eine Welt, in der es möglich wäre, wir untersuchen, wie wir es erreichen können, wir stellen Definitionen auf und Bausteine her, um diese Traumwelten zu erschaffen. Das ist etwas ganz anderes als die Art und Weise, wie Mathe im gängigen Schulunterricht präsentiert wird, zumal wir leider dazu neigen, die verschiedenen Ziele des Matheunterrichts zu vermengen.

Wozu dient der Matheunterricht?

Ich glaube, dass es drei Hauptgründe gibt, warum Mathe ein wichtiger Teil der Schulbildung ist: erstens, weil Mathe unmittelbar genutzt werden kann. Zweitens, weil die Schulmathematik nicht nur Grundlage für das Mathestudium an der Universität ist, sondern auch Voraussetzung für das Studium anderer Fächer, unter anderem der meisten Naturwissenschaften, der Medizin sowie der Ingenieurs- und der Wirtschaftswissenschaften. Viele Schülerinnen und Schüler werden zwar später keines dieser Fächer studieren, aber wir sollten ihnen die Möglichkeit nicht von vornherein nehmen.

Der dritte Grund dafür, dass Mathe Teil der Schulbildung ist, ist der *mittelbare* Nutzen der mathematischen Denkweise, die sehr gut auf andere Bereiche übertragbar ist. Dieser Aspekt von Mathe ist für jeden relevant, er wird aber leider am wenigsten betont. Wenn wir *ihn* betonen statt des «unmittelbaren Nutzens», dann wird verständlicher, warum wir uns im Matheunterricht mit allem Möglichen befassen – auch mit Dreiecken.

Das ist mit Übungen zur Stärkung der Rumpfmuskulatur vergleichbar. Es gibt keine körperlichen Betätigungen, bei denen *ausschließlich* die Rumpfmuskulatur beansprucht wird, aber eine starke Rumpfmuskulatur ist hilfreich, weil sie uns erlaubt, den Rest unserer Muskeln effektiver zu gebrauchen. Außerdem bewahrt sie uns unter anderem vor Problemen mit dem Gleichgewicht, vor der Neigung zu stolpern und vor Rückenschmerzen.

Das Nützlichste an Mathe ist wohl der Teil, der einem Rumpftraining für unser Gehirn vergleichbar ist. Es geht bei diesem Training nicht darum, dass das, was wir gelernt haben, unmittelbar auf irgendetwas anwendbar ist, sondern darum, dass wir einen Teil unseres Gehirns so gestärkt haben, mit der Folge, dass wir den Rest besser nutzen können, ohne ihn trainieren zu müssen.

Mir zum Beispiel hat das Nachdenken über die verschiedenen Formen von Gleichheit bei Dreiecken geholfen, besser zu abstrahieren und Gemeinsamkeiten zwischen verschiedenen Dingen zu erkennen; diese Fähigkeit ist auf sehr vielen Gebieten anwendbar (was für das Wissen über Dreiecke nicht gilt). Das Formulieren geheimnisvoll klingender Argumente, wie Dreiecke zusammenpassen, hat mir geholfen, mich im Formulieren logischer Argumente zu üben; diese allgemeine Fähigkeit ist äußerst nützlich.

Andererseits gibt es Methoden in der Mathematik, die früher unmittelbar nützlich waren, es heute aber nicht mehr sind. Und wenn sie nicht einmal mittelbar nützlich sind, hat es meiner Meinung nach nicht viel Sinn, sie heute noch zu erlernen. Die Generation meiner Eltern zum Beispiel hat in der Schule noch gelernt, wie man einen Rechenschieber benutzt. Der Rechenschieber ist ein praktisches kleines Werkzeug aus der Zeit vor der Erfindung des Taschenrechners, das dem Benutzer auf der Grundlage der Logarithmentheorie ermöglichte, große Zahlen miteinander zu multiplizieren. Ich glaube nicht, dass irgendjemand behauptet, wir müssten immer noch wissen, wie man so ein Ding benutzt. Früher war es ja auch wichtig, reiten zu können, aber heute haben wir Autos, und es ist wichtiger, Auto fahren zu lernen. Selbst Auto fahren zu können ist zwar nicht gerade lebensnotwendig, aber reiten zu können ist es noch weniger. Natürlich ist es für bestimmte Berufe wichtig, und vielen Leuten macht Reiten Spaß, aber gut übertragbar ist diese Kunst nicht. Ich bin allerdings sicher, dass sie Fähigkeiten vermittelt, die fürs Leben brauchbar sind.

Nicht alle «altmodische» Schulmathematik ist heute so obsolet wie der Gebrauch des Rechenschiebers. Das Addieren von Zahlen in Spalten etwa ist zwar definitiv aus der Mode gekommen, aber es zu lernen scheint mir immer noch (mittelbar) nützlich.

Warum sollte man das Addieren in Spalten lernen?

Das Addieren in Spalten war gebräuchlich, wenn es darum ging, Zahlen zu addieren, die größer als 10 sind, zum Beispiel 153 + 39. Je nachdem, in welcher Zeit (und in welchem Land) Sie Mathe gelernt haben, finden Sie es vielleicht ganz natürlich, die Zahlen in Spalten untereinander zu schreiben und dann rechts beginnend zu addieren:

- 3 + 9 ist 12, schreibe 2 und behalte 1 im Sinn.
- Wenn wir jetzt eine Spalte nach links gehen, haben wir 5 + 3 + die 1 im Sinn, macht 9.
- In der ersten Spalte schließlich haben wir nur die 1.

$$\begin{array}{r} 1\,5\,3 \\ +\,3\,9 \\ \hline \mathbf{1\,9\,2} \\ \hline {\scriptstyle 1} \end{array}$$

Dies ist ein Algorithmus zum Addieren von Zahlen, und man könnte meinen, er sei nicht mehr sehr nützlich, da wir immer Taschenrechner bei uns haben (zum Beispiel auf unseren Handys). Ich selbst benutze oft den Taschenrechner auf meinem Handy. Denn ich bin zwar gut im Kopfrechnen, aber es macht mir keinen Spaß, und ich kann auch nicht sicher sein, dass ich immer gleich beim ersten Mal richtig rechne. Außerdem ermüdet es mich kognitiv und verlangt, dass ich meine Gehirnfunktion umschalte. Wenn es zum Beispiel nach einem Restaurantbesuch mit Freunden darum geht, den Rechnungsbetrag zu teilen, ist mein Gehirn voll im sozialen Modus, und ich möchte es nicht in den Rechenmodus versetzen, um eine langweilige Berechnung durchzuführen. Manchmal addiere ich also Zahlen im Kopf, aber manchmal benutze ich auch einfach meinen Taschenrechner.

Ein Argument dafür, dass wir auch heute noch lernen sollten, in Spalten zu addieren, lautet, wir sollten das können für den Fall, dass wir einmal keinen Taschenrechner dabeihaben. Das ist ein ziemlich schwaches Argument; man sagt ja auch nicht, wir sollten wissen, wie man ein Pferd reitet, nur für den Fall, dass wir irgendwo ohne Auto festsitzen (aber ein Pferd zur Hand haben).

In den sozialen Medien bin ich für dieses Gegenargument einmal angegriffen worden. Jemand schrieb, ich hätte die Möglichkeit nicht berücksichtigt, dass eine Person nicht genug Geld hat, um ihr Handy aufzuladen, und deshalb keinen Zugang zu einem Taschenrechner hat, aber, um mit ihrem letzten Bargeld Lebensmittel kaufen zu können, in der Lage sein muss, die Preise für ihre Einkäufe zu addieren, wenn sie nicht darauf warten will, dass das an der Kasse geschieht; schließlich sei es erniedrigend, Dinge zurücklegen zu müssen, weil man nicht genug Geld hat.

Ich gebe zu, dass dies eine tragische Situation wäre, aber ich würde zögern, den Matheunterricht dafür einzusetzen, uns auf eine solche Situation vorzubereiten. Der Matheunterricht sollte den Menschen lieber helfen, solche Situationen zu vermeiden und an den gesellschaftlichen Strukturen zu arbeiten, damit niemand jemals in solche Situationen kommen muss. (Außerdem sollte es überall Selbstbedienungskassen und Stationen zum kostenlosen Aufladen von Handys geben.)

Wie auch immer, an diesem Algorithmus zum Addieren in Spalten wird oft kritisiert, dass der Benutzer, wie bei den meisten Algorithmen, weitgehend ohne Verständnis dessen auskommt, was er da eigentlich macht. Das ist aber, wie es so schön heißt, ein «Feature», kein «Bug». Mit anderen Worten, es sollte nicht als Nachteil von Algorithmen betrachtet werden. Denn es ist ja gerade deren Sinn, uns zu ermöglichen, etwas mehr oder minder auf Autopilot zu machen und unser Gehirnschmalz für kompliziertere Dinge aufzusparen. Wenn wir das Wort «Autopilot» metaphorisch verwenden, hat es gewöhnlich eine negative Konnotation, aber wir sollten den Autopiloten für das schätzen, was er ist. Schließlich ist es eine phantastische Sache, dass Piloten dem Autopiloten die Kontrolle überlassen können, wenn sie sich ausruhen wollen. Wenn sie das Steuer dann wieder selbst übernehmen müssen, weil eine heikle Situation oder ein Notfall eingetreten ist, können sie viel frischer und wacher sein, da sie all die routinemäßigen Dinge zuvor nicht tun mussten.

Was das Addieren in Spalten betrifft, wissen die Lehrer heute: Es gibt Möglichkeiten, mehrstellige Zahlen zu addieren, die ein besseres Verständnis dessen voraussetzen (und damit auch fördern), was mit den Zahlen geschieht. Daher werden den Kindern heute in der Regel mehrere «Strategien» für das Addieren beigebracht, manchmal zur Verblüffung der Erwachsenen, die die Zahlen lieber einfach in Spalten addieren würden, und damit fertig! Bei 153 + 39 zum Beispiel könnte man ein Kind darauf hinweisen, dass 39 fast 40 ist, und dass es wahrscheinlich einfacher ist, 153 + 40 im Kopf zu rechnen als in Spalten. Wenn das Kind das getan hätte, würde ihm einfallen: «Aber jetzt habe ich 1 zu viel addiert», und es würde 1 wieder subtrahieren.

Eine andere Möglichkeit wäre, in der Richtung vorzugehen, die dem Addieren in Spalten genau entgegengesetzt ist: Beginne mit der 100 und addiere die 50 in der einen Zahl und die 30 in der anderen, macht 180. Jetzt sind noch die 9 und die 3 unberücksichtigt, die zusammen 12 ergeben; addiere sie zur vorigen Summe, und du erhältst 192.

Es stimmt, dass all dies ein tieferes Verständnis des Zusammenspiels der Zahlen fördert. Trotzdem muss man als Lehrer sehr vorsichtig vorgehen, denn wenn Kinder noch darauf fokussiert sind, die richtige Antwort zu finden, kann es sein, dass es sie extrem frustriert, wenn sie die Aufgabe, nachdem sie die richtige Antwort gefunden haben, immer wieder auf eine andere Art lösen müssen.

Ich glaube an den Wert all dieser Methoden, aber ich denke auch, dass das Addieren in Spalten einen tieferen Sinn hat. Es hat mehr mit dem Schreiben von Zahlen in Spalten zu tun, was eine wunderbare Idee ist. Stellen Sie sich vor, wir müssten uns für jede kleinere oder größere Zahl ein eigenes Symbol ausdenken, also unendlich viele verschiedene Symbole: Das wäre unmöglich. Stattdessen haben die Menschen eine praktische Methode entwickelt, um alle Zahlen mit nur zehn Symbolen darzustellen. Das begann vor mehr als zweitausend Jahren in China mit den sogenannten Zählstäben und wurde später vom vertrauten hindu-arabischen System abgelöst, das die Ziffern 0, 1, 2, 3, 4, 5, 6, 7, 8, 9 verwendet. (Frühere Kulturen verwendeten Systeme mit einer anderen Anzahl von Ziffern, zum Beispiel 16.)

Das System funktioniert wie bei einem Abakus, bei dem man mit der ersten Reihe der Zählkügelchen bis 10 zählt und, wenn man bei 10 angelangt ist, ein Kügelchen der zweiten Reihe an die Seite schiebt, um sich diese 10 zu merken, und mit der ersten Reihe wieder bei 0 zu zählen beginnt. Wenn man weitere 10 gezählt hat, schiebt man ein weiteres Kügelchen der zweiten Reihe an die Seite, um sich zwei 10er zu merken, und beginnt mit der ersten Reihe wieder bei 0 zu zählen.

Hier ein Bild des Abakus aus meiner Kindheit, den ich all die Jahre wie einen Schatz aufbewahrt habe. Die erste Reihe zählt die 1er, die zweite die 10er und die dritte die 100er; auf dem Foto ist also die Zahl 231 dargestellt.

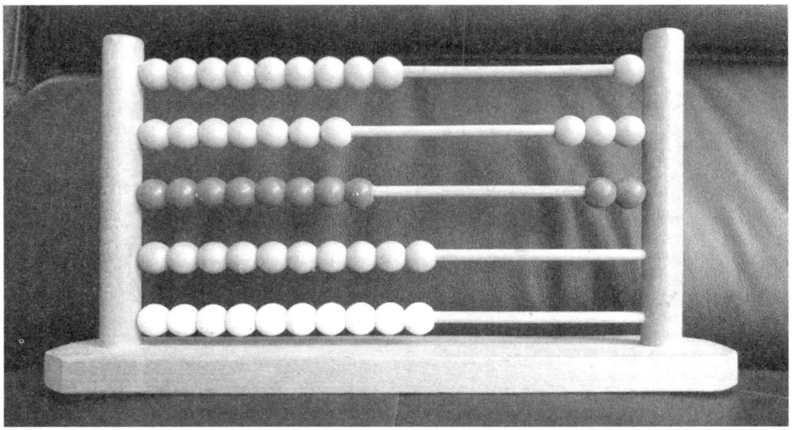

Die Idee ist genial, und ich glaube, wir weisen viel zu selten darauf hin. Die Römer benutzten dieses System zur Darstellung von Zahlen nicht. Deshalb sind die römischen Zahlen viel komplizierter, wobei die Platzierung der einzelnen Zeichen manchmal eine Addition darstellt, wie in XI, und manchmal eine Subtraktion, wie in IX. Die Römer hatten eine in vielerlei Hinsicht hoch entwickelte Kultur, aber dass sie der Welt große Fortschritte in der Mathematik beschert hätten, wird niemand behaupten.

Das Nachdenken über die Verwendung von Ziffern kann Fragen aufwerfen wie: Brauchen wir wirklich 10 Symbole? Kämen wir nicht auch mit 9 aus? Wie viele brauchen wir wirklich? Dies führt dann wieder zu der Frage, wie man die minimale Anzahl der Bausteine findet, und zu der Frage, wie man verallgemeinert, um den Kontext zu erweitern.

Verallgemeinern

Im Leben kann «verallgemeinern» bedeuten, dass man eine pauschale Behauptung aufstellt oder eine Aussage über eine Gruppe von Menschen trifft, die auf der Kenntnis nur einer kleinen Anzahl von Angehörigen dieser Gruppe basiert. Das ist oft kontraproduktiv, beleidigend oder gar gefährlich. In Mathe bedeutet «verallgemeinern» jedoch, dass man den Kontext von etwas, das man verstanden hat, vorsichtig erweitert, um dadurch mehr Dinge zu verstehen. Wenn wir in Mathe verallgemeinern, gehen wir von einer kleineren Welt aus und erweitern diese zu einer größeren Welt, ohne vorauszusetzen, dass sich in der größeren Welt alles genauso verhält wie in der kleineren. Wir versuchen vielmehr, etwas, das in der kleineren Welt gilt, so auszudrücken, dass es auch in der größeren Welt gilt.

Für unsere Verwendung von 10 Ziffern bedeutet das, dass wir statt etwa der Aussage «alle Vielfachen von 10 enden auf 0» die Möglichkeit eines Abakus mit einer anderen Anzahl von Zählkügelchen an jedem Stab in Betracht ziehen. Wenn diese Möglichkeit bestehen sollte, könnten wir feststellen, dass bei 9 Zählkügelchen an jedem Stab alle Vielfachen von 9 auf 0 enden würden und bei 11 Zählkügelchen alle Vielfachen von 11. Die Verallgemeinerung würde dann lauten, dass bei n Zählkügelchen an jedem Stab alle Vielfachen von n auf 0 enden. Auch hier habe ich einen Buchstaben, n, verwendet, um eine unbestimmte Zahl darzustellen und um über alle Zahlen gleichzeitig nachdenken zu können.

Aber warum sollten wir diesen Kontext erweitern wollen? Die naheliegende «Erklärung» für die 10 Ziffern ist, dass wir zehn Finger haben und diese zehn Finger als die natürlichsten «Dinge», die uns beim Zählen helfen können, mit uns herumtragen. Das ist jedoch eher eine gefühlsmäßige als historische oder logische Erklärung (die immerhin erklärt, dass im Englischen für «Ziffer» und «Finger» dasselbe Wort *digit* verwendet wird). Einen besonderen Grund, 10 als Basiszahl von Ziffern zu wählen gibt es nicht. Einige Kulturen verwendeten andere Basiszahlen, etwa die Maya, die 20 verwendeten (ob sie wohl mit ihren Fingern und ihren Zehen zählten?). Spuren der Basiszahl 20 finden sich im Französischen, wo die Zahlen ab 70, übersetzt, «zehnundsechzig», «elfundsechzig», «zwölfundsechzig» bis «neunzehnundsechzig» lauten, gefolgt von «vier Zwanziger» statt «acht Zehner» für 80, und so weiter.

In einigen indianischen Sprachen wird auf der Basis der Zahl 8 gezählt – zum Teil, weil die Menschen unter Verwendung der Knöchel zählen (so zum Beispiel in Pame, einer Sprache in Mexiko) oder der Zwischenräume zwischen den Fingern (so zum Beispiel in Yuki, einer Sprache in Kalifornien). Einiges spricht dafür, statt 10 als Basiszahl 5 zu verwenden und beide Hände wie einen zweireihigen Abakus zu benutzen; wir könnten dann mit den Fingern bis 25 zählen statt nur bis 10. Das ist ein Argument aus der Perspektive der physischen Logistik. Aus der Perspektive der abstrakten Logistik aber ist die 60 ein hervorragender Ausgangspunkt für ein Zahlensystem, weil sie so viele Faktoren hat: Während die 10 nur die 2 und die 5 hat (außer der 1 und ihrer selbst), hat die 60 die 2, die 3, die 5, die 6, die 10, die 12, die 15, die 20 und die 30. Sie wurde vor mehreren tausend Jahren mit großem Erfolg in Babylon verwendet. Zusammen mit ihrer Einführung von Stellenwerten zur Darstellung des Wertes von Ziffern trug dies wohl dazu bei, dass die Babylonier im Vergleich mit den alten Ägyptern oder den Römern in der Mathematik sehr weit fortgeschritten waren.

Ich habe das Wort «Basis» hier informell verwendet, es ist aber auch ein Fachbegriff: Wenn wir uns für eine Basiszahl von Ziffern entscheiden, um Zahlen darzustellen, nennen wir das in Mathe eine Basis. Unsere übliche Art, Zahlen mit zehn Symbolen zu schreiben, heißt also «Basis 10», während wir, würden wenn wir nur 9 verwenden, von «Basis 9» sprechen würden. Wir können eine beliebige ganze Zahl von Symbolen verwenden, die größer als 1 ist (denn auch hier würde uns eine 1 nicht weiterbringen). Die minimale Anzahl sind also zwei Symbole; das daraus resultierende System wird als «binär» bezeichnet. Wenn wir zehn Ziffern verwenden, schreiben wir sie üblicherweise als 0, 1, 2, 3, 4, 5, 6, 7, 8, 9. Wenn wir nur zwei Ziffern verwenden, schreiben wir sie als 0 und 1. Das führt dazu, dass Binärzahlen wie Reihen von 0en und 1en aussehen.

Das Erwägen möglicher Basen ist sowohl mittelbar als auch unmittelbar nützlich (ersteres insofern, als es uns zum Nachdenken bringt). Wir können unsere Finger als binäre Ziffern verwenden, indem wir bei jedem mit den Zeigerichtungen «nach oben» und «nach unten» die 1 und die 0 bezeichnen, so dass wir bis 1023 zählen können, zumindest im Prinzip (in der Praxis ist es ziemlich schwierig). Ich habe auch Geburtstagskerzen als binäre Ziffern verwendet, wobei «angezündet» und «nicht angezündet» für 1 und 0 standen. Mit nur sieben Kerzen könnte ich auf diese Weise jeden Geburtstag bis 127 feiern, was reichen sollte, da der älteste lebende Mensch derzeit «nur» 118 Jahre alt ist.

Leider erfordert etwa der Versuch, sich mit den Fingern eine Zahl zu merken, ein hohes Maß an Konzentration, so dass diese Methode nicht sehr ökonomisch ist, wenn es darum geht, das Gehirn nicht zu sehr zu beanspruchen. Computer aber haben kein vergleichbares Problem, und in ihnen wird das Binärsystem sehr effektiv eingesetzt. Statt Finger oder Kerzen zu verwenden, machen wir bei ihnen von der großartigen Idee Gebrauch, elektrische Schalter als binäre Ziffern einzusetzen, wobei die 1 und die 0 durch «Ein» und «Aus» dargestellt werden. Computer aus Unmengen von binären Schaltern zu konstruieren ist eine sehr leistungsfähige unmittelbare Anwendung der scheinbar geheimnisvollen Darstellung von Zahlen.

Mit der Idee des Addierens in Spalten hängt dies nur locker zusammen, denn wir können etwas über den von den Spalten bestimmten sogenannten Stellenwert der Ziffern lernen, ohne in Spalten addieren zu müssen. Das Addieren in Spalten betont aber den Vorgang des Addierens der zueinander gehörenden Stellenwerte. Wir müssen darauf achten, dass wir die zueinander gehörenden Ziffern untereinanderschreiben und es nicht aus Versehen so machen:

$$\begin{array}{r} 1\ 5\ 3 \\ +\ 3\ 9\ \ \\ \hline \end{array}$$

Dies lässt sich verallgemeinern zu der Idee, gleichartige Dinge zusammenzufassen, wenn addiert werden soll. Wenn wir zum Beispiel einen Beutel mit 2 Bananen und 3 Äpfeln und einen anderen Beutel mit 5 Bananen und 1 Apfel haben und wissen wollen, wie viele Stücke Obst wir haben, dann bietet es sich an, jeweils die Bananen und die Äpfel zusammenzufassen und zu sagen, dass wir 7 Bananen und 4 Äpfel haben. Es wäre ungewöhnlich (und vielleicht ein Hinweis auf eine andere Art zu denken oder eine Abneigung gegen Kommutativität) zu sagen, dass wir insgesamt 2 Bananen und 3 Äpfel und 5 Bananen und 1 Apfel haben.

Wenn wir die Zahlen Ziffer für Ziffer in Spalten untereinanderschreiben, müssen wir erkennen, dass die Spalten für verschiedene Stellenwerte stehen. Dies bedeutet, dass wir die Zahl 153 nicht als bloße Aneinanderreihung von Symbolen auffassen dürfen, sondern als 1 von etwas, 5 von etwas anderem und 3 von etwas Drittem begreifen müssen. Diese drei Stellenwerte sind 100er, 10er und 1er, so dass die Spalten Folgendes besagen:

100er	**10er**	**1er**
1	5	3
	3	9

Analog könnten wir für das Obst-Beispiel eine Tabelle wie diese aufstellen

Bananen	Äpfel
2	3
5	1

und dann die Zahlen in den Spalten addieren. Der Clou bei den Zahlen in der Tabelle *davor* ist, dass sich die 1er, wenn wir genügend von ihnen zusammen haben, automatisch in einen 10er verwandeln. Bei Bananen und Äpfeln geschieht nichts Analoges – keine Anzahl Äpfel verwandelt sich automatisch in eine Banane. Zumindest ist das normalerweise nicht der Fall. Ich erinnere mich aber aus meiner Kindheit an einen Jahrmarkt mit Spielen, bei denen man Preise verschiedener Wertstufen gewinnen konnte; hatte man genügend Preise einer Stufe gewonnen, konnte man sie gegen einen Preis einer höheren Stufe eintauschen. Das war so, als würde man 1er sammeln, um aus ihnen, wenn man genug davon hatte, einen 10er zu machen.

Im Spaltensystem sind zwei verschiedene Prinzipien miteinander kombiniert: das Abakus-Prinzip, bei dem eine bestimmte Anzahl von Dingen auf einer Ebene als *ein* Ding auf der nächsten Ebene zählt, und das Prinzip des «Zusammenfassens gleichartiger Dinge». Das letztere ist in der Algebra wichtig, wo wir anstelle von Äpfeln und Bananen zum Beispiel xe und ys haben und diese zusammenfassen. Wir können dann Ausdrücke wie $(x^2 + 3x + 1)$ und $(2x + 4)$ addieren, die anstelle von 1ern, 10ern und 100ern 1er,

xe und x^2e enthalten. Addieren können wir sie auf dieselbe Weise in Spalten wie oben, wobei wir darauf achten müssen, dass es sich wie bei Äpfeln und Bananen verhält – ganz gleich, wie viele xe wir in einer Spalte haben, sie werden nie zu einem x^2:

$$\begin{array}{r} x^2 + 3x + 1 \\ 2x + 4 \\ \hline x^2 + 5x + 5 \end{array}$$

Der Kontext ist neu, aber das Prinzip wird uns bekannt vorkommen, wenn wir ein paar Mal in Spalten addiert haben.

Die Moral von der Geschicht' ist, dass ein Algorithmus uns manchmal zu interessanten Denkprozessen führt, selbst wenn dieser Algorithmus ein Anachronismus ist, den wir heute in Mathe nicht mehr wirklich «brauchen». Ein kontroverseres Beispiel hierfür ist die lange oder auch schriftliche Division, ein Algorithmus zum Dividieren großer Zahlen durch Zahlen mit mehr als einer Ziffer. Was die lange Division für mich in den Bereich «lohnt sich nicht» verbannt, ist die Tatsache, dass es sich bei ihr nicht einmal um einen besonders guten Algorithmus handelt – was «gute» Mathematik ausmacht, darauf werde ich im nächsten Kapitel näher eingehen. Es stimmt, dass die lange Division *geringfügig* auf andere Bereiche der Mathematik übertragbar ist (zum Beispiel auf die lange Division in der Algebra), aber ich halte diese Übertragbarkeit für ein schwaches Argument, vor allem, wenn man bedenkt, dass der Algorithmus, wie gesagt, nicht sehr gut ist, dass er für viele Schülerinnen und Schülern mit viel Quälerei verbunden ist und dass er den Kontext nicht sonderlich erhellt. Deshalb bin ich dafür, die lange Division aus dem Matheunterricht zu verbannen, aber das Addieren in Spalten beizubehalten, *vorausgesetzt*, es wird vor allem als Auslöser für Diskussionen über die Funktionsweise von Zahlen behandelt, nicht als wichtige Methode für das Finden der richtigen Antwort und schon gar nicht als Rohrstock im übertragenen Sinne, um damit Kinder zu prügeln, die mit dem Algorithmus nicht zurechtkommen.

Fazit: Es gibt Techniken in Mathe, die nur nützlich sind, während andere auch einen Einblick in das geben, was gleichsam hinter den Kulissen geschieht. (Eselsbrücken verschaffen keinerlei Einblick und gehören daher definitiv zur ersten Kategorie; ich gehe aber später auf einige von ihnen ein.)

Es gibt aber noch einen anderen Grund, warum wir Mathe machen, nämlich aus purer Neugier und vielleicht aus Spaß, so wie Kinder gern in Pfützen springen.

In Pfützen springen und Berge besteigen

Viele Kinder lieben es, in Pfützen zu springen. Ich gebe zu, dass ich das auch gern tue, wenn ich weiß, dass meine Schuhe wasserdicht sind und niemand in der Nähe ist, der bespritzt werden könnte. Seit ich in Chicago lebe, habe ich zum ersten Mal seit meiner Kindheit ein Paar Gummistiefel. Ich habe sie nicht für Regenwetter gekauft, obwohl es hier aufgrund der schlechten Abwasserbeseitigung zu großen Pfützen kommen kann, sondern für die Schneeschmelze, die knöcheltiefe Bäche auf dem Bürgersteig entstehen lässt, und manchmal sogar Seen, die sich um die Kreuzungen herum sammeln, genau dort, wo wir bedauernswerten Fußgänger hintreten müssen, um über die Straße zu kommen. Dann brauche ich meine Gummistiefel. Und ich gebe zu, dass es mir, wenn ich sie anhabe, wirklich Spaß macht, in den kleinen Tümpeln herumzuspritzen und in die Pfützen zu stapfen. Ich bin in vielerlei Hinsicht ein kleines Kind, das nie erwachsen geworden ist. Wenn es frisch geschneit hat, ziehe ich meine Winterstiefel an und gehe – einfach so zum Spaß – auf dem Bürgersteig an der Seite, weil dort, im Neuschnee, noch niemand gegangen ist.

Manchmal ist Mathe wie in Pfützen springen und sich freuen über Neuschnee. Und manchmal geht es darum, einen Berg zu besteigen, nur weil er da ist und nur um zu sehen, ob wir dazu in der Lage sind.

Mich selbst hat das Bergsteigen nie angezogen (wenn es um Gefahren für Leib und Leben geht, bin ich risikoscheu). Aber ich verstehe das Bedürfnis, Berge zu besteigen, denn manchmal scheint das Bedürfnis, Mathe zu machen, ähnlich zu sein. In Mathe sind die Berge zwar abstrakt, aber wir wollen wissen, was das für Berge sind und ob wir sie bewältigen können. Manche Mathematiker sind eher von einem Eroberungsdrang beseelt – es gibt ein ungelöstes Problem und sie wollen es lösen. Meine Motivation ist mehr der Wunsch, Licht auf etwas fallen zu lassen, Nebel zu lichten und selbst klarer zu sehen, so wie man einen Berg besteigt, um die Aussicht vom Gipfel zu genießen.

Manchmal machen wir Mathe aus purer Neugier, und auch das kann wirklich Freude bereiten (und für manche Leute auch von unwiderstehlichem Reiz sein). Aber zuweilen macht es einfach Spaß, weil es befriedigend ist, Dinge wie Puzzleteile dorthin zu schieben, wo sie hingehören.

Es gibt einen xkcd-Cartoon, in dem jemand dargestellt ist, der an einer geheimnisvollen Maschine einen Hebel betätigt und daraufhin einen schmerzhaften Stromschlag erleidet. Der Cartoon verzweigt sich dann wie ein Flussdiagramm. Auf der einen Seite ist ein «normaler Mensch» zu sehen, der denkt: «Das tue ich besser nicht», auf der anderen Seite ein «Wissenschaftler», der denkt: «Ich frage mich, ob das jedes Mal passiert».* Das wissenschaftliche Bedürfnis besteht darin, Dinge zu testen, um ihr Verhalten zu verstehen.

Wir Mathematiker denken wie der Wissenschaftler in dem Cartoon. Wenn es für etwas bisher keine Erklärung gibt oder eine Erklärung nicht zufriedenstellt, forschen wir weiter, um herauszufinden, woran das liegt. Wenn ich irgendwohin gehen will und mich verlaufe, sehe ich mir später eine Karte an, um herauszufinden, warum ich mich verlaufen habe. Dass nicht alle dieses Bedürfnis haben, ist mir erst vor kurzem klar geworden. *Mein* Drang, Dinge tiefer zu verstehen, ist unersättlich.

Manchmal nimmt dieser Drang die Form an, dass ich «erste Prinzipien» erkennen will, zum Beispiel wie etwas aus ganz elementaren Zutaten gebacken werden kann.

Erste Prinzipien

Ich serviere als Dessert gern Tiramisu aus Eiern, Zucker, Mascarpone, Kaffee, Brandy und Löffelbiskuits. Irgendwann beschloss ich, meine eigenen Löffelbiskuits zu backen, statt gekaufte zu verwenden. Dann wollte ich meine eigene Mascarpone-Creme zubereiten. Ich bin nicht so weit gegangen,

* Der Cartoon trägt den Titel «The Difference» und kann unter https://xkcd.com/242/ abgerufen werden.

Hühner zu halten, um frische Eier zu haben, Kühe zu melken oder meinen eigenen Weinbrand zu brennen. Jeder hat seine eigenen Vorstellungen davon, was zu «ersten Prinzipien» gehört, in der Küche ebenso wie in der Mathematik.

Der Beginn eines Mathestudiums ist für die neuen Studierenden oft ein ziemlicher Schock. Wer sich für ein Mathestudium an der Universität entscheidet, hat in seiner Schule wahrscheinlich zu den Besten in Mathe gehört; Mathe war ihm oder ihr immer leichtgefallen. Diesen Leuten können die ersten Dinge, die wir in der Universitätsmathematik machen, zugleich trivial und mühsam erscheinen. Wir beginnen nämlich damit, dass wir einige elementare Dinge aus ersten Prinzipien beweisen – Dinge, die erfolgreiche Mathestudenten schon seit langem für «offenkundig richtig» halten. Zum Beispiel beweisen wir, dass man 0 erhält, wenn man eine beliebige Zahl mit 0 multipliziert.

Es geht wieder um unseren Wunsch, das gesamte Zahlensystem mit so wenigen Bausteinen wie möglich zu entwickeln. Sie denken vielleicht, da Multiplizieren «wiederholtes Addieren» ist, sei Multiplizieren mit 0 ein «0-mal Addieren von etwas», was 0 ergebe. Bei ganzen Zahlen ist diese Auffassung vom Multiplizieren nicht sonderlich problematisch, aber wenn wir auch Brüche und irrationale Zahlen berücksichtigen, wird es kniffliger. Was würde Multiplizieren mit π als wiederholtes Addieren bedeuten? Wir können nicht π-mal addieren.

Wie Sie in Kapitel 1 gesehen haben, verfolgen wir Mathematiker einen allgemeineren Ansatz, um mehr mathematische Phänomene zu erfassen, und zwar nicht nur komplexe Zahlen, sondern auch geometrische Formen und andere Dinge, die keine Zahlen sind. Wir wollen Addieren und Multiplizieren als zwei verschiedene Bauverfahren betrachten. Bei ganzen Zahlen können wir das Multiplizieren über das Addieren definieren (als wiederholtes Addieren) und dann einige Zusammenhänge untersuchen, die sich daraus ergeben. So definieren wir

$$2 \times 3 = 3 + 3$$

und

$$3 \times 2 = 2 + 2 + 2$$

und können das dann mit Zeichnungen darstellen und sehen, dass das Ergebnis der ersten Gleichung dasselbe ist wie das der zweiten,

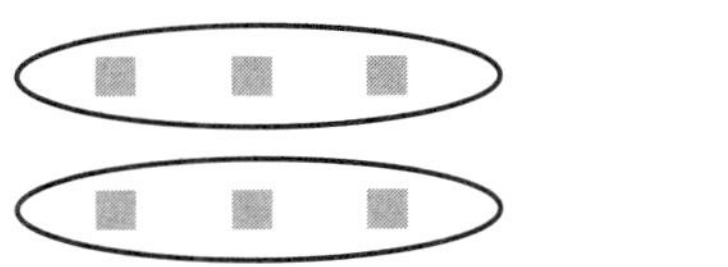
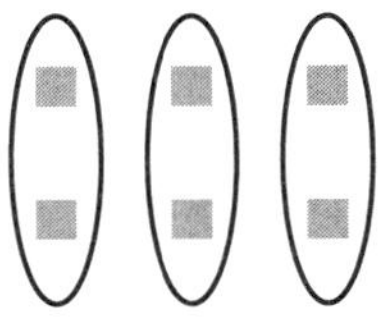

so dass wir wissen:

$$2 \times 3 = 3 \times 2$$

Die Zeichnungen beweisen übrigens, dass die beiden Gleichungen dasselbe Ergebnis haben, *ohne dass wir wissen müssen, welches das Ergebnis ist.* Es geht allein um die Prozesse, nicht um die Ergebnisse.

Gründlicher könnten wir so vorgehen, wie ich es getan habe, als ich erklärte, wie man 6 × 8 auf verschiedene Weise berechnen kann. Wir könnten feststellen, dass 6 = 5 + 1 ist, so dass gilt:

$$\begin{aligned} 6 \times 8 &= (5 + 1) \times 8 \\ &= (5 \times 8) + (1 \times 8) \end{aligned}$$

Ich möchte hier nicht auf die Reihenfolge der Operationen eingehen (ich komme auf sie zurück), sondern nur darauf hinweisen, dass ich Klammern verwende, um zu verdeutlichen, welche Dinge zu einer Gruppe zusammengefasst sind. Ich würde sogar lieber Baumstrukturen zeichnen, um zu betonen, wann wir welche Operationen durchführen:

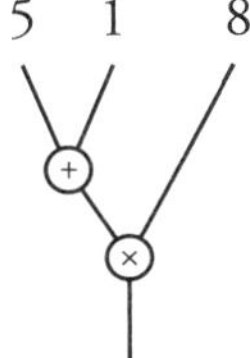

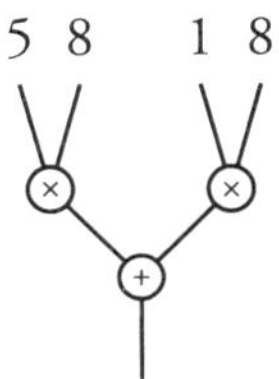

Diese Diagramme vermitteln jedoch keine hilfreiche Anschauung davon, warum die beiden Berechnungen auf dasselbe hinauslaufen; sie machen nur die Algebra besser verständlich als eine Reihe von Symbolen auf einer Linie. Ich gehe im nächsten Kapitel auf andere Möglichkeiten der Visualisierung ein.

Aus der Regel zur Verwendung von Klammern in der Mathematik folgt, dass streng genommen einige dieser Klammern nicht erforderlich sind. Ich hätte also auch schreiben können:

$$5 \times 8 + 1 \times 8$$

Diese Regel erstreckt sich jedoch lediglich auf die Notation. Es geht in ihr nicht um Mathe, sondern um Rechtschreibung. Ich ziehe es vor, die Dinge mit zusätzlichen Klammern klarer zu machen, als vorauszusetzen, dass jeder sich an diese Regel erinnert. Außerdem ist der obige Ausdruck schwer zu lesen, verglichen mit diesem:

$$(5 \times 8) \ + \ (1 \times 8)$$

Wir verstehen auf der untersten Ebene, dass wir, wenn wir uns 5 Äpfel und 1 Apfel nehmen, 6 Äpfel haben. Und dann abstrahieren wir, gehen also eine Ebene höher, und erkennen, dass wir, wenn wir uns 5 «Dinge» und 1 «Ding» nehmen, 6 «Dinge» haben, was immer diese Dinge auch sind: Äpfel, Bananen, Elefanten oder auch Achter. Also sind 5 Achter plus 1 Achter dasselbe wie 6 Achter.

Wenn wir versuchen, irrationale Zahlen zu berücksichtigen, kehren wir das Ganze im Grunde um. Statt das Multiplizieren über das Addieren zu definieren und anschließend zu beobachten, definieren wir das Multiplizieren als «etwas, das sich so verhält». Das ist ein bisschen so, als würde man zum ersten Mal Vögel sehen und sagen: «Okay, ich nenne diese Dinge Vögel», würde dann aber, weil man beobachtet hat, dass sie Federn haben und fliegen, einen Schritt zurückgehen und sagen: «Wie wäre es, wenn ich alles, was Federn hat und fliegt, einen Vogel nennen würde?» Später, wenn man Dinge entdeckt hat, die wie Vögel aussehen, aber nicht fliegen, obwohl sie so aussehen, als könnten sie es, weil sie Federn und Flügel haben, würde man sich vielleicht entscheiden, die Definition zu verfeinern.

Solche Klassifizierungen haben zuweilen große Verwirrung gestiftet, zum Beispiel, als man den fliegenden Lemur für mit der Fledermaus und das Schuppentier für mit dem Ameisenbären nah verwandt erklärte. In diesen Fällen führten äußerliche Ähnlichkeiten die Wissenschaftler vorübergehend in die Irre. Bis heute glauben manche Leute, die in Biologie nicht aufgepasst haben, alles, was im Wasser lebe, müsse ein Fisch sein, und im Internet kommt es zu explosiven Auseinandersetzungen, bei denen einige dieser Leute andere als dumm bezeichnen, weil die behaupten, Delfine und Wale seien Säugetiere.

Charakterisierung von Zahlen nach ihrem Verhalten

Wir müssen vorsichtig sein, wenn wir Lebewesen nach ihrem Verhalten charakterisieren, und bei Zahlen müssen wir ebenfalls vorsichtig sein. Wir charakterisieren Zahlen, indem wir sagen: Wir können sie addieren, wir können sie multiplizieren, und es gibt eine Art Interaktion zwischen Addition und Multiplikation.

Genauer gesagt, haben wir einen Begriff vom Addieren, nach dem es sich wie das Addieren von Bausteinen verhält, auch wenn es damit nichts zu tun hat. Daher gilt:

- Es spielt keine Rolle, in welcher Reihenfolge wir Dinge addieren, zum Beispiel ist $2 + 5 = 5 + 2$.
- Es spielt keine Rolle, wie wir Dinge zu Gruppen zusammenfassen, zum Beispiel ist $(2 + 5) + 5 = 2 + (5 + 5)$.
- Es gibt eine Zahl, die beim Addieren «nichts bewirkt»: die 0.
- Es besteht die Möglichkeit, eine Addition durch eine bestimmte Zahl «aufzuheben»; diese Zahl wird als negative Zahl bezeichnet.

Wir haben auch einen analogen Begriff vom Multiplizieren, mit einer kleinen Einschränkung bezüglich der Aufhebung. Die Prinzipien des Multiplizierens sind, was die Bausteine angeht, etwas komplizierter als die des Addierens aber die Ähnlichkeit wird klar, wenn wir sie einfach aufschreiben:

- Es spielt keine Rolle, in welcher Reihenfolge wir Dinge miteinander multiplizieren: Zum Beispiel ist $2 \times 5 = 5 \times 2$.
- Es spielt keine Rolle, wie wir Dinge zu Gruppen zusammenfassen: Zum Beispiel ist $(2 \times 5) \times 5 = 2 \times (5 \times 5)$.
- Es gibt eine Zahl, die beim Multiplizieren «nichts bewirkt»: die 1.
- Es besteht die Möglichkeit, eine Multiplikation (außer der mit 0) durch eine bestimmte Zahl «aufzuheben»; diese Zahl wird als Kehrwert der Zahl bezeichnet, mit der multipliziert wurde.

Und schließlich haben wir ein Prinzip für die Interaktion zwischen Addition und Multiplikation, die Dinge ergibt wie

$$(5 + 1) \times 8 = (5 \times 8) + (1 \times 8)$$

und

$$8 \times (5 + 1) = (8 \times 5) + (8 \times 1)$$

Die erwähnte Interaktion unterliegt dem sogenannten Distributivgesetz, nach dem das Multiplizieren Vorrang vor dem Addieren hat. Dieses Gesetz kann ein bisschen rätselhaft erscheinen, wenn man es ausschreibt, aber wenn wir uns vorstellen, dass es bedeutet: «8 mal 5-Dinge-plus-1-Ding ist das Gleiche wie 8 mal 6 Dinge», ist es weniger rätselhaft. Das Distributivgesetz besagt, dass das Multiplizieren wiederholtes Addieren sein muss, *wo immer dies Sinn ergibt*, denn für jede Zahl, die aus 1en aufgebaut ist, können wir herleiten: Diese Zahl mal irgendetwas anderes muss gleich diesem anderen sein, wenn es (zu 0) genauso oft addiert wurde, wie die Zahl groß ist. Für $3 = 1 + 1 + 1$, multipliziert mit 7, stellt sich das so dar:

$$\begin{aligned} 3 \times 7 &= (1 + 1 + 1) \times 7 \\ &= (1 \times 7) + (1 \times 7) + (1 \times 7) \\ &= 7 + 7 + 7 \end{aligned}$$

Im nächsten Kapitel werden wir Möglichkeiten kennenlernen, dies geometrisch zu veranschaulichen, die die Sache klarer machen. Außerdem können wir die Beziehungen nicht für alle Zahlen einzeln notieren, da es unendlich viele davon gibt. Das ist der Grund, warum wir Zahlen als

Buchstaben darstellen: Auf diese Weise können wir diese Regeln gleichzeitig für alle Zahlen angeben, ohne etwas übertragen zu müssen. Aber das ist das Thema von Kapitel 5.

Jetzt möchte ich erläutern, wie das Multiplizieren mit 0 aus diesen Grundprinzipien folgt, was bedeutet, dass die Tatsache, dass das Multiplizieren mit 0 immer 0 ergibt, eben nicht zu den Grundprinzipien gehört, sondern aus ihnen folgt. Ich erinnere daran, dass ich das tue, um ein Beispiel für etwas «Grundlegendes» zu geben, bei dem wir in Mathekursen an der Universität üblicherweise darauf bestehen, dass es bewiesen werden muss.

Also los. Aber seien Sie gewarnt: Es kann sein, dass Sie es mühsam und «technisch» finden. Wichtiger, als dass Sie es verstehen, ist mir jedoch, dass Sie sich über die Kompliziertheit der Herleitung wundern.

Wir wollen beweisen, dass für eine beliebige Zahl a gilt: $0 \times a = 0$. Aber was *ist* 0? 0 ist die additive Identität, die Zahl, die nichts bewirkt, wenn wir sie zu anderen Zahlen addieren. Dass es so ist, können wir beweisen, indem wir 0 × a zu sich selbst addieren. (Ich verzichte jetzt darauf, das ×-Zeichen zu schreiben, da es visuell stört.)

$$\begin{aligned} 0a + 0a &= (0 + 0)a \\ &= 0a \end{aligned}$$

Wir wissen auch, dass wir $0a$, was immer dies ist, durch sein Negativ «aufheben» können, d. h. durch $-(0a)$, was immer das ist. Also addieren wir das zu beiden Seiten der obigen Gleichung und erhalten:

$$-(0a) + 0a + 0a = -(0a) + 0a$$

Aber dann hebt jedes $-(0a)$ ein $0a$ auf, so dass nur übrigbleibt:

$$0a = 0$$

Leute, die diese Tatsache ihr ganzes Leben lang für selbstverständlich und «offenkundig» gehalten haben, kann das abtörnen, aber wer sich gefragt hat, *warum* $0a = 0$ ist, der kann das sehr befriedigend finden.

Wir Mathematiker haben das Bedürfnis, für Erklärungen immer tiefer zu schürfen, immer tiefere Gründe für mathematische Sachverhalte zu finden und immer tiefere Zusammenhänge zwischen den Vorstellungen, über die wir nachdenken. Das ist eine völlig andere Motivation als das Bedürfnis, bestimmte Probleme im Leben zu lösen, aber manchmal werden *beide* Bedürfnisse befriedigt, sei es auch erst sehr viel später.

Unverhofft nützliche Mathematik

Eine der anschaulichsten Beschreibungen der Nutzlosigkeit der Mathematik stammt aus G. H. Hardys vielzitiertem Essay *A Mathematician's Apology*. Hardy war ein bedeutender Mathematiker, der an der Universität von Cambridge lehrte. In seinem Essay legt er dar, wie vollkommen nutzlos seine Forschungen auf dem Gebiet der Zahlentheorie seien, und er tut es, wie ich finde, mit kaum verhülltem Stolz. Leider gibt es immer noch Mathematiker, die jede Forschung, die «nützlich» ist, verachten, und damit habe ich Probleme, weil ich finde, dass man nicht bewusst versuchen sollte, etwas zu tun, was auf nichts angewendet werden kann. Das ist gefährlich arrogant und schafft eine ungesunde Atmosphäre, in der Leute sich moralisch überlegen dünken, weil ihre Forschung nutzlos sei, und auf Menschen herabsehen, die der Welt nützen. Für mich ähnelt das unangenehm der Denkweise eines Reichen, der sich überlegen fühlt, weil er seine Toilette nie putzt, und auf die Menschen herabsieht, die Toiletten putzen. (Mir ist allerdings klar, dass die Arroganz einiger jener Forscher darauf zurückzuführen sein könnte, dass sie im Grunde zutiefst unsicher sind, weil ihre Arbeit so weit davon entfernt ist, auf irgendetwas anwendbar zu sein.)

Forschung aus anderen Gründen zu betreiben als um unmittelbarer Anwendbarkeit willen ist in Ordnung, stolz zu sein auf die Nutzlosigkeit der eigenen Arbeit aber nicht. Das Lustige ist, dass Hardy auf dem Gebiet der Zahlentheorie arbeitete, einem Zweig der Mathematik, der viel tiefer in einige Dinge eindringt, die ich über das Verhalten der ganzen Zahlen ausgeführt habe. Ausgehend von der unverfänglichen Idee, endlos immer wieder 1 zu addieren, denken wir über wiederholtes Addieren nach und bezeichnen es als Multiplizieren. Anschließend denken wir in Bezug auf das Multiplizieren über Bausteine nach und nennen sie Primzahlen. Und dann versuchen wir zu verstehen, welche Zahlen Primzahlen sind. Wie können wir sie identifizieren? Wie viele gibt es? Sind Muster feststellbar in der Art und Weise, wie sie aufeinander folgen? Wie verhalten Primzahlen sich zueinander?

Hardy war überzeugt, dass es niemals Anwendungen für die Zahlentheorie geben würde. Wie sehr er sich doch irrte: Die Arbeit der Zahlentheoretiker ist heute Grundlage für die Internetkryptographie, die fast jeder von uns täglich nutzt – zum Beispiel jeder, der sich bei einem Account anmeldet. Unsere Passwörter müssen über das Internet übermittelt und dafür verschlüsselt werden, damit niemand sie stehlen und in unsere Accounts einbrechen kann. Erreicht wird dies durch eine ziemlich clevere Verwendung von Primzahlen, die auf Sätzen der Zahlentheorie aus dem 17. Jahrhundert basiert. Das Grundprinzip ist, *dass Dividieren schwierig ist.* Addieren ist nicht allzu schwierig, Multiplizieren als wiederholtes Addieren ist schwieriger, aber immer noch möglich, vor allem wenn man es einem Computer überlässt. Dividieren, genauer das Finden der Faktoren, die multipliziert miteinander eine bestimmte Zahl ergeben, kann äußerst schwierig sein, weil es so hypothetisch ist. Für das Multiplizieren von 3 mit 5 gibt es eine klare Methode, mag ihre Anwendung auch mühsam sein. Für das Dividieren von 15 durch 3 gibt es ebenfalls eine klare Methode (man verteilt die 15), aber was ist, wenn man nicht weiß, durch was man teilen soll? Darum geht es bei der Suche nach Faktoren: Wir versuchen, 15 durch *irgendetwas* zu teilen, um eine andere ganze Zahl zu erhalten.

Sie erkennen wahrscheinlich, dass $15 = 3 \times 5$ ist, aber wenn ich es mit einer größeren Zahl wie 247 versuche, wird es schon schwieriger herauszufinden, wie man das als etwas mal etwas anderes ausdrücken kann. Sie könnten es einfach der Reihe nach mit jeder Zahl als einem der beiden Faktoren probieren, aber je größer die zu zerlegende Zahl ist, umso zeitaufwendiger ist diese Methode. Die benötigte Zeit steigt sogar schneller als die Größe der zu zerlegenden Zahl, so dass ein Computer nicht mehr in der Lage ist, in der Dauer eines Menschenlebens eine Zahl mit 100 oder 200 Ziffern in ihre Faktoren zu zerlegen.

Das lässt sich für eine clevere Methode, ein Geheimnis zu konstruieren, nutzen: Denn wenn ich zwei sehr große Primzahlen miteinander multipliziere, weiß ich zwar, welche Zahlen ich verwendet habe, aber niemand sonst wird es je herausfinden können. Zwischen dieser Idee und ihrer Realisierung in einem brauchbaren Code ist noch ein ziemlich großer Schritt zu machen, aber das ist möglich. Die Lücke zu einem brauchbaren Code schließt ein Theorem aus dem 17. Jahrhundert, der sogenannte kleine Fermatsche Satz (es gibt auch einen *großen* Fermatschen Satz*). Interessanterweise ist der Code nicht in der Theorie, sondern nur in der Praxis sicher, weil wir keine Computer haben, die leistungsfähig genug sind, um so große Primfaktoren in überschaubarer Zeit zu finden. Ein Grund, warum Quantencomputer unser Leben dramatisch verändern würden, ist die Tatsache, dass sie vermutlich in der Lage wären, die großen Primfaktoren in überschaubarer Zeit zu finden, was bedeuten würde, dass die gesamte Internetkryptographie zusammenbräche und wir eine völlig neue Methode zur Sicherung von Online-Accounts benötigten.

Die Moral von der Geschicht' ist jedoch nicht, dass jede mathematische Erkenntnis am Ende nützlich ist. Ich möchte vielmehr sagen, dass wir oft nicht im Voraus wissen können, was später nützlich sein wird und was nicht, und dass es deshalb falsch ist, den Wert einer mathematischen Erkenntnis nach dem zu beurteilen, was wir als ihre Nützlichkeit (oder Nutzlosigkeit) empfinden. Alles, was uns hilft, etwas zu verstehen, hat das Potential, später für die Menschen nützlich zu sein.

Manchmal dauert es sogar länger als – wie im Fall der Zahlentheorie – ein paar hundert Jahre.

Die Nützlichkeit der platonischen Körper

Mein Lieblingsbeispiel für einen langen Weg zwischen Ideen und Anwendungen sind die platonischen Körper, über die die Mathematiker der griechischen Antike vor mehr als zweitausend Jahren nachdachten. Die platonischen Körper sind dreidimensionale geometrische Formen mit einem Maximum an Symmetrie. Das ist keine besonders strenge Definition, aber die Formulierung gibt die Idee wieder.

* Der große ist Fermats sogenannter letzter Satz, berühmt durch die Notiz, die der französische Mathematiker an den Rand gekritzelt hat (vgl. S. 178 f.).

Um es genauer zu sagen: Die platonischen Körper sind dreidimensionale Strukturen, die aus zweidimensionalen geometrischen Formen (den sogenannten Flächen der jeweiligen Struktur) aufgebaut sind und alle folgenden Arten von Symmetrie aufweisen: Erstens müssen alle Flächen maximal symmetrisch, d. h. ihre Winkel und Seiten alle gleich sein. Zweitens muss die Struktur, zu der sie zusammengefügt sind, maximal symmetrisch sein, d. h. alle Flächen müssen die gleiche Form und Größe haben, und außerdem müssen sie sich überall mit den gleichen Winkeln treffen. Drittens muss die ganze Struktur irgendwie rundlich sein. Das ist natürlich keine formale Definition, aber gemeint ist, dass es nicht sowohl nach innen als auch nach außen zeigende Ecken geben darf – alle Ecken müssen nach außen zeigen, damit der Körper mehr einer Kugel als einer Sternform gleicht. (Der Fachbegriff dafür ist «konvex»; ich komme im letzten Kapitel auf ihn zurück.)

Es gibt nicht viele Strukturen, die wir diesen Prinzipien entsprechend entwickeln können – schon deshalb nicht, weil es nicht viele zweidimensionale Formen gibt, die die geforderten Eigenschaften haben. Wir können mit gleichseitigen Dreiecken, Quadraten oder regelmäßigen Fünfecken beginnen (regelmäßig bedeutet, dass alle Winkel und Seiten gleich sind). Aber wenn wir es mit Sechsecken versuchen, kommen wir nicht weiter, da Sechsecke zwar in einer Ebene, also in der Fläche gut zusammenpassen:

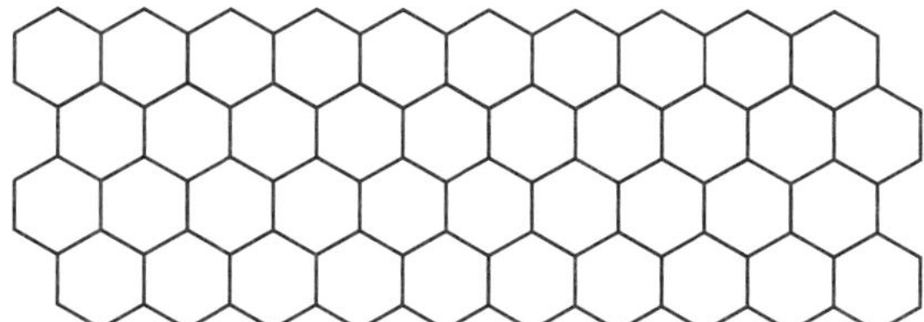

Es gibt aber keine Möglichkeit, sie zu etwas Dreidimensionalem zusammenzusetzen. Es stimmt, dass Quadrate ebenfalls zusammenpassen:

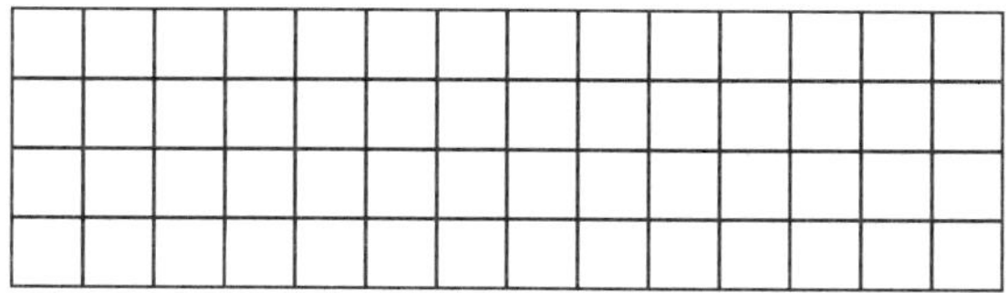

Aber hier stoßen an jeder Ecke vier Quadrate zusammen und bilden eine größere Fläche, so dass wir einfach eines entfernen können. Dann stoßen an einer Ecke drei Quadrate zusammen und hinterlassen eine Lücke. Wenn wir diese Lücke schließen, wird das Ding dreidimensional, und wir haben die Voraussetzungen für einen Würfel – wir müssen nur noch die verbliebenen Lücken symmetrisch mit Quadraten füllen:

Mit Sechsecken geht das nicht, da drei Sechsecke zusammenpassen, ohne eine Lücke zu lassen:

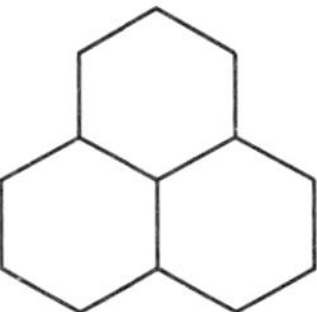

Wir können es aber mit drei Dreiecken versuchen, die eine sehr große Lücke lassen:

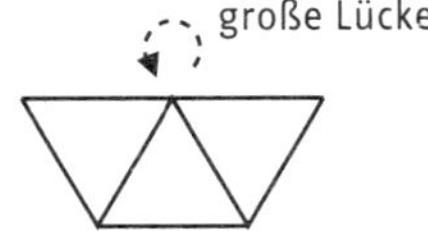

Wenn wir die beiden «offenen» Seiten miteinander verbinden, erhalten wir eine hutähnliche dreieckige Form, und wenn wir die verbliebene Öffnung mit einem Dreieck abdecken, sehen wir, dass eine Dreieckspyramide entstanden ist. (Für den Fall, dass Sie meine Abbildung nicht verstehen, empfehle ich, diese Pyramide mit einer Schere und Klebeband selbst zu bauen. Ich finde immer, dass ich ein besseres Gefühl für Dinge bekomme, wenn ich etwas Physisches konstruieren kann.)

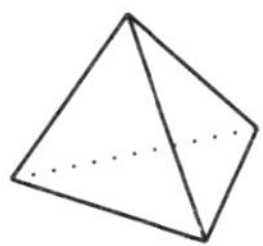

Diese Dreieckspyramide besteht aus vier Dreiecken und wird, nach dem griechischen Wort für «vier», als Tetraeder bezeichnet.

Da drei Dreiecke eine sehr große Lücke gelassen haben, können wir es auch mit vier Dreiecken versuchen. Auch sie lassen noch eine große schließbare Lücke:

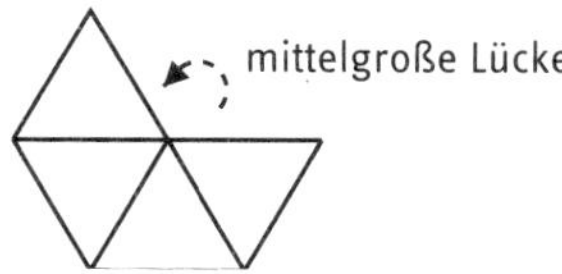

Daraus könnte man eine Pyramide mit quadratischem Grundriss konstruieren:

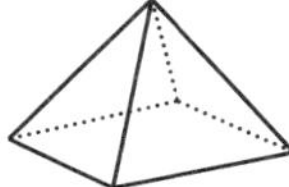

Aber denken Sie daran, dass wir Formen mit maximaler Symmetrie suchen; wir wollen also nicht Dreiecke und Quadrate mischen (das können wir zwar, aber das Ergebnis ist dann kein platonischer Körper). Wenn wir von der Pyramide mit quadratischem Grundriss ausgehen und maximale Symmetrie herstellen, erhalten wir diese dreidimensionale, an einen Diamanten erinnernde Figur:

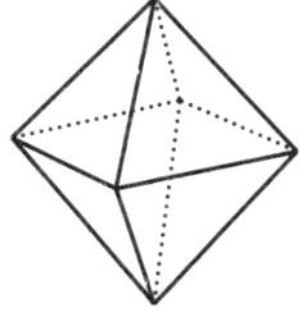

Es besteht aus acht Dreiecken und wird nach dem griechischen Wort für «acht» als Oktaeder bezeichnet.

Es gibt noch einen weiteren platonischen Körper, den wir aus Dreiecken konstruieren können. Wir können nämlich fünf Dreiecke so zusammenfügen, dass immer noch eine Lücke bleibt:

Durch Schließen dieser Lücke können wir eine *flache* hutähnliche Form bilden:

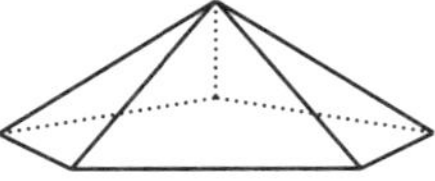

Wenn wir diese Form unter Beibehaltung des Musters mit Dreiecken «abrunden» wollen, benötigen wir viele weitere. Probieren Sie es aus, wenn Sie gern basteln. Ich habe es schon oft gemacht und finde es immer noch sehr befriedigend (vor allem, wenn ich die Dreiecke von innen miteinander verbinde). Da man zwanzig Dreiecke braucht, um die Form abzurunden, wird diese nach dem griechischen Wort für «zwanzig» als Ikosaeder bezeichnet. Hier ein Versuch einer bildlichen Darstellung:

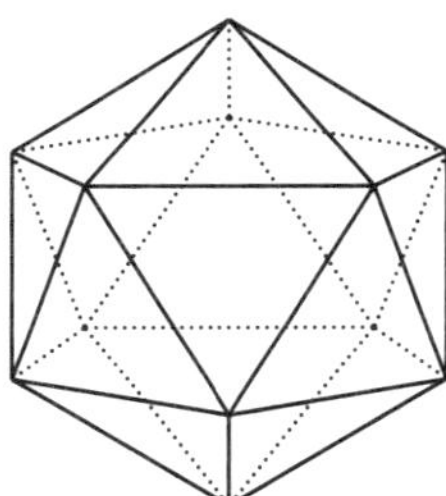

Wir können diese Methode auch mit sechs Dreiecken ausprobieren, aber die fügen sich, wie die Sechsecke, zusammen, ohne eine Lücke zu lassen; wir haben also keine Chance, etwas Dreidimensionales zu erhalten:

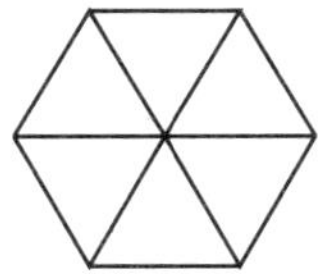

Wir können es aber mit Fünfecken machen, denn wenn wir drei gleichmäßige Fünfecke aneinanderlegen, entsteht eine sehr kleine Lücke:

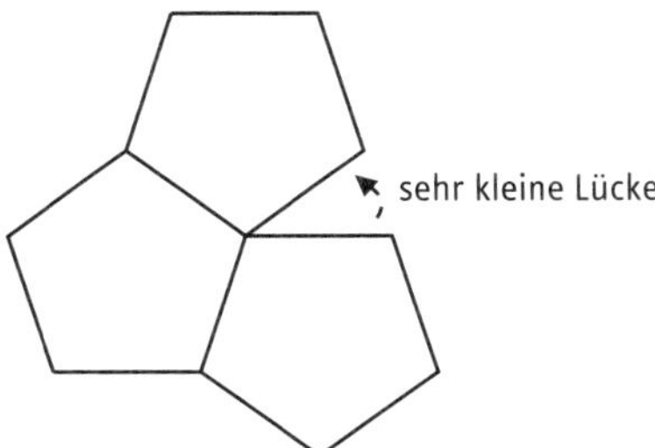

Wenn wir diese Lücke schließen, erhalten wir eine *sehr* flache hutähnliche Form (die durch eine Zeichnung kaum anschaulich darzustellen ist). Wir können sie zu einer Form mit zwölf Flächen abrunden, indem wir weitere Fünfecke symmetrisch anfügen. Es entsteht ein sogenannter Dodekaeder, der ungefähr so aussieht:

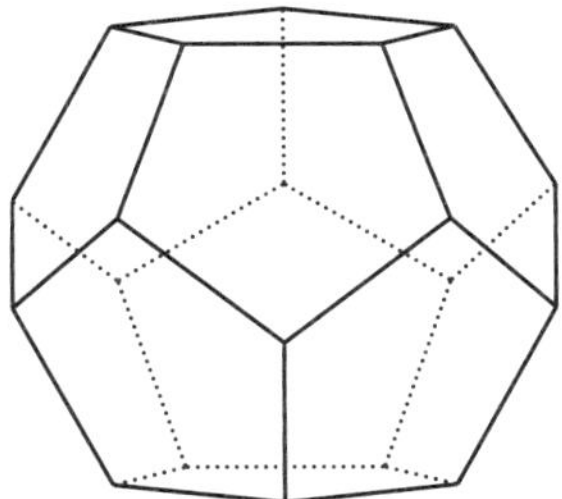

Wir haben Möglichkeiten gesucht, Körper mit einem Maximum an Symmetrie zu konstruieren, und mehr als die dargestellten gibt es nicht. Wir können keine Formen mit mehr als sechs Seiten verwenden, weil wir in der Lage sein müssen, mindestens drei Formen an einem Punkt so zusammenzufügen, dass eine Lücke bleibt; Formen mit sechs oder mehr Seiten aber passen nicht, weil die Winkel zu groß sind. Das bedeutet wohlgemerkt nicht, dass andere dreidimensionale Formen nicht gut sind, aber wir wollten eben aus Neugier wissen, was wir an Körpern konstruieren können, wenn diese ein Maximum an Symmetrie haben sollen. Auch andere dreidimensionale Formen sind in vielerlei Hinsicht wunderbar, aber ihnen fehlt diese besondere Eigenschaft.

Die platonischen Körper sind also: Tetraeder, Oktaeder, Würfel, Dodekaeder und Ikosaeder.

Sie fragen sich vielleicht, warum der Würfel nicht nach der Anzahl seiner Flächen benannt ist. Nun, wir könnten ihn danach benennen und würden ihn dann als Hexaeder bezeichnen. Aber das wären vielleicht zu viele Silben für etwas, das wir ziemlich häufig sehen um uns herum. Wir geben vielen Dingen, von denen oft die Rede ist, kürzere Namen.

Das ist alles schön und gut, werden Sie sagen – aber was war noch einmal der Sinn des Ganzen? Es ging mir zunächst darum, ein tieferes Verständnis davon zu vermitteln, wozu Symmetrie gut sein kann, wie Formen zusammenpassen, wie zweidimensionale Dinge zu dreidimensionalen Dingen zusammengebaut werden können. Aber all das zielte auf ein Beispiel dafür, dass Mathematik nach langen Zeiträumen unverhofft nützlich werden kann. Hier ist es:

Es dauerte zweitausend Jahre, bis die Idee des Ikosaeders nützlich wurde. Diese Form wird heute zum Bau architektonischer Kuppeln verwendet, und zwar in einer Modifikation, die der Architekt Richard Buckminster Fuller berühmt gemacht hat (entworfen hatte sie allerdings der deutsche Ingenieur Walther Bauersfeld). Hintergrund dieser Verwendung des Ikosaeders ist, dass es schwierig ist, ein großes kugelförmiges Gebilde als architektonische Struktur zu konstruieren, dass man sich der Kugelform aber annähern kann, wenn man sie aus kleinen, handlicheren Grundbausteinen, genauer aus dreieckigen Teilen entwickelt. Alle platonischen Körper sind kugelähnlich, aber sie sind auch ein bisschen spitz. Immerhin, je mehr Flächen sie haben, umso weniger spitz sind sie: Sie haben zwar mehr Ecken, aber diese sind weniger dramatisch; das meine ich mit «weniger spitz». Ein Tetraeder (eine Dreieckspyramide) hat sehr scharfe Winkel, ein Ikosaeder sanftere.

Da ein Ikosaeder für eine Kugel immer noch zu spitz ist, kam Buckminster Fuller auf die Idee, alle Ecken abzuschneiden, um das Ganze rundlicher zu machen. An jeder Ecke treffen sich fünf Dreiecke; wenn man die Ecke abschneidet, entsteht daher eine zusätzliche Fünfecksfläche. Und was geschieht mit all den alten Dreiecksflächen? Diese Abbildung zeigt, was geschieht, wenn wir die Ecken eines Dreiecks abschneiden:

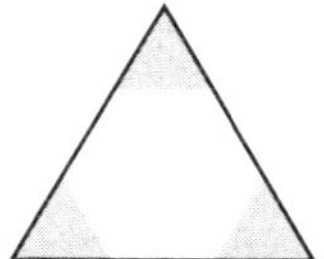

Wenn wir nicht zu viel abschneiden, wird aus dem Dreieck ein Sechseck, das hier als weißer Teil in der Mitte zu sehen ist. Wenn wir also alle Ecken eines Ikosaeders abschneiden, und zwar nicht zu weit, dann wird jede Dreiecksfläche zu einem Sechseck, so dass zwanzig Sechsecksflächen entstehen. Außerdem wird aber jede Ecke zu einer Fünfecksfläche. Da ein Ikosaeder zwölf Ecken hat, hat diese neue Form also zwölf Fünfecksflächen und zwanzig Sechsecksflächen, die zusammen eine recht gute Annäherung an eine Kugel ergeben. Sie ist sogar so gut, dass dies ein weitverbreitetes Prinzip zur Herstellung von Fußbällen ist. Im Englischen wird die Form nach Buckminster Fuller manchmal auch als «Bucky Ball» bezeichnet.

Der letzte Schritt, um das modifizierte Ikosaeder in eine aus Dreiecken bestehende, annähernd kugelförmige Struktur zu verwandeln, basiert auf der Tatsache, dass wir jedes Sechseck aus sechs und jedes Fünfeck aus fünf Dreiecken konstruieren können. Das macht die Konstruktion des Gebildes einfach, da wir nur Bausteine eines Typs benötigen: Dreiecke.

So also werden geodätische Kuppeln, etwa die Kuppeln von Planetarien, aus Dreiecken zusammengefügt. Neuerdings hat diese Form Ingenieure auch zur Konstruktion von Klettergerüsten für Kinder, Biokuppeln als Gewächshäusern und igluförmigen «Dining Bubbles» inspiriert, in denen ein Esstisch nebst Stühlen Platz hat. Sie können das erkennen, wenn Sie darauf achten, wie viele Dreiecke an verschiedenen Stellen der Struktur an einem Punkt zusammenstoßen. Manchmal sind es sechs, manchmal fünf; jenen liegt ein Sechseck, diesen ein Fünfeck zugrunde.

Zu dieser Geschichte gehört auch, dass es seit den 1950er Jahren Mikroskope gab, mit denen der Aufbau von Viren studiert werden konnte. Es stellte sich heraus, dass viele Viren Ikosaederstrukturen aufwiesen.

Bis die Konstruktion des Ikosaeders sich als nützlich und anwendbar erwies, hatte es mehr als zweitausend Jahre gedauert, und ich glaube nicht, dass die alten Griechen diese Möglichkeit hätten vorhersehen können.

Dass ein platonischer Körper für die Konstruktion von «Dining Bubbles» verwendet wird, ist vielleicht ein bisschen albern. Das folgende Beispiel, das in der griechischen Antike beginnt und mit der Infinitesimalrechnung endet, ist jedoch weniger trivial.

Unendlichkeit

Seit mehr als zweitausend Jahren denken Menschen darüber nach, was «Unendlichkeit» bedeutet, und die Fragen, die Mathematiker und Philosophen der Antike sich gestellt haben, sind fast die gleichen, die neugierige Kinder sich noch heute stellen. Was ist Unendlichkeit? Ist Unendlichkeit eine Zahl? Können wir jemals in der Unendlichkeit ankommen? Gibt es Dinge auf der Welt, die unendlich sind? Wenn wir etwas in unendlich viele Teile zerlegen, wie groß ist dann jeder einzelne Teil?

Viele dieser Fragen haben der griechische Philosoph Zenon und seine Schule untersucht, und die verwirrenden wurden als «Zenons Paradoxien» zusammengefasst. Eine meiner Lieblingsparadoxien formuliere ich gern unter dem Titel «Wie man dafür sorgt, dass ein Schokoladenkuchen niemals ‹alle› wird», so: Man isst die Hälfte, dann die Hälfte von dem, was übrig ist, dann wieder die Hälfte von dem, was übrig ist, und so weiter. Bedeutet das, dass man den Schokoladenkuchen nie aufessen wird? Zenon hat die Paradoxie nicht am Beispiel Kuchen formuliert, sondern am Beispiel eines Laufs von A nach B: Wenn man die Hälfte des Weges zurückgelegt hat, bleibt die andere Hälfte übrig, *und so immer weiter*, was zu bedeuten scheint, dass man nie in B ankommt, während wir doch alle jeden Tag an Orten ankommen.

Eine andere Paradoxie untersucht, was «Bewegung» ist. Zenon dachte über einen Pfeil nach, der durch die Luft fliegt und sich ja zu jedem Zeitpunkt nur an *einer* Stelle befindet. Wie also bewegt er sich?

In einer weiteren Paradoxie geht es um ein Wettrennen zwischen dem (legendär schnellen) griechischen Heros Achill und einer Schildkröte: Die Schildkröte erhält einen Vorsprung, aber Achill ist natürlich um ein Vielfaches schneller als sie. Wenn die Schildkröte jedoch bei A gestartet ist, muss sie, wenn Achill an diesem Punkt ankommt, immer noch einen kleinen Vorsprung haben und, sagen wir, bei B angekommen sein. Wenn Achill B erreicht hat, muss die Schildkröte immer noch einen winzigen Vorsprung haben und etwa bei C angekommen sein. Und so weiter und so fort, was zu bedeuten scheint, dass Achill die Schildkröte niemals überholen kann. Aber ist das nicht widersinnig?

Es gibt mehrere Möglichkeiten, auf diese Paradoxien zu reagieren. Eine besteht darin, die Hände über dem Kopf zusammenzuschlagen und auszurufen: «Das ist mir zu dumm!» Oder: «Was soll das?» Eine andere ist, zu spotten und zu sagen: «Natürlich kannst du den Schokoladenkuchen aufessen! Ist doch klar, dass Achill die Schildkröte überholt!» Aber wenn man so reagiert, geht man in keiner Weise auf den Gedankengang der Paradoxie ein.

Mathematiker reagieren weder auf die eine noch auf die andere Weise. Sie sind ein bisschen verwirrt und durcheinander, aber das zieht sie an und führt dazu, dass sie verstehen wollen, was da vor sich geht. Es dauerte fast zweitausend Jahre, aber schließlich erkannten sie, wie man mit diesen seltsamen Fragen fertigwird: Sie erfanden die Infinitesimalrechnung, die via Elektrizität und anderen Technologien zur Grundlage praktisch aller technischen Entwicklungen des modernen Lebens wurde.

Verwirrung kann abschreckend wirken und einem das Gefühl geben, man sei für das betreffende Gebiet nicht intelligent genug und sollte deshalb lieber etwas anderes machen. Manchmal sind Menschen nicht so verwirrt, wie sie eigentlich sein sollten, was aber nur auf Verblendung oder mangelnder Selbstkenntnis beruht (zum Beispiel, wenn Leute glauben, sie könnten ein Land regieren, obwohl sie dafür überhaupt nicht qualifiziert sind). Dagegen sind andere Menschen verwirrt und überfordert, weil die Sache wirklich verwirrend ist, werden aber dazu verleitet zu glauben, ihr Nichtverstehen sei ein Zeichen dafür, dass sie für diese Wissenschaft nicht geschaffen seien. Doch ganz im Gegenteil, es ist ein Zeichen dafür, dass diese Menschen erkannt haben, dass da etwas Interessantes verborgen liegt. Und indem wir versuchen herauszufinden, was es ist, werden wir vielleicht intelligenter. Bei Zenons Paradoxien hat das fast zweitausend Jahre gedauert. Also, die Lösung liegt nicht auf der Hand. Aber sie ist wunderbar. Im nächsten Kapitel werde ich darstellen, wie die rätselhaften Bewandtnisse mit der Unendlichkeit zur Infinitesimalrechnung führten und warum das ein brillantes, aber auch unbequemes Stück Mathematik ist.

4

Was gute Mathematik ausmacht

Warum ist 0-Komma-Periode-9 gleich 1? Kann es wirklich gleich 1 sein? Ist es nicht 1 nur sehr, sehr nahe, ohne 1 je zu erreichen?

Wiederkehrende Dezimalziffern sind Ziffern, die sich nach dem Komma einer Dezimalzahl mit einem bestimmten Muster endlos wiederholen. Bei 0-Komma-Periode-9 ist das ein sehr einfaches Muster:

$$0{,}9999999999999\ldots$$

Die drei Punkte am Ende zeigen an, dass die 9en «ewig» weiterlaufen. Die Zahl wird manchmal auch mit einem Querstrich über der 9 geschrieben: $0{,}\overline{9}$

Von wiederkehrenden Dezimalziffern geht eine Faszination aus, die mit der Faszination der Unendlichkeit und der Vorstellung zusammenhängt, dass es «Dinge» im weitesten Sinne gibt, die unendlich sind. Die assoziative Verbindung mit der Unendlichkeit bedeutet aber auch, dass wiederkehrende Dezimalziffern ziemlich verwirren können und dass unsere Intuition uns in die Irre führen kann.

Es kann dann sein, dass Menschen mit unterschiedlichen Intuitionen darüber streiten, was «richtig» und was «falsch» ist. In diesem Kapitel behandle ich einen der wichtigen Gründe, warum es in Mathe nicht immer nur um Richtig und Falsch geht. Sie haben schon gesehen, dass die Mathematik über ein strenges Bezugssystem für die Entscheidung verfügt, ob etwas als wahr gelten soll, aber es kommt in Mathe nicht nur darauf an. Selbst wenn eine mathematische Argumentation logisch einwandfrei ist, müssen wir sie nicht gut finden. Im Gegensatz zum Befund logischer Korrektheit ist dieses Urteil subjektiv und kann Gesichtspunkte berücksichtigen, wie den, ob die Argumentation für einen selbst erhellend und hilfreich ist oder nicht. Ich werde untersuchen, was in Mathe wertgeschätzt wird, einschließlich der Art und Weise, wie Mathe mit unserer Intuition interagiert (indem sie sie entweder bestätigt oder aber, wenn sie fehlerhaft ist, korrigiert), wie gute Mathematik ein Licht auf etwas wirft, statt nur zu sagen, dass etwas wahr oder falsch ist, und wie das Licht-auf-etwas-Werfen uns auch hilft, Kontexte vergleichbar und unsere Argumentationen breiter anwendbar zu machen. Ich werde darüber sprechen, wie Mathe es uns ermöglicht, mehr und komplexere Gedanken zu entwickeln und voranzukommen. Aber wir müssen auch anerkennen, dass dies nur ein Wertesystem ist, das von der akademischen Mathematik entwickelt wurde, die ihrerseits von einer Kultur europäischer weißer Männer geschaffen wurde. Das wirft unangenehme Fragen darüber auf, warum wir diese Dinge wertschätzen.

Mathematische Werte

Die Frage, was gute Mathematik ausmacht, lässt sich nicht so eindeutig beantworten wie die Frage, ob eine mathematische Antwort richtig oder falsch ist. Sie ist aber auch viel interessanter. Mathematiker sind in Bezug auf diese Frage nicht immer einer Meinung, aber es gibt oft einen breiten Konsens über bestimmte Dinge, der vielleicht nur durch einige wenige abweichende Ansichten eingeschränkt wird. Das ist immer so, wenn wir über etwas urteilen, ganz gleich, ob es Mathematik betrifft oder zum Beispiel Filme. Zu dem Zeitpunkt, da ich dies schreibe, ist der von den Nutzern der Internet-Filmdatenbank IMDb am höchsten bewertete Film *The Shawshank Redemption* (dt. *Die Verurteilten*), und ich kann mir vorstellen, dass es einen breiten Konsens darüber gibt, dass dies ein großartiger Film ist. Trotzdem kann es sein, dass der Film nicht nach Ihrem Geschmack ist (ich zum Beispiel liebe das Ende, aber in der Mitte ist mir zu viel Gewalt). An zweiter Stelle kommt *The Godfather* (*Der Pate*), den ich wegen der Gewalt ebenfalls nicht sehen mag.

In Mathe gibt es zwar Richtig und Falsch, weil es die Vorstellung vom logischen Widerspruch gibt, aber es geht in ihr nicht nur um Richtig und Falsch. Und diese Vorstellungen von Richtig und Falsch kommen, wie ich in Kapitel 2 dargelegt habe, auf einer abstrakteren Ebene zum Tragen als der, an die wir gewöhnlich denken, wenn wir meinen, es gehe in Mathe um richtige und falsche Antworten. Zum Beispiel gibt es auf die Frage «Was ist 1 + 1?» nicht nur *eine* richtige Antwort: 2, sondern, wie Sie gesehen haben, in verschiedenen Kontexten verschiedene richtige Antworten.

Auf die Frage «Wenn 1 + 1 = 1 ist, was ist dann (1 + 1) + 1?» gibt es allerdings nur eine richtige Antwort, da es sich um eine logische Frage handelt.

Dasselbe gilt für die Frage «Was ist 1 + 1 im Kontext der natürlichen Zahlen?» Auch hier gibt es nur eine richtige Antwort, da es sich um eine Frage nach mathematischen Standarddefinitionen in einem bestimmten Kontext handelt.

Ich denke, es gibt die Ebene der «richtigen Antwort» überall, auch auf Gebieten, von denen die meisten Leute glauben, dort gebe es sie nicht. Selbst in der bildenden Kunst beispielsweise gibt es richtige Antworten. Mischt man zwei Farben, ergibt das eine bestimmte Farbe, die man nicht ändern kann: Sie ist einfach da. Man kann nicht gebieten, dass sie eine andere sei. Man kann sich dafür entscheiden, die Farben in einem anderen Verhältnis zu mischen oder andere Farben zu mischen, aber wenn man gemischt hat, lässt sich die Frage, welche Farbe sich ergeben hat, richtig oder falsch beantworten.

Wenn man ein Haus baut, bleibt es entweder stehen oder es fällt in sich zusammen. Will man ein Kleid schneidern, gibt es dafür viele Möglichkeiten, aber wenn es am Körper bleiben soll, muss man dafür einiges tun, sonst fällt es herunter.

again

aghghast

no no no

Selbst wenn wir einem kreativen Prozess nachgehen wollen, der keinerlei Regeln vorschreibt, ist es sinnvoll, unser Gehirn zu trainieren und uns in logischem Denken zu üben, das Begriffe von Richtig und Falsch enthält. Denn Logisch-denken-Müssen ist Teil des Lebens. Wenn Sie glauben, alle Immigranten seien illegal, dann ist das logisch falsch. Wenn Sie glauben, eine Impfung schütze Sie mit 100-prozentiger Sicherheit vor einer Krankheit, dann ist das logisch falsch; wenn Sie glauben, sie biete Ihnen keinerlei Schutz, dann ist das ebenfalls logisch falsch.

Wenn Sie glauben, die Wissenschaft behaupte, der Klimawandel sei gewiss, dann ist das logisch falsch. Wenn Sie glauben, dieser Satz bedeute, dass der Klimawandel definitiv nicht real ist, dann ist auch das logisch falsch. Im Leben stellen sich Fragen, die logisches Denken erfordern, und ich wünschte, wir alle hätten stärkere Gehirnmuskeln, so dass wir immer logisch denken würden. Nicht jeder, der anderer Meinung ist als ich, denkt unlogisch – man kann nämlich logisch denken *und* anderer Meinung sein. Es ist nicht logisch zu denken, Impfstoffe böten keinerlei Schutz vor Krankheiten, aber man kann mit gutem Grund die Nebenwirkungen des Impfstoffs mehr fürchten als die Krankheit. Wer das tut, reagiert auf das Risiko anders als ich, aber wir können immerhin über diesen Unterschied diskutieren.

Das war eine Verteidigung jener Ebene der Mathematik, auf der es Richtig und Falsch gibt, aber jetzt möchte ich mich auf subtilere Nuancen der Frage konzentrieren, warum wir Mathe schätzen und was als gute Mathematik gelten kann. Ich beginne mit der Frage, was 0-Komma-Periode-9 ist. Ihre Beantwortung hat zu einer zwar schlitzohrigen, aber cleveren Weise geführt, etwas festzulegen, was unserer Intuition vielleicht Schwierigkeiten bereitet. Später werde ich Kontexte behandeln, in denen es eher darum geht, unserer Intuition auf die Sprünge zu helfen oder gar Argumentationen auf sie zu gründen, wenn wir glauben, dass sie in die richtige Richtung weist.

Ich glaube, es ist wichtig, dass wir im Leben auf unsere Intuition hören, aber offen bleiben für neue Informationen, die zeigen könnten, dass unsere Intuition uns in die falsche Richtung weist. Und in Mathe, glaube ich, ist das auch so. Bei den wiederkehrenden Dezimalziffern kann unsere Intuition versagen, weil wir damit in unserem kurzen, endlichen Leben einfach nicht viel Erfahrung machen. Ich finde es gut, dass strenges Denken unsere Intuition «korrigieren» kann, wenn wir dafür offen sind; aber die Notwendigkeit, zuzugeben, dass unsere Intuition falsch war, und ihr zu erlauben, die Richtung zu ändern, kann beunruhigend sein. Es ist ein bisschen so, wie wenn sich unsere Vorurteile über Menschen als falsch erweisen. Wir können in beiden Fällen entweder an unseren vorgefassten Meinungen festhalten oder uns über unsere Fähigkeit freuen, unser Denken zu schärfen. Mathematiker bemühen sich, ihr Denken zu schärfen, und ich versuche es auch. Die Frage nach 0-Komma-Periode-9 ist ein gutes Beispiel, um das zu üben.

Was sind eigentlich wiederkehrende Dezimalziffern?

Irrationale Zahlen sind Zahlen mit unendlich vielen, sich nie wiederholenden Dezimalziffern, und da wir die unendlich vielen nicht haben, ist schwer zu sagen, was genau sie sind, es sei denn, wir können sie auf andere Weise charakterisieren. $\sqrt{2}$ zum Beispiel ist «eine Zahl, deren Quadrat 2 ist», und π ist «das Verhältnis zwischen dem Umfang eines Kreises und seinem Durchmesser» (ich komme in Kapitel 6 darauf zurück). Wiederkehrende Dezimalziffern aber wiederholen sich, so dass wir wissen, welches die «unendlich vielen» sind, zumindest Stück für Stück. Leider sagt uns dies nicht, wie groß die Zahl ist; das ist ein wenig so, als würde man wissen, welches sich wiederholende Muster eine Wendeltreppe hat, aber nicht, wohin sie uns letztlich führt.

Wir können versuchen, Schritt für Schritt herauszufinden, was 0-Komma-Periode-9 ist. Der erste Schritt ist 0,9, was gleich 9/10 ist. Wir wissen, dass dies ein ziemlich großer Teil von 1 ist, aber definitiv nicht *gleich* 1. Wir können es mit einer Zeichnung darstellen:

Der nächste Schritt ist 0,99. Das ist 9/10 + 9/100. Man kann sich das auch so vorstellen, dass man 9/10 nimmt und dann 9/10 von dem addiert, was übrig ist. Das ähnelt ein bisschen dem Szenario, dass man die Hälfte eines Schokoladenkuchens isst und dann die Hälfte von dem, was übrig geblieben ist. Hier eine Zeichnung:

Wir machen jetzt so weiter und addieren 0,999 – wieder 9/10 von dem, was übrig ist:

Die winzige verbliebene Lücke ist bereits schwer zu erkennen, aber da ist tatsächlich noch ein kurzer vertikaler Spalt oben rechts. Hier eine Vergrößerung dieser Ecke:

Dass wir vor dem Vergrößern nicht viel sehen konnten, ist bereits ein Zeichen dafür, dass diese Herangehensweise nicht sehr schlüssig ist.

Die Idee von 0-Komma-Periode-9 ist, dass wir «das immer so weiter machen». Wenn man sich vorstellt, das Muster des Bildes ewig fortzusetzen, sieht es tatsächlich wie der Versuch aus, das gesamte Quadrat auszufüllen. Aber hier eine noch stärkere Vergrößerung der Ecke, gefüllt mit weiteren Additionen von 9/10 der jeweils verbliebenen Lücke, und immer noch ist eine winzige Lücke fast sichtbar:

Manche Leute meinen, dass man diese Ecke immer weiter vergrößern kann und dennoch immer eine kleine Lücke finden, das Muster also niemals 1 erreichen wird. Andere behaupten, dass da nur deshalb noch eine Lücke ist, weil wir noch nicht im Unendlichen sind, und dass die Addition «im

Unendlichen» 1 erreichen wird, so dass die Antwort auf die Frage, was 0-Komma-Periode-9 ist, 1 lautet.

Es ist verlockend, in einen Streit darüber einzutreten, wer in diesem Fall Recht hat. Die Neigung dazu wurde uns von einer Gesellschaft eingeimpft, die uns zu Nullsummenspielen drängt, bei denen es einen Gewinner und einen Verlierer geben muss, was bedeutet, dass in einem Streit jemand Recht und jemand Unrecht haben muss. Ich denke lieber darüber nach, inwiefern jeder ein bisschen Recht hat.

Wenn Sie meinen, dass immer eine kleine Lücke bleibt, haben Sie insofern Recht, als wir bei diesem Addieren nie wirklich «ins Unendliche» gelangen können und dass daher an jedem Punkt, an dem wir die Situation zeichnen würden, eine winzige Lücke bliebe. Wenn Sie dagegen meinen, dass das Quadrat «im Unendlichen» vollständig ausgefüllt sein wird, dann ist das mehr oder minder der Sinn von 0-Komma-Periode-9, aber es erfordert ziemlich viel Arbeit, um das wirklich zu verstehen, und darum geht es bei der Infinitesimalrechnung. Mathematiker hatten versucht, für die These, dass 0-Komma-Periode-9 = 1 ist, Argumentationen darüber zu formulieren, was «im Unendlichen» geschieht. Und bis zu einem gewissen Punkt scheinen diese Argumentationen auch sinnvoll zu sein. Beginnt man dagegen Fragen zu stellen, stellt man fest, dass alles auf wackligen Füßen steht, solange man nicht Nägel mit Köpfen macht und festlegt, was bestimmte Dinge bedeuten.

Eine populäre Argumentation, die beweisen soll, dass $0{,}\overline{9} = 1$ ist, geht etwa so: $0{,}\overline{9}$ ist 0,9999999999999… Wenn wir das mit 10 multiplizieren, indem wir das Komma einfach um eine Stelle nach rechts verschieben, erhalten wir 9,99999999… Das ist aber dasselbe wie 9 + 0,9999999999999… Jetzt geben wir, um dieser Argumentation willen, 0,9999999999999… einen Buchstabennamen, sagen wir x. Was wir bewiesen haben, ist dann Folgendes:

$$10x = 9 + x$$

Nun gilt es nur noch, diese Gleichung zu lösen. Wenn wir auf beiden Seiten x subtrahieren, erhalten wir:

$$9x = 9$$

Also ist $x = 1$.

Diese Argumentation geht in die richtige Richtung, hat aber, würde ich sagen, ein fachliches und ein emotionales Problem. Sie haben vielleicht noch nie über die Möglichkeit eines emotionalen Einwands gegen einen mathematischen Beweis nachgedacht, aber wenn ein Beweis mir den Sachverhalt nicht erklärt oder erhellt, lehne ich ihn emotional ab. Ich muss vielleicht zugeben, dass die Argumentation logisch korrekt ist, doch ich weiß dann nur, dass die Antwort richtig ist. *Warum* sie richtig ist, das verstehe ich nicht, deshalb finde ich sie unbefriedigend. Die obige Argumentation kommt mir wie eine raffinierte Trickserei vor. Manche Leute befriedigt sie, aber ich mag keine Trickserelen. Ich mag Transparenz und Klarheit.

Schwerer wiegt jedoch das fachliche Problem: Die obige Argumentation ist nicht nur emotional unbefriedigend, sie weist auch riesige logische Löcher auf. Zunächst: Woher wissen wir, dass wir 0,9999999999999... mit 10 multiplizieren können, indem wir das Komma nach rechts verschieben? Wie würden wir das logisch begründen? Das wirft die grundlegende Frage auf: Was bedeutet 0,9999999999999... überhaupt? Wenn wir nicht wissen, was es bedeutet, können wir es nicht zum Bestandteil von Argumentationen machen. Die obige Argumentation ist richtig, aber sie setzt voraus, dass wir einige Dinge definiert und einige ziemlich tiefgründige Theoreme der Infinitesimalrechnung bewiesen haben, die in dem harmlosen kleinen Schritt «Verschieben des Dezimalkommas nach rechts» versteckt sind. Diese Voraussetzungen nachträglich zu schaffen wäre das, was mein Mathe-Lehrer in der Schule immer «ein Ei mit einem Vorschlaghammer aufschlagen» nannte: mit überdimensionierten Werkzeugen etwas relativ Einfaches tun. In diesem Fall wäre der Aufwand, der für das Beweisen der tiefgründigen Theoreme der Infinitesimalrechnung betrieben würde, weit größer als der Aufwand, der nötig ist, um zu beweisen, dass $0,\overline{9} = 1$ ist. Es wäre ein bisschen wie der Beweis, dass man die erste Stufe einer Treppe erreichen kann, indem man von oben nach unten geht: Man hätte nicht nur nicht bewiesen, dass man überhaupt nach oben gelangen kann, sondern der Weg nach oben würde wahrscheinlich voraussetzen, dass man die erste Stufe direkt erklommen hat.

Es geht aber nicht nur um den Aufwand. Hat man genug verstanden, um die Beweise für die tiefgründigen Theoreme zu verstehen, dann kann man unmittelbar einsehen, warum $0,\overline{9} = 1$ ist. Und was noch wichtiger ist (zumindest für mich): Die umweglose Argumentation nutzt und illustriert eine wirklich brillante und faszinierende mathematische Idee, die eine der wichtigsten Entwicklungen in der modernen Welt auslöste: die Entwicklung der Infinitesimalrechnung.

Die Anfänge der Infinitesimalrechnung

Die Infinitesimalrechnung entstand im Laufe von Jahrtausenden aus dem Wunsch, unendlich kleine Dinge zu verstehen. Dieser Wunsch hing seinerseits mit dem anderen Wunsch zusammen, kontinuierliche Bewegung und Kurven zu verstehen. Eine Kurve ist etwas ganz Besonderes: Sie besteht aus winzigen, miteinander verbundenen Punkten, ändert aber ständig ihre Richtung. Ginge sie immer in dieselbe Richtung, wäre sie eine Gerade. Ginge sie auch nur eine winzige Strecke in dieselbe Richtung, wäre ein Teil von ihr gerade und sie nicht überall gekrümmt.

Wir können versuchen, uns einer Kurve durch eine Reihe von Geraden anzunähern. In der Antike etwa näherte man sich Kreisen dadurch an, dass man innen und außen gleichseitige Polygone (geometrische Formen mit geraden Kanten) zeichnete, die die Kreislinie in mehreren Punkten berührten. In den beiden folgenden Abbildungen habe ich dies links mit Quadraten, rechts mit Achtecken getan:

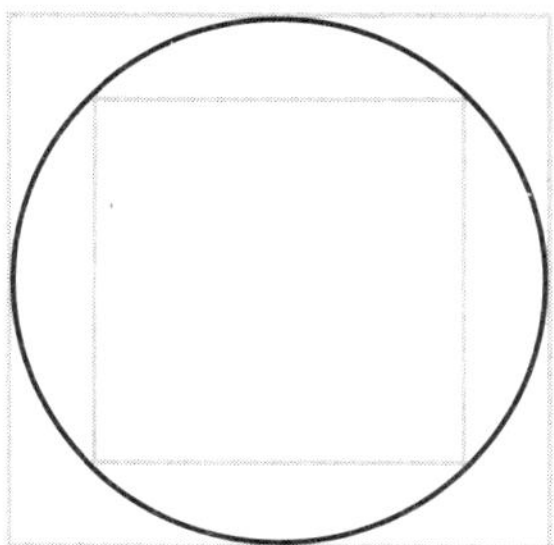

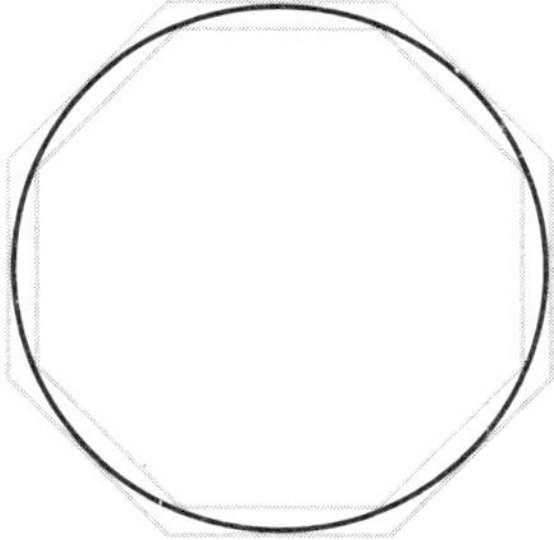

Die beiden Achtecke sind viel näher beieinander als die beiden Quadrate, aber dort, wo der Kreis sitzt, gibt es immer noch eine deutliche Lücke zwischen ihnen.

Je mehr Seiten die Polygone haben, die man in und um einen Kreis zeichnet, umso mehr rücken die innere und die äußere Annäherung zusammen und umso größer wird die Zahl der Punkte, mit denen man den Kreis sozusagen zwischen den beiden Polygonen festnagelt. Es ist ein bisschen so, wie wenn man einen Stapel kurviger Pastrami zwischen zwei Sandwichhälften hat und das Sandwich zusammendrückt, um es in den Mund zu bekommen. (Es gibt in der Infinitesimalrechnung einen sogenannten Sandwichsatz, der eine solche Vorstellung abstrakt zum Inhalt hat.)

Zenon versuchte, Bewegung dadurch zu verstehen, dass er gleichsam Moment für Moment ins Auge fasste, was bedeutete, die Zeit in unendlich kleine Teile zu unterteilen. Aber wie können wir diese Momente addieren? Eine endliche Zeitspanne lässt sich tatsächlich in unendlich kleine Stücke unterteilen. Aber wie können wir diese unendlich vielen, unendlich kleinen Stücke addieren? Im Beispiel mit dem Kind und dem Schokoladenkuchen werden die Stücke immer kleiner, wenn das Kind immer die Hälfte des übrig gebliebenen Kuchens isst, und wenn es «endlos» weitermachen könnte, würde es unendlich viele Stücke essen. Wie könnten wir diese addieren?

Im Fall von 0-Komma-Periode-9 versuchen wir, unendlich viele unendlich klein werdende Brüche zu addieren. Sie denken vielleicht, das sei bloßes Addieren von Zahlen, aber bei den gewöhnlichen Zahlen haben wir nur darüber nachgedacht, wie man zwei Zahlen addiert. Wir können den Vorgang wiederholen, indem wir zu dem Ergebnis eine andere Zahl addieren. Wir haben dann effektiv drei Zahlen addiert und können zu dem Ergebnis wieder eine andere Zahl addieren, so dass wir effektiv vier Zahlen addiert haben, und so weiter. Dieses sogenannte induktive Verfahren erlaubt uns, eine beliebige endliche – nicht aber, eine *un*endliche – Anzahl von Zahlen zu addieren.

Die streng logische mathematische Induktion, um die es sich hierbei handelt, unterscheidet sich übrigens vom induktiven Argumentieren in der Philosophie, das nicht streng logisch ist. In der Philosophie ist Induzieren das Extrapolieren aus einer endlichen Anzahl von Ereignissen, nach folgendem Muster: «Solange ich lebe, ist die Sonne jeden Morgen aufgegangen, also wird sie auch morgen aufgehen.» Das ist keine logisch einwandfreie Argumentation: Die Schlussfolgerung ist zwar richtig, die Logik aber nicht streng. Nur weil im bisherigen Leben einer Person jeden Morgen etwas Bestimmtes geschehen ist, muss es nicht auch morgen geschehen. Der Fall ist insofern kompliziert, als die Tatsache, dass die Sonne bisher jeden Morgen aufgegangen ist, darauf hindeutet, dass der Aufgang der Sonne mit den Gesetzen der Physik zusammenhängt, die wiederum dafür sorgen, dass die Sonne auch morgen aufgehen wird. Das bedeutet jedoch nicht, dass die früheren Sonnenaufgänge logisch die zukünftigen zur Folge haben.

Die mathematische Induktion dagegen ist streng. Sie besagt: Wenn wir beweisen können, dass etwas für den Fall $n = 1$ wahr ist, und wenn wir außerdem beweisen können, dass etwas, was für den n-ten Schritt wahr ist, auch für den (n + 1)-ten wahr ist, dann muss es für jeden endlichen Schritt wahr sein. Der Unterschied zur Induktion in der Philosophie ist, dass die mathematische Induktion einen logischen Beweis voraussetzt, dass der nächste Schritt aus dem vorherigen folgt.

Mathematiker haben also herauszufinden versucht, wie man eine unendliche Anzahl von Zahlen addieren kann. Als Erstes gilt es zu beachten, dass dies nicht möglich ist, wenn die Zahlen nicht immer kleiner werden, da die Summe sonst immer größer wird. Vielleicht würden Sie gern sagen, dass sie unendlich ist, aber unendlich ist keine Zahl. (Wir sagen stattdessen, dass die Summe nicht konvergiert.) Wir können also nur dann eine unendliche Anzahl von Zahlen addieren, wenn es sich im Großen und Ganzen um eine Folge von immer kleiner werdenden Zahlen handelt. (Im Großen und Ganzen: Es kann vorkommen, dass eine Zahl etwas größer ist als die vorige.)

Die finale Definition ist ziemlich clever. Es ist aber wichtig zu wissen, dass es nur eine Definition ist. Mathematiker haben sie sich ausgedacht als etwas, das es uns ermöglicht, mit diesen Dingen auf eine konsistente und produktive Art und Weise zu argumentieren. Das bedeutet nicht, dass die Definition in einem absoluten Sinne richtig ist, wohl aber, dass sie ziemlich gut ist. Und das ist es ja, worüber wir in diesem Kapitel nachdenken: über das, was gute Mathematik ausmacht, nicht über das, was sie richtig macht.

Die Idee ist die: Wir definieren keinen Prozess der tatsächlichen Addition einer unendlichen Anzahl von Zahlen, sondern sagen nur, wie wir entscheiden können, ob eine vorgeschlagene Antwort eine gute Kandidatin ist. Damit umgehen wir geschickt die Frage, *wie* wir eine unendliche Anzahl von Zahlen addieren. Ich finde, dies ist eine brillante und befriedigende Art, mit Dingen zu argumentieren, die dafür sonst nicht präzise genug sind, aber ich verstehe auch, dass man das anders sehen kann, da wir die Frage nicht beantwortet haben. Nun, manche Fragen können nicht beantwortet werden, und so unbefriedigend das ist – der Versuch, es zu tun, führt zu einem Ergebnis, das noch unbefriedigender ist.

Statt den Versuch zu unternehmen, die Frage zu beantworten, wie wir eine unendliche Anzahl von Zahlen addieren können, arbeitete der Mathematiker Bernard Bolzano Anfang des 19. Jahrhunderts die Idee des «Grenzwerts» einer Folge aus, d. h. einer Zahl, die eine gute Kandidatin für die «unendliche Summe» wäre. Dahinter stand der folgende Gedankengang: Wir können nicht ewig Zahlen addieren, wir können uns aber vorstellen, zu jedem endlichen Punkt in diesem Additionsprozess zu gehen und zu sehen, wie nahe wir einer bestimmten Zahl sind. Und wenn wir dieser Zahl bis auf den denkbar winzigsten Abstand nahekommen können, dann ist sie eine gute Kandidatin für die unendliche Summe.

Nun könnte es sein, dass es überhaupt keine guten Kandidatinnen gibt: Adddieren wir zum Beispiel die Zahl 1 ewig weiter, wird das Ergebnis immer größer, ohne sich einer bestimmten Zahl zu nähern. Wir können aber beweisen, dass, *wenn* es eine gute Kandidatin gibt, es nur *eine* sein kann. Der mathematische Fachbegriff dafür ist «Grenzwert».

Jetzt kommt der clevere Teil: Wir *definieren* 0,9999999999999… als Grenzwert. Die Zahl ist der Grenzwert der Folge 0,9, 0,99, 0,999, 0,9999, …, also die Zahl, der diese Zahlenfolge sich nähert.

Und dieser Grenzwert ist 1.

Es stimmt also, dass die Folge 0,9, 0,99, 0,999, …, immer näher an 1 heranrückt, ohne 1 jemals zu erreichen. Aber wir definieren $0,\overline{9}$ als den Grenzwert dieser Folge, und deren Grenzwert ist tatsächlich 1. Das ist die Zahl, die sich aus der Definition des Grenzwerts ergibt.

Es mag so scheinen, als hätte ich den Begriff der Gleichheit neu definiert, aber das habe ich nicht. Was ist getan habe, läuft nicht auf eine Definition von Gleichheit hinaus, sondern auf die Definition von Grenzwert, zusammengefasst auf die beiden folgenden Schritte:

- $0{,}\overline{9}$ ist *definiert* als der Grenzwert der Folge 0,9, 0,99, 0,999, …
- Dieser Grenzwert ist tatsächlich 1.

Sie können gern Einspruch erheben – ich persönlich halte es für eine wunderbare Idee, Einspruch gegen Mathematik zu erheben, die für Sie keinen Sinn ergibt. Ich frage die Studierenden immer, was sie von dem halten, was sie gerade lernen, und sie sind dann oft erstaunt, weil Sie nie ermuntert wurden, in Bezug auf Mathematik Gefühle und Meinungen zu äußern. Wenn Ihnen die Argumentation in Sachen $0{,}\overline{9}$ nicht gefällt, ist das in Ordnung; sie braucht Ihnen nicht zu gefallen. Aber wenn Sie dagegen mit einer logischen Begründung Einspruch erheben wollen, gibt es dafür nur wenige Möglichkeiten: Wenn Sie meinen, dass $0{,}\overline{9}$ nicht genau 1 sei, was ist es dann? Es gibt zwei Alternativen: Entweder Sie meinen, es ist eine andere Zahl, oder Sie meinen, es ist keine Zahl. Wenn Sie meinen, es ist eine andere Zahl, welche ist es dann? Dass sie kleiner als 1 sei, ergäbe keinen Sinn, denn die Folge ginge daran vorbei und käme näher an 1 heran als an Ihre Zahl. Dass sie größer als 1 sei, ergäbe auch keinen Sinn, denn die Folge würde definitiv nie größer als 1, was bedeutet, dass sie immer näher an 1 wäre als an Ihrer Zahl.

Wenn Sie meinen, $0{,}\overline{9}$ sei keine Zahl, ist das eher philosophisch interessant. Wir haben eine logische Theorie aufgestellt, die es uns erlaubt, $0{,}\overline{9}$ als Zahl zu definieren. Nach dieser Theorie muss die Zahl gleich 1 sein. Die Theorie weist keine logischen Widersprüche auf. Außerdem haben die Ideen, die der Definition des Grenzwerts zugrunde liegen, es den Mathematikern ermöglicht, die gesamten reellen Zahlen zu definieren, d. h. die rationalen Zahlen (Brüche) und die irrationalen Zahlen. Dies wiederum hat es ihnen ermöglicht, vom Begriff des Grenzwerts zur Infinitesimalrechnung fortzuschreiten und auf dieser Grundlage Funktionen zu untersuchen, die sich ständig ändern. Die Infinitesimalrechnung wiederum hat es uns ermöglicht, den größten Teil der modernen Welt zu erschaffen. Diese Theorie weist also nicht nur keine logischen Widersprüche auf, sondern sie hatte und hat auch weitreichende, weltverändernde Konsequenzen.

Ich sehe ein, dass es für Sie schwer sein kann, die logischen Schritte zu schlucken, wenn sie nicht mit Ihrer Intuition übereinstimmen, wonach die

Folge 0,9, 0,99, 0,999,… nie *wirklich* 1 erreicht. Aber die logischen Schritte der Definition von $0,\overline{9}$ bleiben korrekt, ganz gleich, ob sie mit Ihrer Intuition übereinstimmen oder nicht. Mathe steht oder fällt damit, ob sie logische Widersprüche aufweist oder nicht, nicht damit, ob irgendjemand sie mit seiner Intuition in Einklang bringen kann oder nicht.

Ich verstehe, dass das frustrierend sein kann, wenn man sich gern auf seine Intuition verlässt. Aber wenn Intuition und Logik nicht übereinstimmen, haben wir Mathematiker das Bedürfnis, den Grund dafür herauszufinden. Dann entdecken wir entweder einen behebbaren Fehler in unserer Logik, oder wir haben die Chance, unsere Intuition zu verbessern.*

Manchmal haben wir zu Beginn nur eine sehr schwache Intuition für einen Sachverhalt. Dann kann uns oft eine mathematische Argumentation dabei helfen, unsere Intuition weiterzuentwickeln, indem sie ein Licht auf den Sachverhalt wirft.

Ein Licht auf etwas werfen

Ich mag Mathe, die ein Licht darauf wirft, *warum* etwas so ist, wie es ist, statt nur zu beweisen, *das*s es so ist. Eine meiner Lieblingsmethoden ist eine bestimmte Art und Weise, zwei zweistellige Zahlen, zum Beispiel 18 und 24, miteinander zu multiplizieren: Man schreibt 18 als 10 + 8 und 24 als 20 + 4 und stellt sich vor, dass man diese Zahlen in einem Raster miteinander multipliziert, mit 24 Zeilen à 18 Felder oder 18 Spalten à 24 Felder. Statt all diese Zeilen und Spalten zu zeichnen, was ein bisschen umständlich ist, kann man sie auch abstrakt einfach so skizzieren:

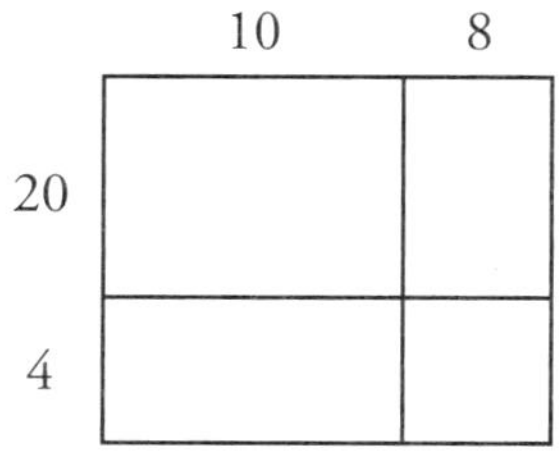

	10	8
20		
4		

* David Bessis hat hierüber in seinem Buch *Mathematica* geschrieben.

Es spielt keine Rolle, ob dieses Diagramm maßstabsgetreu ist oder nicht. Es ist ein «schematisches» Diagramm, das die *Interaktionen* geometrisch veranschaulichen soll, nicht die tatsächlichen Größenverhältnisse und Formen, und insofern ist es evokativer als die Baumstrukturen, die ich im vorigen Kapitel verwendet habe, um verschiedene Möglichkeiten der Zusammenfassung von Dingen darzustellen. Dazu waren die Baumstrukturen geeignet, sie vermittelten aber keine geometrische Anschauung von den Interaktionen.

Mit der Rasterdarstellung können wir nun ausrechnen, wie viele Dinge sich in den einzelnen Kästchen befinden: Da jedes Kästchen ein Rechteck ist, multiplizieren wir jeweils die beiden am Rand stehenden Zahlen miteinander, so als hätten wir wirklich so viele Zeilen und Spalten gezeichnet. Die Produkte sind hier dargestellt:

	10	8
20	200	160
4	40	32

Schließlich addieren wir die vier Produkte und erhalten 432.

In gewisser Weise ist dies weniger ein Stück Mathe als eine Methode zur Durchführung der Multiplikation und veranschaulicht damit das, was ich mit «Ein-Licht-auf-etwas-Werfen» meine; darum bezeichne ich es auch als schematische Darstellung statt als Algorithmus. Das ist ein subtiler Unterschied, da das Rechnen ebenso Schritt für Schritt vorgeht wie bei der altbekannten langen Multiplikation, bei der wir etwas Ähnliches tun:

$$
\begin{array}{rccc}
 & & 2 & 4 \\
\times & & 1 & 8 \\
\hline
 & 2 & 4 & 0 \\
 & 1 & {}^{1}9 & {}^{3}2 \\
\hline
 & 4 & {}^{1}3 & 2
\end{array}
$$

Wir errechnen die richtige Antwort (oder auch nicht), aber wir erhalten nicht unbedingt einen Einblick, *warum* wir *was* tun. Ich würde das, wie das Addieren in Spalten, als einen Algorithmus bezeichnen, der es uns erlaubt, unser Gehirn zu entlasten, wobei wir, wenn wir ihn verwenden, allerdings auch unsere Anschauung ausschalten.

Auch die Methode mit dem Kästchendiagramm erlaubt uns, unser Gehirn ein wenig zu entlasten, aber sie tut es, indem sie uns mehr auf unsere Anschauung verweist, und das gefällt mir. Sie werden später einen weiteren angenehmen Aspekt dieser Methode kennenlernen, nämlich die Tatsache, dass sie sich gut auf andere Kontexte übertragen lässt.

Ich gebe zu, dass die Sache mit den Kästchen nicht gerade das ist, was ich als tiefgründige Mathematik bezeichnen würde; sie ist eher eine hilfreiche Methode, um etwas zu visualisieren. Eine hilfreiche Methode, die meiner Meinung nach tiefgründige Mathematik enthält, ist ein Trick, den meine Mutter mir beigebracht hat, als ich noch sehr klein war; sie ließ mich, ohne dass ich dividieren musste, erkennen, ob eine Zahl durch 9 teilbar ist oder nicht: Bei den Zahlen bis 90 brauchte ich nur die Ziffern zu addieren, und wenn die Quersumme 9 ergab, war die Zahl durch 9 teilbar. Eine Methode, die durch 9 teilbaren Zahlen auf einen Blick erkennbar zu machen, besteht darin, sie auf einem Zahlenraster zu markieren, zum Beispiel so:

0	1	2	3	4	5	6	7	8	**9**
10	11	12	13	14	15	16	17	**18**	19
20	21	22	23	24	25	26	**27**	28	29
30	31	32	33	34	35	**36**	37	38	39
40	41	42	43	44	**45**	46	47	48	49
50	51	52	53	**54**	55	56	57	58	59
60	61	62	**63**	64	65	66	67	68	69
70	71	**72**	73	74	75	76	77	78	79
80	**81**	82	83	84	85	86	87	88	89
90	91	92	93	94	95	96	97	98	99

Warum ergibt sich dieses Muster? Weil auf dem Raster 9 Felder nach rechts (bzw. weiter) zu gehen, d. h. 9 zu addieren, das Gleiche ist wie vom Ausgangsfeld aus ein Feld tiefer zu gehen, d. h. 10 zu addieren, und anschließend ein Feld zurückzugehen, d. h. 1 zu subtrahieren. Von der 18 an addieren wir stets 1 zur ersten Ziffer und subtrahieren 1 von der zweiten Ziffer, so dass die Summe immer 9 bleibt.

Es hat für mich etwas Befriedigendes, dass dieses Prozedere die Diagonale des Zahlenrasters ergibt, aber dass ich es für tiefgründige Mathematik halte, liegt daran, dass es sich auf Zahlen jeder Größe erweitern lässt, und vor allem an dem Grund dafür, dass dies so ist: Um zu erkennen, ob eine Zahl durch 9 teilbar ist, addiert man die Ziffern und sieht, ob die Quersumme durch 9 teilbar ist. Wenn es dann noch immer nicht zu erkennen ist, addiert man erneut die Ziffern und immer so weiter, bis man wie oben 9 erhält oder auch nicht. Wenn ich zum Beispiel mit 95 238 anfange, addiere ich die Ziffern und erhalte 9 + 5 + 2 + 3 + 8 = 27. Berechne ich auch die Quersumme dieser Zahl, erhalte ich 2 + 7 = 9 und siehe: Die ursprüngliche Zahl war durch 9 teilbar.

Natürlich sind wir heutzutage selten weit von einem Taschenrechner (auf einem Handy oder einem Computer) entfernt; wir geben einfach die Zahlen und das Zeichen für die Divisionsberechnung ein und sehen, ob der Rechner uns eine ganzzahlige Antwort gibt oder nicht. Und warum sollten wir überhaupt wissen wollen, ob eine Zahl durch 9 teilbar ist? Ich gebe zu, dass dieses spezielle Stück Mathe keinen unmittelbaren Nutzen hat (oder kann mir, wie der wunderbare Kategorientheoretiker Richard Garner sagt, «keinen nützlichen Nutzen für seine Nutzung vorstellen»). Für mich gehört es definitiv eher zum Bereich mittelbarer Nützlichkeit, d. h. es wirft ein Licht darauf, warum die Dinge so sind, wie sie sind. Ich könnte mir Kontexte ausdenken, in denen man wissen muss, ob eine Zahl durch 9 teilbar ist, aber wie bei konstruierten Mathe-Hausaufgaben, bei denen es um unwahrscheinliche Anzahlen von Wassermelonen oder Wildpferden geht, glaube ich nicht, dass dies hilfreich wäre: zum einen, weil das Konstruierte daran offensichtlich wäre, zum anderen, weil es verschleiern würde, dass es hier wirklich nur um mittelbare Nützlichkeit geht.

Die Erklärung, warum der «Trick» mit dem Addieren der Ziffern funktioniert, ist ein bisschen umständlich, wenn man auf mathematische Notation verzichten will. Aber die mathematischen Konzepte enthalten die grundlegenden mathematischen Prinzipien, auf denen Teilbarkeit und Stellenwert beruhen. Ich finde schon die Idee mit den zweistelligen Zahlen und der Diagonale des Zahlenrasters sehr befriedigend, da ich sehe, dass die Konzepte in einem ansprechenden abstrakten Puzzle zusammenpassen.

Abstrakte Puzzles

Dieses Gefühl, dass die Dinge zusammenpassen, ohne dass etwas bizarr heraussticht, ist für mich ein Aspekt mathematischer «Schönheit». Wenn Sie es genießen, das letzte Teil in ein Puzzle einzupassen und damit das Bild zu vervollständigen, dann ähnelt das ein bisschen dem Gefühl, das ich bei guter abstrakter Mathematik habe.

Das geometrische Bild der Vielfachen von 9 auf einer Diagonale empfinde ich als ein Beispiel dafür. Ein anderes ist die Darstellung der Faktoren von 30, bei der man die Zahlen so anordnet, dass man sieht, welche zugleich Faktoren voneinander sind. Sie bilden dann diesen Würfel:

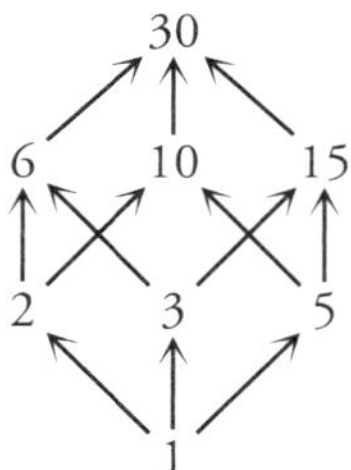

Mich befriedigt es, dass die Zahlen in dieser vertrauten Form zusammenpassen. Diese Darstellung hat sogar noch weitere befriedigende puzzleartige Aspekte. Einer davon ist, dass, wenn wir sie als Würfel ernst nehmen, jede der drei Dimensionen einen der drei Primfaktoren – das sind 2, 3 und 5 – von 30 darstellt. Alle parallelen Pfeile stehen dann für eine Multiplikation mit demselben Primfaktor.

Außerdem sind quadratische Flächen dargestellt, bei denen jeweils zwei gegenüberliegende Ecken mit zwei der drei Primzahlen – 2 und 3, 2 und 5, 3 und 5 – bezeichnet sind. Und an einer dritten Ecke steht das Produkt dieser Primzahlen steht – also 6, 10, 15:

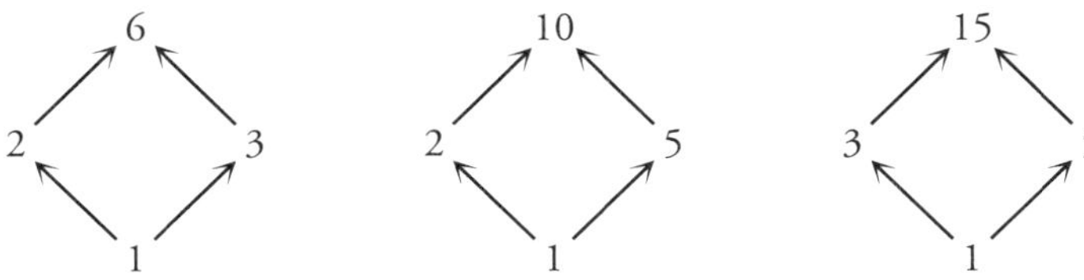

Wenn wir eine dieser Flächen und die ihr gegenüberliegende Fläche betrachten (wobei wir uns vorstellen, dass es sich um einen echten Würfel handelt), erkennen wir vielleicht eine Beziehung zwischen ihnen: Die gegenüberliegende Fläche ergibt sich aus der Multiplikation der ersten, also des ersten Quadrats, mit dem verbleibenden Primfaktor. Wenn wir zum Beispiel das Quadrat für 6 mit den Primfaktoren 2 und 3 nehmen und jede Ecke mit dem verbleibenden Primfaktor 5 multiplizieren, erhalten wir die gegenüberliegende Fläche des Würfels:

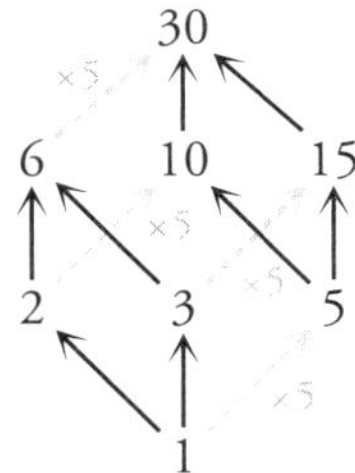

Diese Idee kann uns helfen, andere «Puzzles» aus Faktoren zusammenzusetzen. Nehmen wir zum Beispiel das Quadrat für 6 und multiplizieren das Ganze Ecke für Ecke mit 2, gehen wir nicht in eine neue Richtung, da die 2 bereits Teil dieses Quadrats ist. Wir erhalten vielmehr ein Diagramm der Faktoren von 12:

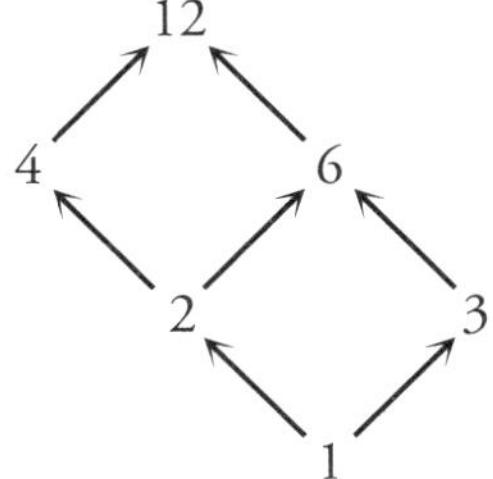

Das wirft nicht nur ein Licht auf die Interaktion der Faktoren von Zahlen, sondern fühlt sich an wie ein befriedigendes Puzzle und hat darüber hinaus eine weitere Eigenschaft, die mir gefällt, nämlich dass sich die Operationen verallgemeinern lassen, so dass mehr Kontexte, auch mit anderen Zahlen, verständlich werden. Außerdem können die Operationen erweitert werden und dann eine breite Palette von scheinbar sehr unterschiedlichen Beispielen vergleichbar machen.

Verallgemeinern und vergleichbar machen

Ich liebe Mathe, weil man in ihr Anwendungsbereiche erweitern, d. h. verschiedene Kontexte vergleichbar machen kann. Ein Aspekt davon (den ich schon im vorigen Kapitel erwähnt habe) ist *Verallgemeinerung*, bei der wir, um mehr Beispiele einbeziehen zu können, die Theorie erweitern, indem wir etwas weniger spezifisch ausdrücken, worüber wir sprechen. Beim Verallgemeinern in diesem Sinne geht es darum, Dinge allgemeiner auszudrücken, was das Gegenteil davon ist, Dinge spezifischer auszudrücken.

Die Methode, mit der sich prüfen lässt, ob eine Zahl durch 9 teilbar ist, lässt sich so verallgemeinern, dass sie auf größere Zahlen, aber auch auf die Teilbarkeit durch 3 anwendbar ist. Das Diagramm, das die Faktoren von 30 darstellt, lässt sich ebenfalls verallgemeinern, so dass es auf andere Zahlen übertragbar ist. Ein analoges Diagramm für die Faktoren von 42 sieht dann so aus:

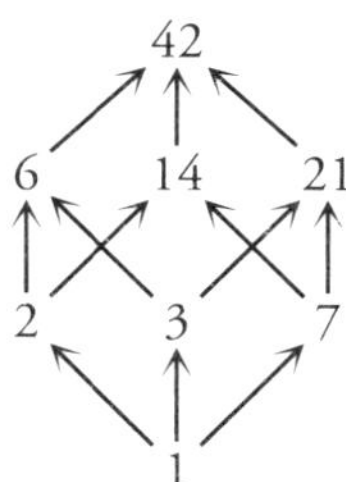

Allerdings ergeben nicht alle Zahlen einen Würfel. Die Faktoren von 24 ergeben dieses Diagramm:

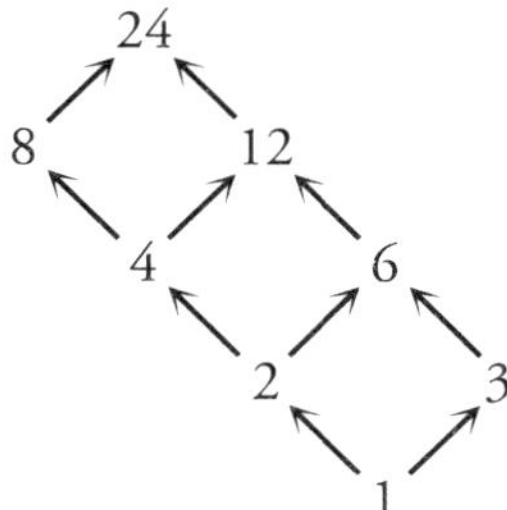

Ich erinnere daran, dass ich durch Pfeile zwischen den Zahlen deutlich mache, welche Zahlen zugleich Faktoren von anderen Zahlen sind. Ich zeichne aber wie bei einem Stammbaum keine «redundanten» Pfeile über zwei Generationen hinweg, da diese Pfeile abgeleitet werden können.

Die Methode, mit der sich prüfen lässt, ob eine Zahl durch 9 teilbar ist, ist stark an Zahlen gebunden, und es könnte den Anschein haben, dass auch diese Faktordiagramme an Zahlen gebunden sind. Doch wenn wir genauer untersuchen, *warum* diese Diagramme entstehen, erkennen wir, dass das nicht der Fall ist. Das führt uns zurück zum Thema Primfaktorenzerlegung, und es stellt sich heraus, dass diese Diagramme jeweils in erschöpfender Weise alle Möglichkeiten darstellen, die Faktoren aus den multiplikativen Primzahlbausteinen zu bilden.

An der Bildung der Zahl 30 etwa sind die drei Primzahlen 2, 3 und 5 als Bausteine beteiligt. Die Zerlegung der Zahl 30 in Primfaktoren ergibt von jedem dieser Bausteine einen – (1 × 2) × (1 × 3) × (1 × 5) = 30 –, und das Diagramm stellt alles dar, was wir mit null, mit einem, mit zweien und mit allen dreien dieser Bausteine entwickeln können, wenn jeder Baustein nur einmal verwendet wird:

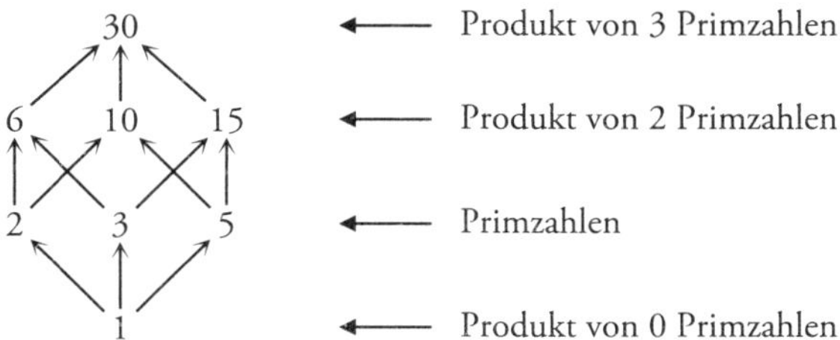

Wir beginnen unten mit der 1, der multiplikativen Identität. Auf dieser Ebene ist noch nichts konstruiert worden, weshalb ich die 1 ein «Produkt von 0 Primzahlen» genannt habe. Auf der ersten Ebene darüber sind die drei Bausteine dargestellt, auf der nächsthöheren Ebene alle Zahlen, die wir mit zwei Bausteinen konstruieren können, und ganz oben steht die einzige Zahl, die wir mit allen drei Bausteinen konstruieren können, indem wir sie miteinander multiplizieren: 2 × 3 × 5 = 30.

Wenn wir mit drei verschiedenen Bausteinen beginnen, erhalten wir immer das gleiche Diagramm. Um beispielsweise die 42 zu erhalten, beginnen wir mit der 2, der 3 und der 7. Bei der 24 liegt der Fall anders, weil diese Zahl aus Primfaktoren durch folgende Multiplikation entsteht: 2 × 2 × 2 × 3. Wir beginnen hier also mit dreimal der 2 und einmal der 3 als Bausteinen. Daraus ergeben sich andere Interaktionen und andere Zahlen, die wir konstruieren können, denn wenn wir zwei Bausteine verwenden, können wir zwei gleiche oder zwei verschiedene verwenden; im ersten Fall erhalten wir 2 × 2, im zweiten 2 × 3. Wir haben aber immer noch eine Hierarchie der Anzahlen der Bausteine, aus denen eine Zahl gebildet wird:

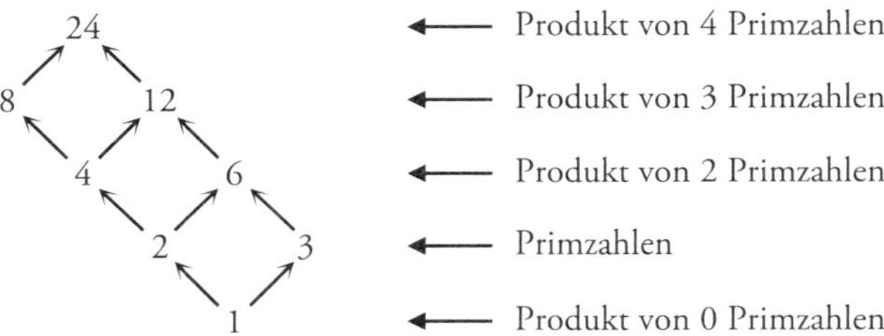

Bis hierher habe ich den Kontext nur so verallgemeinert, dass er auf andere Zahlen übertragbar ist. Aber wenn wir ihn auf dieser Ebene verstehen, können wir ihn so verallgemeinern, dass er auf alle Bausteine und alle Bauverfahren übertragbar ist. Wir können ihn zum Beispiel auf die Interaktionen zwischen Eigenschaften wie reich, weiß und männlich übertragen, mit denen Privilegien verbunden sein können. Das Bauverfahren ist in diesem Fall nur die Erlangung von Privilegien, und wir erhalten ein Diagramm wie das unten abgebildete, über das ich oft spreche, weil ich es so überzeugend finde. Ganz unten stehen Menschen, die keine der drei Eigenschaften und daher kein sich daraus ableitendes Privileg haben. Auf der Ebene darüber stehen Menschen mit einem Privileg; es gibt also drei Möglichkeiten, welches sie haben. Auf der nächsthöheren Ebene stehen Menschen mit zwei

Privilegien; auch hier gibt es drei Möglichkeiten, und die Pfeile zwischen diesen Ebenen zeigen den Zugewinn eines Privilegs. Ganz oben schließlich stehen Menschen, die alle drei Privilegien haben.

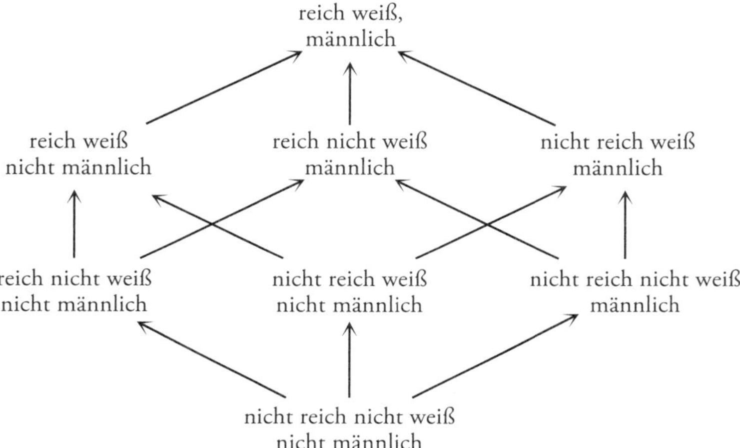

Wir können das auch zu einer Analogie zur Bildung der Zahl 24 aus Primfaktoren erweitern, indem wir von der Idee der Wiederholung eines Bausteins Gebrauch machen. Menschen, die mehrmals das Privileg erlangen, das sich aus Reichtum ergibt, werden immer reicher und immer privilegierter. Wenn wir festlegen, dass es arme Menschen, wohlhabende Menschen, reiche Menschen und superreiche Menschen gebe, erhalten wir ein Diagramm, das analog ist zu dem, das die Bildung der Zahl 24 aus Primfaktoren zeigt:

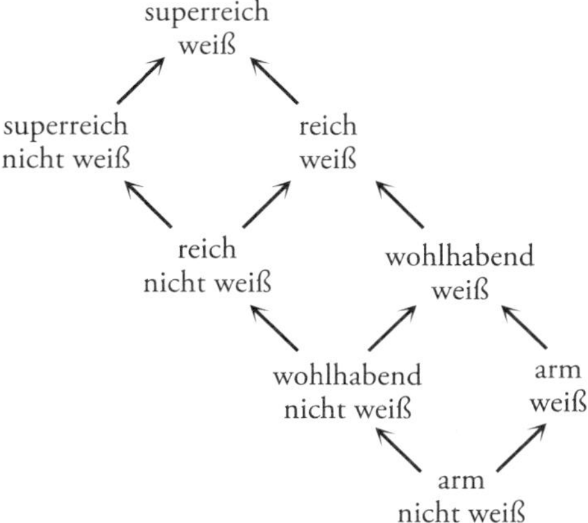

Die Art und Weise, wie Diagramme dieser Art sehr verschiedene Kontexte vergleichbar machen, ist für mich ein starker Aspekt von Mathe. Solche Diagramme sind nicht nur anwendbar, was eindimensional wäre:

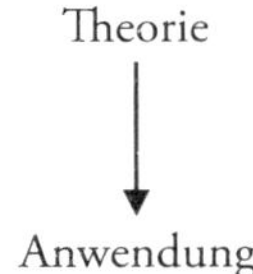

Sondern sie machen eine große Vielzahl von Kontexten vergleichbar:

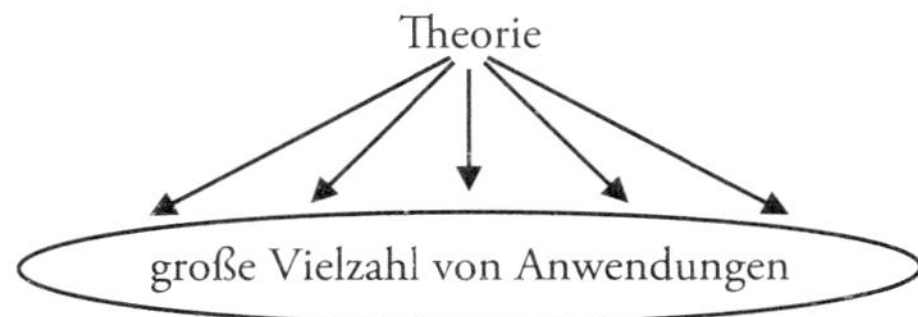

Ähnliches gilt für das Multiplizieren von Zahlen mithilfe eines rechteckigen Rasters: Wir können diese Methode nicht nur auf beliebige andere zweistellige Zahlen anwenden, sondern können sie auch so verallgemeinern, dass sie zum Beispiel auf dreistellige Zahlen anwendbar ist. Dafür machen wir einfach von einem größeren Raster Gebrauch:

	200	10	8
100	20,000	1,000	800
20	4,000	200	160
4	800	40	32

Wir müssen nun die neun Produkte addieren, was ein bisschen mühsam ist. Vielleicht ist das Schema hier eher erhellend als praktisch, aber wenn wir eine wirklich praktische Methode zum Multiplizieren dreistelliger Zahlen verwenden wollen, können wir einfach unser Handy zücken und den Taschenrechner darauf benutzen.

Wir könnten die Methode mit dem Raster auch auf das Multiplizieren dreier Zahlen miteinander anwenden. Aber dafür bräuchten wir ein dreidimensionales Diagramm, und da das schwieriger zu zeichnen ist, wäre die Methode wahrscheinlich eher ein abstraktes Vehikel, um über Dinge nachzudenken, als um tatsächlich Zahlen miteinander zu multiplizieren.

Wir können die Methode auch verallgemeinern, um andere Dinge miteinander zu multiplizieren, zum Beispiel Buchstaben. So sieht das Schema aus, wenn wir $x + 2$ mit $3x + 1$ multiplizieren, und $(a + b)$ mit $(c + d)$:

	x	2
$3x$	$3x^2$	$6x$
1	x	2

ergibt $3x^2 + 7x + 2$

	c	d
a	ac	ad
b	bc	bd

ergibt $ac + ad + bc + bd$

Diese Art, Klammern miteinander zu multiplizieren, ist für mich tiefgründiger und erhellender als die gefürchtete Eselsbrücke *foil*, die für «first, outer, inner, last» («zuerst, außen, innen, zuletzt») steht und uns daran erinnert, dass wir die ersten, die äußeren, die inneren und die letzten Dinge miteinander multiplizieren müssen.

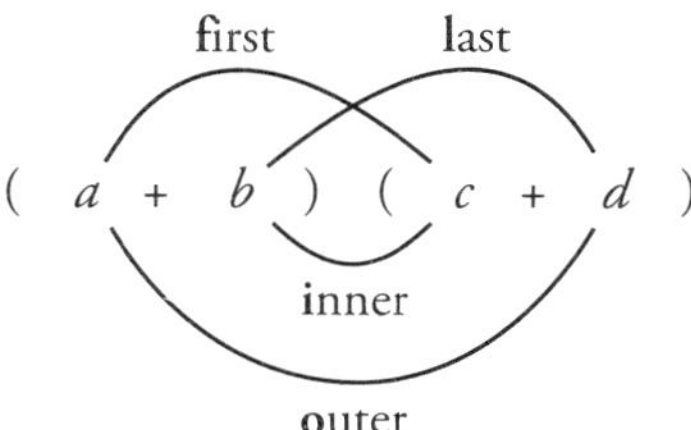

Mathematiker hassen dieses Schema genauso wie die Mathephobiker unter den Schülerinnen und Schülern, vielleicht sogar noch mehr; ich komme in Kapitel 6 darauf zurück. Im Grunde ist *foil* nur eine wenig erhellende Version der Rastermethode.

Bis hierher habe ich die Rastermethode zum Multiplizieren von Zahlen und Buchstaben verwendet und damit einiges von ihrem erfreulichen Verallgemeinerungspotential dargestellt. Ich möchte nun eine Verallgemeinerung dieser Methode für eine Welt komplizierterer Zahlen demonstrieren: für die Welt der komplexen Zahlen.

Komplexe Zahlen

Vielleicht haben Sie noch nie von komplexen Zahlen gehört, oder Sie haben davon gehört, aber vergessen, was das für Zahlen sind. Komplexe Zahlen sind Zahlen, die in der Liste der «Regelverletzungen» noch weiter unten stehen als die reellen Zahlen. Es gibt in Mathe diese Abfolge von Regelverletzungen:

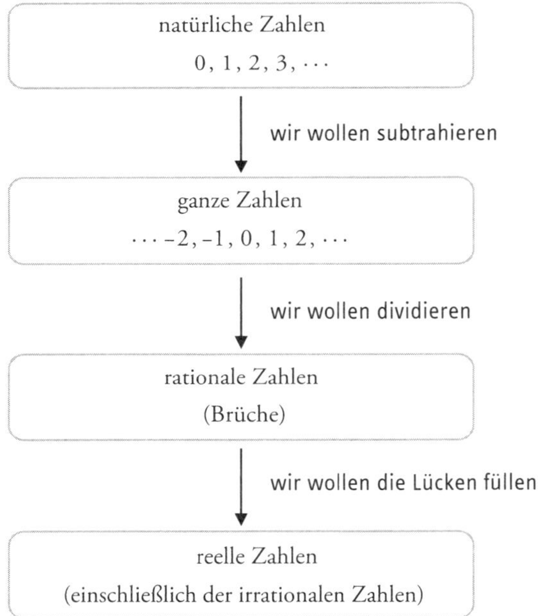

Die nächste Stufe der Regelverletzung betreten wir, wenn wir frustriert sind, weil wir aus negativen Zahlen keine Quadratwurzeln ziehen können. Dass man das nicht könne, hat man vielleicht auch Ihnen in der Schule beigebracht, aber schon im nächsten Jahr hieß es dann: «Jetzt ziehen wir die Quadratwurzel aus einer negativen Zahl».

Nach allem, was ich bisher ausgeführt habe, ist Ihnen wahrscheinlich klar, dass die einander widersprechenden Behauptungen, man könne aus negativen Zahlen keine Quadratwurzeln ziehen und man könne es doch, auf Definitionen und Kontexte zurückzuführen sind und dass die eigentliche Frage lautet: «Wo kann man aus einer negativen Zahl die Quadratwurzel ziehen und wo nicht? «Wo können wir das tun?» bedeutet in Mathe: «In welcher Welt können wir auf diese Frage eine vernünftige Antwort erhalten?»

Die differenzierteste mathematische Welt, die wir bisher erforscht haben, ist die Welt der gewöhnlichen (reellen) Zahlen, und in dieser Welt können wir auf die Frage nach der Quadratwurzel einer negativen Zahl wirklich keine Antwort bekommen. Der Grund dafür ergibt sich aus der Überlegung, was eine Quadratwurzel ist. Eine Quadratwurzel aus 4 ist eine Zahl, die 4 ergibt, wenn man sie quadriert (mit sich selbst multipliziert). Wir wissen, dass 2 × 2 = 4 ist, also ist 2 eine Quadratwurzel aus 4. Auch –2 × –2 ist 4, also ist –2 eine weitere Quadratwurzel aus 4.

Multipliziert man eine positive Zahl mit sich selbst, ist das Produkt positiv. Auch wenn man eine negative Zahl mit sich selbst multipliziert, ist das Produkt positiv. (Und wenn man 0 mit sich selbst multipliziert, erhält man 0.) Das lässt keine Möglichkeit, dass sich eine negative Zahl ergibt, wenn man eine Zahl mit sich selbst multipliziert – wir haben alle Möglichkeiten durchgespielt. Hier ist eine Zusammenfassung, die für die Quadratwurzel, die wir zu finden versuchen, den Buchstaben x verwendet:

Können wir ein x finden, bei dem x^2 negativ ist?

- Wenn x positiv ist, ist x^2 positiv.
- Wenn x negativ ist, ist x^2 positiv.
- Wenn x null ist, ist x^2 null.

x kann also weder positiv noch negativ noch null sein.

Wenn x weder positiv noch negativ noch null sein kann, scheint dies alle Möglichkeiten auszuschließen, dass sich eine negative Zahl ergibt, wenn man eine Zahl mit sich selbst multipliziert. Es schließt aber nur alle Möglichkeiten in der Welt der ganzen Zahlen (inklusive der negativen Zahlen und der Null) aus sowie in der Welt der rationalen Zahlen (inklusive der Brüche) und in der Welt der reellen Zahlen (inklusive der irrationalen Zahlen). In all diesen Welten sind die Zahlen entweder positiv oder negativ oder null. Aber was wäre, wenn es eine Welt von Zahlen gäbe, die nicht entweder positiv oder negativ oder null sind? Wie könnte das möglich sein?

Nun, die Mathematiker haben einfach etwas erfunden. Das haben sie auch bei den negativen Zahlen und den Brüchen gemacht, es war nur weniger offensichtlich, weil wir mit negativen Zahlen und Brüchen vertrauter sind. Bei den irrationalen Zahlen war es etwas offensichtlicher, weil für diese das Konzept des «Grenzwerts» für eine Folge von Zahlen erfunden werden musste.

Also *erfanden* Mathematiker in einem Anfall von Übermut (so sehe ich es jedenfalls) eine Antwort auf die Frage nach der Quadratwurzel von –1. Sie entnahmen sie ihrer Phantasie, ihrer Imagination, nannten sie deshalb eine «imaginäre Zahl» und bezeichneten sie mit dem Buchstaben *i*. Damit war sie ein neuer Baustein. Es war, als hätte Lego eine neue Art von Spezialbausteinen erfunden und als wollten die Mathematiker als Erstes erforschen, was sie alles tun können, wenn sie ihrem alten Lego-Bestand einen unbegrenzten Vorrat an diesen neuen Bausteinen hinzufügen.

Ich habe in Kapitel 2 erwähnt, dass manche Leute der Meinung sind, man sollte diese Bausteine nicht als Zahlen bezeichnen. Sie dürfen das gern ebenfalls meinen, aber die Mathematiker haben beschlossen, sie «imaginäre Zahlen» zu nennen, was durchaus Sinn ergibt, da diese Bausteine sich in hohem Maße wie Zahlen verhalten: Sie werden sehen, dass wir sie addieren und multiplizieren und eine Interaktion zwischen Addition und Multiplikation einführen können.

Unter einer «Zahl» verstehen manche Leute «etwas, was in der wirklichen Welt eine Länge darstellt», aber das ist viel zu eng. Abstrakte Mathematiker bevorzugen Charakterisierungen, die das Verhalten, nicht inhärente Merkmale betreffen, und ich behaupte, dass das offener und inklusiver ist, weil es jedes Objekt akzeptiert, das sich auf relevante Weise verhält.

Der Grund, warum wir diese Dinge als Zahlen bezeichnen, ist, dass wir sie dann in eine Welt integrieren können, in der alle schon vorhandenen Dinge sich wie Zahlen verhalten. Als Erstes ist zu fragen, wie sie addiert werden können. Was, glauben Sie, sollte $i + i$ ergeben? Es ist durchaus sinnvoll, das $2i$ zu nennen, denn selbst wenn wir nicht genau wissen, was i «ist», können wir uns vorstellen, 2 davon zu haben. Wir können sogar in Betracht ziehen, dass es b von ihnen gibt – für eine beliebige reelle Zahl b –, und das Produkt als bi bezeichnen. (Sie würden das vielleicht lieber $b \times i$ schreiben, aber wir Mathematiker finden das ×-Zeichen langweilig, also schreiben wir $2i$ statt $2 \times i$ und bi statt $b \times i$.) Wir können anschließend darüber nachdenken, verschiedene Mengen von i zu addieren, und analog zu Äpfeln, Bananen oder Keksen erhalten wir $5i$, wenn wir $2i$ und $3i$ addieren.

Was geschieht nun, wenn wir eine reelle Zahl und eine dieser «imaginären» Zahlen addieren? Zum Beispiel 1 und i? Nun, das ist so, als würde man einen Apfel und eine Banane addieren. Dazu kann man nicht viel sagen, außer dass man jetzt einen Apfel und eine Banane hat (ein Student von mir sagte einmal: einen Smoothie). Die Antwort lautet also $1 + i$. Das mag unbefriedigend erscheinen, aber ich könnte auch den Slogan «Es ist, was es ist» zitieren (den ich im normalen Leben tatsächlich unbefriedigend finde). Mehr können wir dazu zunächst nicht sagen: Es ist nur 1 addiert zu i. Aber wir haben die Möglichkeit, alle Kombinationen dieser Art zu bilden, wie $1 + 2i$, $-4 + 3i$ und sogar $a + bi$ für beliebige reelle Zahlen a und b. Die Sache wird dann interessanter, da wir diese Kombinationen in einem zweidimensionalen Diagramm wie dem folgenden darstellen können:

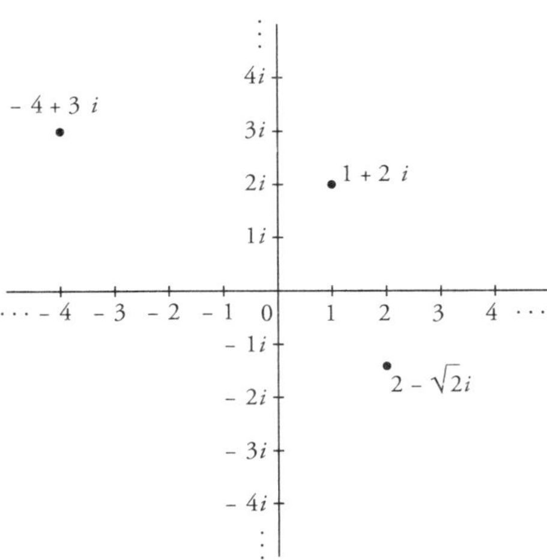

Diese Kombinationen werden «komplexe» Zahlen genannt, weil sie, nun ja – komplex sind. Jede hat einen reellen und einen imaginären Teil (beide Teile können allerdings auch null sein) und ähnelt einer Kombination aus einer x- und einer y-Koordinate, weshalb sie sich in einer zweidimensionalen Ebene befindet, nicht auf einer eindimensionalen Linie. Wir zeichnen die neue, «imaginäre» Richtung im rechten Winkel zur «reellen» Richtung, um darzustellen, dass sie ganz anders ist. Das bedeutet übrigens nicht, dass die imaginären Zahlen irreal (englisch: *unreal*) wären; sie sind real, aber nicht reell – «reell» (englisch: *real*) ist hier ein Fachbegriff. Die sogenannten reellen Zahlen sind nur konkreter, weil es einfacher ist zu sagen, was sie in der konkreten Welt messen (Sie haben allerdings gesehen, dass das schon abstrakt wird, wenn wir über negative Zahlen nachdenken).

Wie auch immer, bisher haben wir reelle Zahlen mit imaginären Zahlen multipliziert und reelle Zahlen zu imaginären Zahlen addiert. Wie aber addieren wir komplexe Zahlen, also Zahlen mit jeweils einem reellen und einem imaginären Teil, und wie multiplizieren wir sie miteinander? Sie zu addieren ist wieder so wie das Zusammenfassen von Äpfeln und Bananen. Um zum Beispiel $(2 + 3i)$ und $(1 + 4i)$ zu addieren, fassen wir die reellen Teile zusammen und rechnen $2 + 1 = 3$, fassen die imaginären Teile zusammen und rechnen $3i + 4i = 7i$ und bilden die Gesamtsumme: Die ist $3 + 7i$. Wir können auch wieder in Spalten addieren:

$$\begin{array}{c} 2 + 3i \\ 1 + 4i \\ \hline 3 + 7i \end{array}$$

Fürs Multiplizieren können wir einmal mehr die Rastermethode verwenden. Das Folgende ist vielleicht ein bisschen technisch; Sie können es ruhig überfliegen, wenn Sie den entscheidenden Punkt akzeptieren, nämlich dass wir diese Zahlen mit einer Methode multiplizieren können, die Sie bereits kennen.

Multiplizieren wir zum Beispiel $(2 + 3i)$ mit $(1 + 4i)$ multiplizieren, ergibt sich zunächst dieses Raster:

	2	$3i$
1	2	$3i$
$4i$	$8i$	$12i^2$

Die Produkte in den Kästchen wurden genauso errechnet wie alle vorigen nach der Rastermethode. Um genauer zu wissen, was in dem rechten unteren Kästchen steht, das das Produkt von $3i \times 4i$ ist, nämlich $12i^2$, müssen wir allerdings wissen, was i^2 ist. Nun, der ganze Sinn von i war, dass es die Quadratwurzel von –1 ist, was bedeutet, dass $i^2 = -1$ ist, so dass gilt:

$$\begin{aligned} 3i \times 4i &= 12\, i^2 \\ &= 12 \times (-1) \\ &= -12 \end{aligned}$$

Alles in allem haben wir also Folgendes:

	2	$3i$
1	2	$3i$
$4i$	$8i$	-12

$$\begin{aligned} \text{ergibt } & (2 - 12) + (8i + 3i) \\ = & -10 + 11i \end{aligned}$$

Machen Sie sich nichts draus, wenn Sie nicht folgen konnten – ich wollte nur zeigen, dass die Methode der Multiplikation von Zahlen mithilfe eines Rasters sehr breit anwendbar ist und dass sie das Multiplizieren in vielen verschiedenen Kontexten vereinheitlicht. Das ist etwas, was Mathematiker an einem Arbeitsprojekt schätzen, selbst auf Forschungsebene: Wenn es ein seit langem bestehendes Problem löst, ist das eine Sache, aber oft helfen die Methoden auch bei anderen Dingen. Oder, noch besser, das Projekt eröffnet sogar einen Weg, zwei verschiedene Fragenkomplexe miteinander zu verknüpfen, so dass das Verständnis beider geteilt, vereinheitlicht und zur Grundlage für weiteres werden kann. Das ist eine Möglichkeit, in Mathe Fortschritte zu machen: nicht nur Dinge zu tun, die man vorher nicht tun konnte, sondern immer kompliziertere Argumentationen und Strukturen verstehen zu lernen und auf ihnen aufzubauen. Die komplexen Zahlen sind dafür ein Beispiel.

Komplexität herstellen

Das Wort «komplex» hat im Zusammenhang mit den komplexen Zahlen eine präzise Bedeutung: Es bedeutet, dass wir es mit jener mathematischen Welt zu tun haben, zu der sowohl die reellen als auch die imaginären Zahlen gehören. Wie die «imaginären» Zahlen so genannt werden, um die Vorstellung von Imaginärem zu evozieren, so werden die «komplexen» Zahlen so genannt, um die Vorstellung von allgemeiner Komplexität hervorzurufen. In gewissem Sinne ist die gesamte Mathematik imaginär und komplex. In einem anderen Sinne sind die imaginären Zahlen aber imaginärer als die reellen Zahlen, weil sie keine konkreten Dinge messen, und die komplexen Zahlen sind komplexer als die reellen Zahlen, weil sie verschiedenartige Zahlen (reelle und imaginäre) vermischen und so eine kompliziertere Welt bilden. Die komplexen Zahlen können als Zahlen einer höheren Dimension betrachtet werden, weil sie sich in einer zweidimensionalen Ebene, nicht auf einer eindimensionalen Linie befinden.

Es mag den Anschein haben, als würden wir Komplexität nur um ihrer selbst willen konstruieren. Nun, das ist nicht der Fall. Zwar haben wir uns die komplexen Zahlen nur ausgedacht, doch wundersamerweise hat sich herausgestellt, dass sie es uns ermöglichen, ganz neue Zweige der Mathematik zu entwickeln und Dinge zu verstehen, die wir zuvor nicht verstehen konnten, darunter größere Bereiche der Physik. Wenn wir in höhere Dimensionen vordringen, verschafft uns dies mehr Einblick in die tiefer liegenden Dimensionen, selbst wenn wir immer nur erstere verstehen wollen. Den komplexen Zahlen verdanken wir solche Einblicke. Wir begannen mit der eindimensionalen Welt der reellen Zahlen, die sich auf alles beziehen, was es in unserer konkreten Welt gibt. Aber dann machten wir von unserer Phantasie Gebrauch, um die komplexen Zahlen einzubeziehen, und plötzlich ergaben alle möglichen Berechnungen mehr Sinn. Wir konnten Muster erkennen, die wir nicht hatten erkennen können, als alle Zahlen in eine Dimension gequetscht waren.

Aber wo befinden sich diese Muster, und sind sie real? (Hier ist nicht «reell» gemeint!) In gewissem Sinne ist es wahr, dass sie sich nirgendwo befinden – jedenfalls nirgendwo konkret. In einem anderen Sinne befinden sie sich in unseren Köpfen, und wer würde sagen, das bedeute, dass sie sich nirgendwo befinden? Diese Muster in unseren Köpfen helfen uns, reale Dinge, die die reale Welt um uns herum betreffen, zu verstehen.

Für mich ist das wie die Sache mit 0-Komma-Periode-9. In gewisser Weise haben wir die Antwort auf die Frage, was 0-Komma-Periode-9 ist, einfach erfunden, das heißt, wir haben eine Möglichkeit erdacht, die Aufgabe, unendlich lange Folgen von unendlich klein werdenden Zahlen zu addieren, sinnvoll zu lösen. Aber wir haben uns die Antwort auf die Frage nicht einfach nur ausgedacht, sondern einen strengen Rahmen für den *Prozess* des Rechnens mit wiederkehrenden Dezimalziffern entwickelt, und dieser Prozess hat uns eine Antwort geliefert. Dass wir das streng logisch getan haben, bedeutete, dass wir darauf aufbauen konnten, und tatsächlich hat dieser Fortschritt es uns ermöglicht, das gesamte Gebiet der Infinitesimalrechnung zu entwickeln, ohne die fast alle modernen Aspekte des Lebens undenkbar wären. Nachdem wir dann noch die Infinitesimalrechnung mit den komplexen Zahlen zusammengebracht hatten, war das Gebiet der komplexen Analysis entstanden, auf die sich ein Großteil der modernen Physik stützt.

Das aber ist der eigentliche Sinn von logischer Strenge und abstrakter Mathematik: Beide zusammen ermöglichen uns zu konstruieren. Sie ermöglichen es uns, komplizierte Argumentationen zu entwickeln, weil wir wissen, dass die Logik Bestand hat. Sie ermöglichen es uns, komplexe Konzepte zu erfassen und sie dann als Bausteine zu behandeln, so dass wir immer kompliziertere Begriffswelten verstehen und Dinge kreieren können, die von unseren Grundbausteinen immer weiter entfernt sind.

Aber das konfrontiert uns mit einer unbequemen Frage: Warum ist das gut? Ist es überhaupt gut? Bis hierher habe ich darüber gesprochen, was Mathe ist, wie Mathe funktioniert, warum wir Mathe machen und was gute Mathematik ausmacht. Doch all das bezog sich auf eine bestimmte Art von Mathematik: auf die strenge formale Mathematik, wie sie von akademischen Mathematikern, zumeist europäischen weißen Männern, in den letzten paar hundert Jahren definiert wurde. Andere Formen von Mathematik gingen der Definition dieses Bezugssystems voraus, und Mathematiker, die keine europäischen weißen Männer waren, haben an seiner Weiterentwicklung mitgewirkt, aber die Herrschaft und der Einfluss der europäischen weißen Männer sind unauslöschlich. Sie haben das Bezugssystem geschaffen, um die Mathematik auf eine sichere Basis zu stellen, damit wir solidere Argumentationen und komplexere Systeme entwickeln können. Und das Bezugssystem war erfolgreich: Die Mathematik hat seither außerordentliche Fortschritte gemacht, da die Mathematiker auf einem breiten Konsens darüber, was als wahr gelten soll, aufbauen konnten. Aber ist das notwendigerweise gut? Das bringt uns zu der Frage, was wir in der Welt am meisten schätzen, und zu der Frage, welche anderen Arten von Mathematik während des Siegeszugs der strengen formalen Mathematik übersehen, unterbewertet oder gar unterdrückt wurden.

Fortschritt und Kolonialismus

Ist Fortschritt notwendigerweise eine gute Sache?

Ich werde im Folgenden einige Thesen, die die Idee des «Fortschritts» betreffen, aufstellen und, wahrscheinlich provokativ, behaupten, dass wir dieses Verständnis von Fortschritt nicht für eine gute Sache halten sollten, da es sowohl mit der Zerstörung der natürlichen Ressourcen der Erde verbunden ist als auch mit dem Kolonialismus und dem Drang der (überwiegend weißen) Kolonialisten, stärker traditionsverhaftete Kulturen im Namen der «Zivilisation» und des so verstandenen «Fortschritts» auszulöschen.

Es gibt ein Fachgebiet der Mathematik, das von der etablierten akademischen Mathematik als «Ethnomathematik» bezeichnet wird. Deren Gegenstand wird verschieden definiert (wie derjenige aller akademischen Fachgebiete), aber die Idee ist, dass diese Form von Mathematik mehr in der Kultur verwurzelt ist als im sterilen akademischen Augenmerk auf Logik und Strenge. Ich vermenge hier die Begrifflichkeiten, da eine sterile Umgebung besonders geeignet ist, wenn es darum geht, in einem Labor eine «Kultur» zu züchten. Ich meine mit «Kultur» aber die Kultur bereits existierender Gruppen, nicht die Kultur, die sich später in der akademischen Welt entwickelt hat.

Der Begriff «Ethnomathematik» hat eine akademische Bedeutung, er birgt aber auch die Gefahr, auf unglückliche Weise mit «ethnischer Mathematik» konnotiert zu werden, was wie «Mathematik nicht-weißer Menschen» klingt. Das liegt daran, dass der Begriff «ethnisch» leider für viele Menschen «nicht-weiß» bedeutet, weil die dominante weiße Kultur dazu neigt, weiße Menschen als nicht-«ethnisch» und nicht-weiße Menschen als «ethnisch» zu betrachten. Allerdings stimmt es, dass die Themen der Ethnomathematik zumeist von nicht-weißen kulturellen Gruppen aufgeworfen werden.

Über diese Themen zu diskutieren ist äußerst heikel, und verschiedene Personengruppen sind auf der Hut vor Angriffen seitens anderer Personengruppen. Leider sind viele Gruppen von der Mainstream-Mathematik ausgegrenzt und tatsächlich angegriffen worden, so dass diese Vorsicht durchaus gerechtfertigt ist. Das macht die Sache äußerst schwierig.

Zunächst ist es wichtig festzustellen, dass die Mathematik nicht nur von Weißen entwickelt wurde. Ja, alle großen frühen Entwicklungen in der Mathematik haben wir alten nicht-weißen Kulturen zu verdanken: Die Mayas, die Ägypter, die Inder, die Chinesen und die Araber, sie alle haben bei der Entwicklung mathematischer Ideen, lange bevor die Mathematik von Weißen beherrscht wurde, eine wichtige Rolle gespielt. Die alten Griechen dachten viel über Mathematik und Philosophie nach, aber der Mathematiker Jonathan Farley hat mich darauf hingewiesen, dass einige der von uns so genannten «alten Griechen» nicht wirklich Griechen waren, sondern aus anderen Teilen der griechischen Welt stammten, auch aus Afrika. So stammte Eratosthenes, der eine geniale Methode zur Ermittlung von Primzahlen entwickelte, aus Kyrene, das im heutigen Libyen liegt. Euklid, der berühmte Geometer, wurde in der Spätantike «Euklid von Alexandria» genannt, was vielleicht nur darauf zurückzuführen ist, dass er in der Stadt, die in der Epoche des Hellenismus das Zentrum der Gelehrsamkeit war, gewirkt hat, was aber auch bedeuten könnte, dass er aus Alexandria stammte. Es ist imperialistisch, wenn wir alle Menschen, die in der von den Griechen dominierten Weltregion lebten, als «Griechen» bezeichnen. Das ist so, als würde man Ramanujan als britischen Mathematiker bezeichnen, weil er in Indien geboren war, als der Subkontinent noch Teil des Britischen Weltreichs war. Aber ich bin vorausgeeilt; ich komme in Kürze auf Ramanujan zurück.

Ich bin keine Expertin für diese Fragen, aber ich glaube, dass es für uns alle wichtig ist, über sie nachzudenken. Ich bin in viele Fallen getappt, wenn ich über Kolonialismus und Mathematik nachgedacht habe, und bin sicher, dass ich immer wieder in diese Fallen tappen werde, so wie es jedem geht, der in einem eurozentrischen, von Weißen dominierten Bildungssystem ausgebildet wurde. Aber ich denke lieber über diese Fragen nach und gehe das Risiko ein, in Fallen zu tappen, als auf dem sicheren Boden der reinen Matheforschung zu bleiben. Und die Tatsache, dass ich keine Weiße bin, macht mich nicht immun gegen Anschuldigungen, den Kolonialismus ungewollt mitzutragen. Gleichzeitig gibt es nicht-weiße Menschen, die meinen, es sei Unsinn, sich über Bemühungen zum Weißwaschen der Mathematik Gedanken zu machen, aber das bedeutet nicht, dass sie recht haben. Leider führen Unterdrückung und Ausgrenzung dazu, dass es immer unterdrückte Menschen geben wird, die (bewusst oder unbewusst) das Gefühl haben, es sei am sichersten, sich auf die Seite der Unterdrücker zu stellen. Daher gibt es Frauen, die gegen den Feminismus sind, Schwarze, die eine politische Partei unterstützen, die Schwarze kriminalisiert und am Wählen hindert, und asiatische Einwanderer, die für Einwanderungsbeschränkungen sind. Das rechtfertigt keine dieser Formen von Unterdrückung, sondern zeigt nur, wie stark die Kräfte der Unterdrückung sind.

Wir müssen aber stark differenzieren. Als Erstes müssen wir anerkennen, dass alle frühen Entwicklungen in der Mathematik nicht-weißen Menschen zu verdanken sind. Sodann müssen wir anerkennen, dass Weiße die heutige Mathematik in hohem Maße dominieren, dass sie den Zugang zu ihr kontrollieren und dass sie in ihr überrepräsentiert sind. Die meisten (nicht alle) modernen Entwicklungen in der Mathematik werden Weißen zugeschrieben. Damit ist die nicht-weiße Geschichte der Mathematik aber nicht ausradiert.

Gleichzeitig ist wahr, dass die Mathematik als Fachgebiet in einem sorgfältig konstruierten Bezugssystem von Logik und Strenge gewachsen ist. Es ist wohl dieses Bezugssystem, das manches als Mathe gelten lässt und manches, was ebenfalls Mathe ist, nicht gelten lässt. Aber abgesehen von dem enorm wichtigen Thema des ungleichen Zugangs zu Ressourcen und Bildung stellen sich Fragen zu den Werten, die dem Bezugssystem der Mathematik inhärent sind. Dieses Bezugssystem ist auf die Werte «Fortschritt» und «Entwicklung» ausgerichtet. Und insgeheim habe ich den unangenehmen Verdacht, dass diese Werte unauslöschlich mit Kolonialismus, Imperialismus und dem Drang, andere zu unterwerfen, verbunden sind.

Es stimmt, dass auch Menschen nicht-weißer Kulturen mehr oder weniger stark an der Unterwerfung anderer Menschen beteiligt waren. Außerdem haben Weiße versucht, andere Weiße zu unterjochen, nicht nur Nicht-Weiße. Aber ich denke, dass die heutige Weltordnung untrennbar mit der Art und Weise zusammenhängt, in der weiße Menschen mit ihren «Erfindungen» Übermacht über nicht-weiße Menschen errungen haben, sei es auch nur durch die Entwicklung von Waffen und anderem Kriegsgerät mit immer größerer Zerstörungskraft. Im 21. Jahrhundert gibt es neben diesen traditionellen Hauptinstrumenten zur Unterwerfung weniger «entwickelter» Völker auch andere, weniger unmittelbar zerstörerische, dafür aber heimtückischere Waffen, die auf Technologie und der Art und Weise basieren, in der der Kapitalismus die Macht bei den schon Mächtigen konzentriert: auf der Ebene der Individuen, aber auch auf der Ebene der Länder.

Die Art und Weise, in der wir über «entwickelte» Länder und «Entwicklungsländer» sprechen, verrät, was wir unter «Entwicklung» verstehen.

Aber ich möchte kurz einen Schritt zurücktreten und anerkennen, dass ich in gewissem Umfang selbst an dieses Wertesystem glaube. Ich liebe die Mathematik, weil ich ihre Fähigkeit zu konstruieren, sich weiterzuentwickeln und Fortschritte zu machen, liebe, eine Fähigkeit, die auf dem strengen Bezugssystem beruht, das sie für die Beurteilung, was als wahr gelten soll, und für die Bildung von Konsens besitzt. Es gibt viele andere Dinge, die ich aus ähnlichen Gründen liebe. Von allen Arten von Musik liebe ich am meisten die westliche klassische Musik,* und von ihr am meisten diejenige, die ein Höchstmaß an Entwicklung in sich trägt und komplexeste Strukturen aufweist. Das ist Musik, die aufgrund ihrer schieren strukturellen Komplexität niemals spontan improvisiert oder von Generation zu Generation durch bloßes Vorsingen oder Vorspielen aus dem Gedächtnis weitergegeben werden könnte. Ich behaupte nicht, dass andere Musik nicht komplex sei; ich versuche vielmehr eine sehr bewusst geschaffene Form von Komplexität zu beschreiben, bei der die Dinge Struktur für Struktur sorgfältig konstruiert und niedergeschrieben werden. Ich mag auch komplex strukturierte Literatur, bei der die Fäden in einem dichten Muster zusammenlaufen – Literatur, die unmöglich in einem Zug heruntergetippt werden konnte, sondern akribisch geplant werden musste, wenn alle Teile zusammenpassen sollten. Ich liebe nicht zuletzt auch Gerichte, bei denen es um Struktur und Entwicklung geht, oder das «Zubehör» zu Gerichten, wie etwa Soßen, deren Zutaten nur mit einer präzisen Technik in etwas verwandelt werden können, das sich auf magische Weise von dem unterscheidet, womit man angefangen hat.

All das hat mit Entwicklung zu tun, und man könnte behaupten, *meine* Liebe zur Entwicklung sei nur eine ästhetische. Aber da ich selbstkritisch bin und mir Gedanken über Dinge wie strukturelle Ausbeutung und Kolonialismus mache, befürchte ich, dass es einen Zusammenhang gibt zwischen der Liebe zur Entwicklung auf der einen Seite und, auf der anderen Seite, dem Kolonialismus und der imperialistischen Sichtweise, nach der eine entwickelte Nation einer sich entwickelnden überlegen sei, was zwangsläufig dazu geführt habe, dass einige Länder reicher sind als andere und einige Kulturen andere unterdrückt haben.

Und deshalb fühle ich mich genötigt, mich zu fragen: Bedeutet die Tatsache, dass es in unserer Kultur diese permanente Entwicklung gibt, dass

* In eurozentrischen Kulturen wird sie weithin nur als «klassische Musik» bezeichnet. Die Bezeichnung «*westliche* klassische Musik» soll daher anerkennen, dass auch andere Kulturen klassische Musik haben. Auch der Begriff «westlich» ist jedoch problematisch, da er nicht wirklich Sinn ergibt: Der «ferne Osten» liegt nicht sehr fern im Osten, wenn man sich dort befindet.

wir besser sind? Macht sie uns in irgendeinem anderen Bezugssystem besser als in dem, das wir geschaffen haben?

Es gibt Kulturen, die Dinge anders machen, und wer sind wir, dass wir das Urteil fällen, so wie wir es machen, sei es besser? Eines der anschaulichsten Beispiele für diese kulturellen Unterschiede ist die Geschichte von Ramanujan.

Ramanujan und Hardy

Srinivasa Ramanujan war ein brillanter indischer Mathematiker ohne mathematische Ausbildung. Er wurde 1887 in Indien geboren und hatte ein tragisches Schicksal. Seine Begabung verschaffte ihm zwar ein Stipendium für das Government Arts College in Kumbakonam, aber er war eigenwillig und abgeneigt, die formalen Anforderungen des britischen Lehrplans zu erfüllen, was dazu führte, dass er in den meisten Fächern – nicht in Mathe – durchfiel und das Stipendium wieder verlor. Später versuchte er es erneut an einer weiterführenden Schule: am nicht von den Briten finanzierten Pachaiyappa's College, aber er konnte sich noch immer nicht anpassen und schaffte es nicht, einen Abschluss zu machen.

Ramanujan fristete ein Leben in äußerster Armut, beschäftigte sich aber in seiner Freizeit mit Mathematik – überzeugt davon, dass eine Göttin ihm die tiefen Wahrheiten dieser Wissenschaft eingebe.

1913 schrieb er einen Brief an den – zumindest im Rahmen der zeitgenössischen Mathematik europäischen Stils – «konventionellen» Mathematiker Professor G. H. Hardy an der Universität Cambridge. Hardy hatte alles getan, was dieser Rahmen von ihm verlangt hatte: Er hatte einen formalen Abschluss in Mathe gemacht, eine Doktorarbeit geschrieben, akribische Beweise für mathematische Sachverhalte verfasst und sie in Fachzeitschriften veröffentlicht, in der alle abgedruckten Artikel zuvor von Experten begutachtet worden waren.

Ramanujan hatte nichts von alledem getan, aber Hardy erkannte seine große Begabung und lud ihn nach Cambridge ein, wo er formale Mathematik im zeitgenössischen europäischen Stil studieren sollte. Ins Ausland zu gehen war ein sehr großer Schritt für Ramanujan, da seine Religion ihm dies verbot, und seine Mutter war deshalb auch entschieden dagegen.

Ramanujan erlebte in Cambridge einen Zusammenstoß zweier Kulturen auf allen Ebenen. Hardy bestand darauf, dass Ramanujan lernte, mathematische Aussagen gemäß den Anforderungen der europäischen Mathematik zu beweisen, da man sich nur so vergewissern könne, dass sie wahr waren. Ramanujan sah darin keinen Sinn, da doch die Göttin ihm die Wahrheiten eingegeben habe. Schließlich aber ließ er sich überreden – auch weil Hardy ihm einen Fehler in einer der mathematischen Aussagen nachgewiesen hatte, von deren Wahrheit Ramanujan überzeugt gewesen war.

Es stimmt zwar, dass Ramanujan glaubte, eine Göttin spreche zu ihm, doch wird seine angeborene und scheinbar magische Affinität zu Zahlen von Leuten, die sein «Genie» verklären wollen, manchmal überbewertet. Nach einer oft erzählten Geschichte äußerte Hardy einmal, als er den erkrankten Ramanujan im Spital besuchte, dass 1729, die Nummer der Droschke, mit der er gekommen war, «keine sonderlich interessante Zahl» sei. Ramanujan widersprach und behauptete wie aus der Pistole geschossen, dass 1729 die kleinste Zahl sei, die auf zweierlei Weise als Summe zweier Kubikzahlen ausgedrückt werden könne:

$$\begin{aligned} 1729 &= 1^3 + 12^3 \\ &= 9^3 + 10^3 \end{aligned}$$

Diese prompte Erwiderung ist oft als Beweis für Ramanujans Genialität gewertet worden, für seine Fähigkeit, in Zahlen auf Anhieb Dinge zu sehen, die selbst der große Zahlentheoretiker Hardy nicht sehen konnte.

Ein genaues Studium von Ramanujans Notizbüchern ergab jedoch später, dass der indische Mathematiker sich mit «Beinahe-Lösungen» von Fermats letztem Satz beschäftigt hatte. Fermats letzter Satz ist das berühmte Theorem, das der bereits im vorigen Kapitel erwähnte Mathematiker Pierre de Fermat um 1637 an den Rand einer Buchseite gekritzelt hat, zusammen mit der Bemerkung: «Ich habe hierfür einen wahrhaft wunderbaren Beweis entdeckt, für den dieser Rand leider zu schmal ist.» Das Theorem besagt, dass es für die Gleichung

$$x^n + y^n = z^n$$

keine ganzzahligen Lösungen gibt, wenn $n = 3$ oder größer ist. Für $n = 2$ wissen wir, dass es Lösungen gibt; sie hängen mit dem Satz des Pythagoras über die Längen der Seiten eines rechtwinkligen Dreiecks zusammen. Vielleicht hat man Ihnen in der Schule gesagt, Sie sollten sich zwei Beispiele für rechtwinklige Dreiecke einprägen: Diese hätten die Seitenlängen 3, 4, 5 bzw. 5, 12, 13. Ich erinnere mich, dass die Lehrer während meiner Schulzeit davon besessen waren, alles auf diese beiden Dreiecke zu reduzieren, und vermute, das lag daran, dass sie einer Generation angehörten, die noch ohne Taschenrechner studiert hatte und für die es daher schwer gewesen war, Quadratwurzeln zu ziehen, um Lösungen für den Satz des Pythagoras zu finden.

Wir sprechen eigentlich nicht ganz zu Recht von «Fermats letztem Satz», da Fermat starb, ohne jemandem mitgeteilt zu haben, worin sein wunderbarer Beweis bestand – und solange ein mathematischer Satz nicht bewiesen ist, zählt er normalerweise nicht als Satz. Bewiesen wurde Fermats Satz erst 1994, und zwar, nach einem ersten, fehlerhaften Versuch aus dem Jahr zuvor, von Andrew Wiles; Wiles hatte seinen Fehler aber korrigieren können. Interessanterweise basiert der Beweis auf mathematischen Fortschritten, die weit über den Stand der Mathematik zu Fermats Lebzeiten hinausgingen, so dass Fermat unmöglich schon denselben Beweis gefunden haben kann. Die Mathematiker sind heute der Ansicht, dass Fermat sich bei seinem «Beweis» geirrt hat, und sie haben sogar eine Vermutung, *wie* er sich geirrt haben könnte.

Wie dem auch sei, viele Jahrzehnte vor Wiles hatte Ramanujan «Beinahe-Lösungen» von Fermats letztem Satz untersucht, darunter Zahlen, die in folgendem Sinne um 1 zu groß oder zu klein sind, um als Lösungen gelten zu können: Eine «Beinahe-Lösung» von

$$x^3 + y^3 = z^3$$

ist dergleichen wie

$$x^3 + y^3 = z^3 + 1$$

Als Hardy die Droschkennummer 1729 erwähnte, hatte Ramanujan diese Zahl, die gleich $12^3 + 1$ ist, also bereits als Beispiel für eine «Beinahe-Lösung» gefunden; dass $1729 = 1^3 + 12^3$ ist, wie er Hardy sagte, hatte er also nicht auf den ersten Blick erkannt.

Was macht einen großen Mathematiker aus? Die Geschichte mit der Droschkennummer und die Geschichte von Ramanujan allgemein bergen die Gefahr, dass sich die Vorstellung verfestigt, man müsse ein spektakuläres und rätselhaftes Genie sein, um ein großer Mathematiker zu sein, mit einer unerklärlichen, fast magischen Affinität zu Zahlen und der Fähigkeit, Wahrheiten aus dem Nichts zu pflücken.

Ich weiß nicht, was man braucht, um ein *großer* Was-auch-immer zu sein, aber um ein *guter Mathematiker* zu sein, braucht man keine der genannten Eigenschaften zu haben. Man muss offen sein, flexibel denken können und in der Lage sein, Dinge aus vielen verschiedenen Blickwinkeln zu betrachten. Man muss Zusammenhänge erkennen können, was oft die Fähigkeit voraussetzt, bestimmte Details eines Problems zu ignorieren, um zu sehen, worin dieses Problem mit einem anderen übereinstimmt, wenn auch bei ihm bestimmte Details ignoriert werden. Man muss aber auch flexibel genug sein, die Details wieder zu integrieren und andere zu ignorieren, um die Dinge anders zu sehen. Man muss in der Lage sein, strenge Argumentationen zu konstruieren, sie im Kopf zu behalten, sie zu verschieben und sie mit anderen strengen Argumentationen in Einklang zu bringen. Und man braucht Toleranz für wachsende Komplexität oder gar Hunger nach ihr. Dazu gehört auch, dass man Wege findet, diese Komplexität zu bewältigen. Es ist, wie wenn man etwa spezielle Eier kreiert hat: Man muss dann vielleicht auch einen speziellen Eierkarton konstruieren, um sie zu transportieren, und dann eine spezielle Kiste für die speziellen Eierkartons, und dann vielleicht einen speziellen Lastwagen für diese speziellen Kisten und so weiter. Es geht also oft darum, aus kleineren Träumen nach und nach immer größere Träume zu entwickeln, was eine lebhafte Phantasie erfordert und die Fähigkeit, grandiose Ideen zum Leben zu erwecken. Es gibt den Mythos, dass die Mathematik und die Naturwissenschaften auf der einen Seite und die «kreativen» schönen Künste auf der anderen Seite nichts miteinander gemein hätten, aber das stimmt nicht. Der Mythos beruht wahrscheinlich auf der Vorstellung, dass es in Mathe nur um schrittweise Berechnungen mit eindeutigen Antworten gehe. Aber beachten Sie, dass ich bei der Beschreibung dessen, was einen guten Mathematiker ausmacht, an keiner Stelle Arithmetik, Rechnen, Auswendiglernen, Zahlen oder das Finden der richtigen Antworten erwähnt habe. In einigen Bereichen der Mathematik muss gerechnet werden, aber nicht die ganze Mathematik ist rechnerisch.

Andererseits habe ich viel vom Konstruieren strenger Argumentationen gesprochen, habe aber verschwiegen, dass ich damit das Tun eines guten Mathematikers aus der Perspektive der westlichen/europäischen/kolonialistischen Mathematik beschrieb.*

Hardy beurteilte Ramanujan aus dieser Perspektive, fand ihn vielversprechend, aber fachlich unzulänglich und drängte ihn, sich an den westlichen kolonialistischen Standards zu orientieren. Mich belastet die Frage, ob Hardy recht hatte, darauf zu bestehen, dass Ramanujan mathematische Aussagen im Stil der europäischen Mathematik beweist. Er hatte recht, wenn man der Antwort das Bezugssystem der europäischen Mathematik zugrunde legt, aber das ist ein Zirkelschluss.

Hier kommt ein weiterer Aspekt des Kolonialismus ins Spiel. Ramanujan wurde in Cambridge kulturell nicht akzeptiert und erkrankte schwer, weil er sich nicht so ernähren konnte, wie es den Geboten seines Glaubens entsprach. Er war tiefreligiöser Hindu und strikter Vegetarier, und sich so zu ernähren war in einem Cambridger College damals mehr oder minder unmöglich. (Selbst zu meiner Zeit waren die Möglichkeiten nicht überwältigend, aber es gab sie immerhin.)

Schließlich kehrte er nach Indien zurück, erholte sich aber nie und starb im Alter von nur zweiunddreißig Jahren. In seiner Zeit in Cambridge hatte er trotz seiner Jugend die Anerkennung der Granden der britischen Mathematik gefunden und war zum Fellow der Royal Society gewählt worden – als einer der jüngsten überhaupt und als zweiter Inder nach Ardaseer Cursetjee, dem diese Ehre 1841 zuteilgeworden war. Ramanujan war auch der erste Inder, der (allerdings erst nach seiner Aufnahme in die Royal Society) zum Fellow des Trinity College gewählt wurde.

* Da ist wieder der problematische Begriff «westlich».

Das mag nach dem Triumph eines armen Jungen aus Indien klingen, der in die erhabenen Kreise der Cambridge-Mathematik aufgenommen wurde. Aber in einem anderen Licht betrachtet ist Cambridge eine schwerfällige Institution, die darauf besteht, dass Menschen einer anderen Kultur sich ihren Normen anpassen, wenn sie akzeptiert werden wollen.

Als Ramanujan starb, hinterließ er Notizbücher mit einer Fülle von Aufzeichnungen über weitere «Wahrheiten», die er nicht im europäischen Stil hatte beweisen können. Hundert Jahre lang haben Mathematiker sich mit ihnen beschäftigt, und bis heute ist fast alles nach europäischer Methode als richtig erwiesen worden. Aber Ramanujan war von ihrer Richtigkeit überzeugt gewesen – aus seinen eigenen Gründen.

Wer kann sagen, welche Methode besser ist? Einige Ergebnisse von Ramanujans Arbeit waren zwar leicht fehlerhaft, sie enthielten aber gleichwohl großartige Erkenntnisse, und die Fehler waren aufschlussreich. Andrew Wiles' erster Versuch, Fermats letzten Satz zu beweisen, erwies sich ebenfalls als fehlerhaft. Es ist also nicht so, dass europäische Mathematiker vor Fehlern gefeit wären. Es gibt zahlreiche Fälle, in denen Mathematiker Fehler in eigenen Beweisen oder in denen anderer gefunden haben und Arbeiten korrigiert oder zurückgezogen werden mussten.

Wir sind heute immer noch verblüfft, dass archaische Kulturen in der Lage waren, das Megalith-Bauwerk von Stonehenge oder die Pyramiden zu errichten. Vielleicht steckt in den unbewiesenen, nicht von Experten begutachteten Methoden mehr, als die zeitgenössischen Akademiker zugeben wollen. Und das ist die Crux beim Vergleich zwischen Mathematik und Ethnomathematik oder zwischen einer Mathematik, die auf Entwicklung basiert und uns so weit wie möglich von der natürlichen Kultur entfernt, und einer Mathematik, die in der Kultur begründet ist und immer mit ihr verbunden bleibt. Wir könnten zum Beispiel die Inuit bewundern, die ein Kajak bauen, ohne irgendetwas zu tun, was wir als Rechnen erkennen würden, oder die Amischen, die eine Scheune unter Verwendung eines Verfahrens errichten, das als Teil ihrer Kultur von Generation zu Generation weitergegeben wurde. Wir könnten das als Mathematik bezeichnen, um das Brillante daran zu würdigen; aber wäre das nicht eine Übertragung unserer kulturellen Normen auf sie? Wir könnten es auch als Ethnomathematik bezeichnen, um anzuerkennen, dass es sich um Mathematik handelt, die sich von unserer auf Beweisen basierenden Mathematik ein wenig unterscheidet. Aber würden wir damit nicht einen Gegensatz zwischen «uns» und «den anderen» aufreißen? Und ist unsere Mathematik am Ende besser? Unser unermüdliches Entwickeln und unser Fortschritt haben zur Zerstörung der Umwelt geführt, von der unser Überleben abhängt. Im Unterschied dazu verstehen indigene Kulturen, die nicht den unaufhaltsamen kolonialistischen/europäischen/imperialistischen Drang nach «Fortschritt» haben, in Harmonie mit ihrer Umwelt zu arbeiten und sich von ihr zu ernähren, ohne sie auszubeuten und zu zerstören. Welches ist die größere Errungenschaft: in nachhaltiger Harmonie mit der Umwelt zu leben oder die Entwicklung industrieller Prozesse voranzutreiben, die so dramatisch und verheerend sind, dass wir jetzt Notverfahren entwickeln müssen, um unsere zerstörte Umwelt wiederherzustellen?

Wenn letzteres «Fortschritt» ist: Wollen wir ihn?

Ich habe darauf keine Antworten, meine aber, es ist wichtig, dass wir diese Fragen ernst nehmen und uns weiter bemühen, besser zu werden.

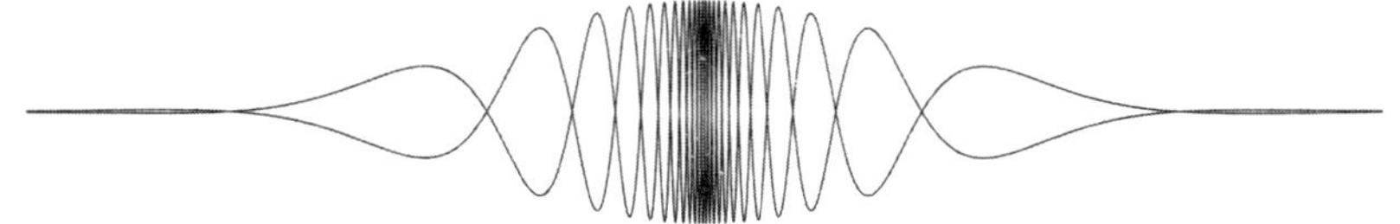

5

Buchstaben

Warum ist $y = mx + b$? Was haben diese Buchstaben da überhaupt zu suchen?

In den ersten Kapiteln des Buches habe ich über die allgemeine Idee der Mathematik gesprochen: darüber, wie Mathe entsteht, wie Mathe funktioniert, warum wir Mathe machen und was gute Mathematik ausmacht. Von nun an werde ich über speziellere Aspekte der Mathematik sprechen und darlegen, inwiefern sie sich aus Fragen ergeben, die scheinbar naiv sind, für die man aber in die Tiefe gehen muss, wenn man sie beantworten will. Ich beginne in diesem Kapitel mit der heiklen Frage, warum wir in der Mathematik – genauer in jenem Teilgebiet, das als Algebra bezeichnet wird – Buchstaben verwenden.

Warum ersetzen wir Zahlen durch Buchstaben? Mir sagen oft Leute schaudernd: «Ich war gut in Mathe, bis die Zahlen *zu Buchstaben wurden…*»

Bevor ich auf die Gleichung $y = mx + b$ eingehe, möchte ich also die Frage behandeln, warum wir überhaupt Zahlen zu Buchstaben machen. Nachdem ich die allgemeinen Gründe genannt habe, werde ich die besonderen erörtern, die zu der Gleichung $y = mx + b$ führen. Am Ende werde ich darlegen, was die Gleichung besagt, und angeben, wann sie wahr ist und wann nicht – denn auch sie, die vielleicht wie eine absolute Wahrheit wirkt, die man sich merken muss, ist nur in bestimmten Kontexten wahr.

Ich möchte in dieser Reihenfolge vorgehen, weil es wichtig ist, Gründe zu haben, bevor man Mathe macht. Was die Verwendung von Buchstaben anstelle von Zahlen betrifft, so hat sie sich bereits im ersten Teil des Buches als vorteilhaft angedeutet, und deshalb habe ich mich zu ihr hinreißen, oder sagen wir: hin*ziehen*, lassen. Beides, dass sich etwas als vorteilhaft andeutet und dass wir uns zu ihm hinziehen lassen, ist in der gesamten Mathematik von zentraler Bedeutung: Die Mathe, die wir machen, drängt uns zu der, die wir entwickeln und in Zukunft machen werden. Nur wenn man dieses Drängen nicht spürt oder wenn es einem nicht demonstriert wird, empfindet man das Fortschreiten in der Mathematik als unmotiviert. In Mathe etwas ohne Gründe zu tun ist wie Zutaten in eine Schüssel zu geben, um zu sehen, was passiert; man sollte Gründe für seine Wahl der Zutaten haben, selbst wenn sie mehr intuitiv erfolgt oder schwer zu erklären ist. Und die Tatsache, dass etwas schwer zu erklären ist, macht den Versuch, es zu erklären, noch bedeutsamer.

Für mich ist das ein bisschen wie das Betreten eines Paternosters. Diese ungewöhnliche Art von Aufzug besteht aus einer Reihe von türenlosen «Kabinen», die sich pausenlos in einem großen Kreis (genauer: einem hohen Oval) durch alle Stockwerke eines Gebäudes bewegen. Angeblich ähnelt der Paternoster den Rosenkränzen, die manche Katholiken durch die Hände gleiten lassen, um immer zu wissen, wo sie sich befinden, wenn sie viele Wiederholungen eines Gebets sprechen, und das dürfte auch der Grund dafür sein, dass diese Aufzüge Paternoster genannt werden. Wie auch immer, die Kabinen stehen nie still, so dass in jedem Moment an jedem Stockwerk vorbei eine nach oben und eine nach unten fährt. Will man also mit einem Paternoster fahren, steht man vor zwei Schächten, in denen die Kabinen sich in entgegengesetzte Richtung bewegen, wartet einfach, bis man in die nächste offene Kabine einsteigen kann, und tut das, während sie sich bewegt.

An der Universität von Sheffield gibt es einen Paternoster, und die Leute fahren oft nur zum Spaß damit, um etwas zu erleben. Ich musste ihn aber ein Semester lang nehmen, um zu einer bestimmten Lehrveranstaltung zu kommen. Als ich das erste Mal einstieg, hatte ich furchtbare Angst. Doch noch beängstigender war das Aussteigen. In beiden Fällen war Antizipation der Schlüssel, aber die Bewegung zu antizipieren und mich ganz natürlich von ihr mitnehmen zu lassen, widersprach zunächst meiner Intuition. Statt zu versuchen einzusteigen, war es besser, den Fuß auszustrecken und mich von der Kabine aufnehmen zu lassen, während sie vorbeifuhr. Wieder auszusteigen war viel schwieriger; entsprechend war es auf dem Weg nach unten leichter, auszusteigen als einzusteigen.

Die Analogie zwischen dem Vorangehen in der Mathematik und dem Paternosterfahren besteht darin, dass es wie ein Sprung erscheint, wenn man das Gefühl hat, auf eine höhere Ebene der mathematischen Abstraktion gedrängt zu werden, und dass man dann befürchtet, bei diesem Sprung zu Fall zu kommen. Ich habe mir beim Paternosterfahren einmal fast den Fuß eingeklemmt. Doch zum Glück gibt es einen Sicherheitsmechanismus in Form einer Klappe an der Stufe, so dass nichts passiert ist. Wenn man in Mathe spürt, dass deren Eigendynamik einen aufnimmt und trägt, fühlt sich das viel organischer an, als wenn man einen Sturz befürchtet. Man denkt dann nicht: «Ui, warum machen wir Mathe mit Buchstaben?», sondern: «Uff! Gott sei Dank gibt es eine bessere Möglichkeit, das auszudrücken.»

Eine bessere Möglichkeit, *was* auszudrücken?

Ich habe Ihnen schon ein einige Male mit Beispielen anzudeuten versucht, was ich sagen will. In anderen Fällen musste ich viele Worte machen, um den Punkt «rüberzubringen». Wenn wir zum Beispiel über das Addieren sprechen, können wir sagen, dass wir sechs Dinge erhalten, wenn wir ein Ding und fünf Dinge zusammenlegen, ganz gleich, ob es sich um Äpfel oder Bananen oder Kekse oder irgendetwas anderes handelt; dass wir diese sechs Dinge erhalten, sofern sie nicht plötzlich verbrennen, sich verbinden oder sich vermehren (und wir sie nicht essen). Viel prägnanter lässt sich das so ausdrücken:

$$1x + 5x = 6x$$

Diese Prägnanz soll nicht nur Platz sparen, sondern die Dinge auch so verpacken, dass wir sie besser transportieren können. Ich vergleiche das gern mit den Vakuumbeuteln für Kleidung, in die man seine Kleidungsstücke legt, um dann mit einem Staubsauger die Luft abzusaugen, so dass das Ganze komprimiert wird und sich leichter mitnehmen oder auf engem Raum aufbewahren lässt. In Mathe einen Sachverhalt prägnant zu formulieren, so dass er für zahllose konkrete Beispiele zutrifft, bedeutet, diese zahllosen konkreten Beispiele zu *einem* Sachverhalt komprimiert zu haben. Die obige Gleichung mit den *x*en besagt: Ein Apfel plus fünf Äpfel sind sechs Äpfel, ein Keks plus fünf Kekse sind sechs Kekse und ein Elefant plus fünf Elefanten sind sechs Elefanten, und so weiter. In ihr ist eine unendliche Anzahl von Aussagen zu einer einzigen Aussage geworden.

Die meisten Hinweise auf die Vorzüge der Ausdrucksweise mit Buchstaben habe ich in Kapitel 3 gegeben, als ich über die elementaren Dinge sprach, die wir mit Zahlen machen können. Ich habe dort nur einige konkrete Beispiele gegeben, beginnend mit diesem:

> Es spielt keine Rolle, in welcher Reihenfolge wir Dinge addieren;
> zum Beispiel ist $2 + 5 = 5 + 2$.

Das gibt die allgemeine Idee wieder und überlässt es Ihnen zu vermuten: Das bedeutet auch, dass $3 + 4 = 4 + 3$ und $5 + 2 = 2 + 5$ ist und so weiter. Präzise aber kann ich all diese Möglichkeiten so formulieren:

> Für alle Zahlen a und b gilt, dass $a + b = b + a$ ist.

Über die Art und Weise, wie wir Dinge zusammenfassen, sagte ich ähnlich:

> Es spielt keine Rolle, wie wir Dinge zu Gruppen zusammenfassen:
> zum Beispiel ist $(2 + 5) + 5 = 2 + (5 + 5)$.

Damit habe ich nurein Beispiel für ein allgemeines Prinzip gegeben, keine Darstellung des Prinzips selbst. Diese Darstellung lautet so:

> Für alle Zahlen a, b und c gilt: $(a + b) + c = a + (b + c)$.

Ich habe auch ein allgemeines Schema für Dinge wie das Addieren von ungeraden und geraden Zahlen und den Umgang mit Toleranz und Intoleranz verwendet. Ich könnte es ausführlich in Worten beschreiben, kann es aber auch kurz und bündig mit Buchstaben darstellen, nämlich so:

A	B
B	A

Es mag pedantisch erscheinen, sich darüber Gedanken zu machen, ob wir die allgemeine Idee präzise formuliert haben oder nicht, wenn die allgemeine Idee aus Beispielen klar hervorgeht. Und in vielen Fällen mag es in der Tat ein bisschen pedantisch sein. Aber Pedanterie ist für mich Genauigkeit, die nicht erleuchtet, während Genauigkeit, die eine gewisse Erleuchtung vermittelt, meiner Meinung nach keine Pedanterie ist – und ich glaube wirklich an Erleuchtung. Ich bin keine Pedantin in Dingen der Grammatik, da ich Kommunikation wichtiger finde als dogmatisches Befolgen grammatikalischer Regeln; und wenn eine grammatikalisch korrekte Konstruktion schwülstig und befremdlich klingt, dann vermeide ich sie lieber. Ich mag auch Kommaregeln nicht: Es gibt zwar Sätze, deren Bedeutung sich durch das Hinzufügen oder Weglassen eines Kommas völlig verändert, aber diese Sätze sind in der Regel ziemlich konstruiert, wie die konstruierten Beispiele für Situationen, in denen es im Leben notwendig sein könnte, das Kopfrechnen zu beherrschen.

Die Szenarien mit Zahlen, die ich gerade beschrieben habe, waren vielleicht so eindeutig, dass es nicht viel gebracht hat, sie mit Buchstaben zu formulieren. Aber wenn die Dinge komplexer werden, kann es sein, dass ein Beispiel die Sache nicht klar macht oder gar zu ernsten Missverständnissen führt. In standardisierten Tests werden gern Fragen gestellt wie: «Welches ist die nächste Zahl in dieser Folge?» Solche Fragen, in denen nur ein paar Zahlen genannt werden, bringen mich auf die Palme, weil von Ihnen erwartet wird, dass Sie nach einem nicht explizierten Muster entscheiden, welches die nächste Zahl sein «muss». Dies sollte nicht Mathematik genannt werden, sondern Hellseherei, da Sie mithilfe einschlägiger Fähigkeiten Ihrer Psyche herausfinden sollen, was der Lehrer gemeint hat. Denn die Logik würde erlauben, dass alles als Nächstes kommt. Wenn die Zahlenfolge zum Beispiel so aussieht: 2, 4, …, kann man nicht sagen, ob die nächste Zahl 6 oder 8 oder eine ganz andere sein soll. Selbst wenn am Anfang mehr Zahlen genannt werden, sagen wir 2, 4, 6, 8, 10, *muss* die nächste Zahl nicht 12 sein: Vielleicht gibt die Folge die Anzahl der Liegestütze wieder, die Sie, von Tag zu Tag sich steigernd, machen wollen, aber nach fünf Tagen haben Sie einen Ruhetag, nach dem Sie mit einer höheren Zahl wieder anfangen. Die Zahlenfolge könnte dann so aussehen:

2, 4, 6, 8, 10, 0, 3, 5, 7, 9, 11, 0, 4, 6, 8, 10, 12, 0, …

Oder vielleicht erweitern Sie die Zahlenfolge so:

$$2, 4, 6, 8, 10, 800, 7532, 15, \pi, -100\,000\,000\,000, \ldots$$

Warum? Vielleicht nur, um darauf hinzuweisen, dass Zahlenfolgen auf absolut jede denkbare Weise weitergehen können und dass es, wenn wir nur eine endliche Anzahl von Zahlen nennen, logisch unmöglich ist, sicher zu sein, was als Nächstes kommt.

In Mathe geht es darum, Dinge mithilfe der Logik, nicht mithilfe von Vermutungen oder Telepathie zu formulieren, und das ist einer der Gründe dafür, dass wir Buchstaben verwenden. Das ermöglicht es uns, statt Beziehungen zwischen Zahlen, die nur für diese Zahlen gelten, Beziehungen zu formulieren, die für alle Zahlen gelten.

Beziehungen

In Mathe geht es mehr um Beziehungen, als es manchmal scheint. Bei meinem Forschungsgebiet ist das sehr deutlich, da die Kategorientheorie statt der inhärenten Eigenschaften der Dinge diese im Hinblick auf ihre Beziehungen zu anderen Dingen untersucht.

Selbst wenn wir eine Gleichung notieren, stellen wir im Grunde eine Beziehung zwischen bestimmten Dingen dar. $1 + 1 = 2$ ist eine Beziehung zwischen den Zahlen 1 und 2, und diese Sicht ist subtiler als nur auf die Addition zu schauen und ihr Ergebnis als «Tatsache» zu betrachten.

Die Gleichung ist aber eine Beziehung zwischen zwei *bestimmten* Zahlen: zwischen 1 und 2. Wenn wir *allgemeine* Beziehungen zwischen Zahlen formulieren wollen, wollen wir Beziehungen zwischen *beliebigen* Zahlen formulieren. Ein Beispiel: Ganz gleich, an welche Zahlen wir denken – wenn wir sie addieren, erhalten wir, unabhängig davon, in welcher Reihenfolge wir sie addieren, immer dasselbe Ergebnis. Das heißt, für alle Zahlen a und b gilt:

$$a + b = b + a$$

Das ist eine allgemeine Beziehung zwischen Zahlen, nicht zwischen *bestimmten* Zahlen. Je komplexer die allgemeinen Beziehungen sind, umso vorteilhafter ist es, sie mit Buchstaben zu formulieren, statt zu versuchen, sie mit Zahlen anzudeuten. In Mathe geht es darum, Muster zu erkennen, und wenn wir ein Muster präzise bestimmen, ist das produktiver, als wenn wir es dem Rätselraten aller überlassen. Wir notieren dann unendlich viele Beziehungen auf einmal, ähnlich wie ein Kind, das einen Kreis ausmalt, dadurch unendlich viele Symmetrielinien in ihn hineinzeichnet, ohne es zu wissen.

Angenommen, wir wollen jemandem sagen, dass wir über eine unendliche Folge von Zahlen nachdenken, die mit den Zahlen

$$0, 2, 4, 6, 8, 10, \ldots$$

beginnt und ewig so weitergeht, in dem Sinne, dass wir immer eine Zahl überspringen und bei der nächsten landen. Es ist vielleicht klarer, wenn man weiß, was ungerade und was gerade Zahlen sind, und sagen kann: «Überspringe jede ungerade Zahl und füge die nächste gerade Zahl hinzu.» Aber Mathematiker finden das immer noch unbefriedigend, weil es viele Worte macht und das Gefühl vermittelt, dass man die Zahlenfolge Schritt für Schritt durchläuft. Mathematiker bezeichnen eine unendliche Folge gern so, dass sie sagen, was der n-te Term für jede natürliche Zahl* n ist. Für unsere Folge gerader Zahlen könnten wir also etwas dies sagen:

Für jede natürlich Zahl n ist der n-te Term der Folge $2n$.

Wir können das noch prägnanter machen, indem wir den n-ten Term der Folge a_n nennen und sagen:

Für jede natürliche Zahl n ist $a_n = 2n$.

* Denken Sie daran, dass die natürlichen Zahlen die Zählzahlen sind. Hier bestimme ich sie als 0, 1, 2, 3 und so weiter.

Jetzt ist es nicht mehr vieldeutig, wie die Folge weitergeht, denn wir haben es logisch vollständig festgelegt.*

Ich weiß, dass das immer noch extrem konstruierte Beispiele sind, aber das ändert nichts daran, dass die Idee, allgemeine Größen durch Buchstaben darzustellen, in Mathe viele Möglichkeiten eröffnet. Sie ist das, was in der Schulmathematik als «Algebra» bezeichnet wird (von der sich die Algebra der Forschungsmathematik allerdings stark unterscheidet). Das Wort Algebra ist vom arabischen *al-ğabr* abgeleitet, was so viel wie «Wiedervereinigung von Bruchstücken» bedeutet und ursprünglich das Richten gebrochener Knochen bezeichnete. Der mathematische Begriff wurde im 9. Jahrhundert von dem persischen Mathematiker al-Chwarizmi geprägt, der ein Buch über das Rechnen mit Symbolen in Gleichungen schrieb, wie es in der Schulalgebra gelehrt wird (in der Forschungsalgebra geht es dagegen wirklich um das Zusammensetzen von Teilen).

Hier eine Anmerkung dazu, wie wir Mathematiker würdigen, die etwas als Erste getan haben. Es ist definitiv «richtig», die Person zu würdigen, die als Erste eine bestimmte mathematische Idee hatte, und es ist auch höflich, dies zu tun. Zu behaupten, der Urheber der Idee sei jemand anderes gewesen, wäre zweifellos falsch. Ich denke jedoch, dass die Mathematik mit ihrer Logik steht und fällt, nicht mit dem Ansehen der Personen, die sie entwickelt haben. Daher halte ich es nicht für so wichtig wie in den meisten (vielleicht sogar allen) anderen Fächern, Aufmerksamkeit auf die Personen zu lenken, denen wir die Erkenntnisse verdanken. Ich glaube, dass das für die Mathematik sogar von Nachteil sein kann, weil es nicht von der Autorität von Personen abhängen sollte, was in Mathe als wahr gelten soll, sondern davon, was die Logik sagt. Außerdem sind in manchen Dingen viele Mathematiker ungefähr zur gleichen Zeit auf dieselben Ideen gekommen – auch deshalb sollten wir unsere Besessenheit von der Frage, wer etwas zuerst getan hat, hinter uns lassen.

Im Kampf gegen die Vorherrschaft der Weißen in der Mathematik sollten wir jedoch Aufmerksamkeit auf die Tatsache lenken, dass einige wich-

* Ich gebe zu, dass es ziemlich kompliziert wäre, das für das Beispiel mit den Liegestützen zu formulieren. Wir müssten etwa sagen: Jede natürliche Zahl n hat die Form $6k + r$, wobei k und r ganze Zahlen sind und $0 \leq r < 6$ ist. Dann ist $a_{6k+r} = k + 2r$, wenn $r \geq 0$, und 0, wenn $r = 0$ ist. Wir sollten auch sagen, dass diese Folge mit $n = 1$ beginnt.

tige Fortschritte in dieser Wissenschaft nicht-weißen Menschen zu verdanken sind. Leider gibt es immer noch Leute, die Mathe als Domäne weißer Männer betrachten, und je mehr Beispiele wir haben, um diese Sichtweise zu bekämpfen, umso besser. Weiße Männer haben die Mathematik in den letzten paar hundert Jahren zu einer Domäne weißer Männer *gemacht*, aber sie haben es durch Ausgrenzung getan, nicht mit irgendeiner angeborenen Fähigkeit, und wir können und sollten diese Ungerechtigkeit korrigieren. Ende der Anmerkung.

Ich möchte jetzt darüber sprechen, was wir tun können, wenn wir angefangen haben, Dinge mit Buchstaben auszudrücken. Eines davon ist, die Komplexität zu steigern, indem wir Beziehungen zu komplexeren Beziehungen kombinieren. Darum geht es bei der sogenannten Substitution. Wir wissen vielleicht, dass $a = b^2$ und $b = c + 1$ ist, kombinieren die beiden Gleichungen und erhalten als Ergebnis, dass $a = (c + 1)^2$ ist. Das ist kein besonders interessantes Beispiel (was leider für viele Beispiele in Mathe-Texten gilt), aber wir bauen auch im Leben auf Ausdrücken komplexere Ausdrücke auf, zum Beispiel, wenn wir Verwandtschaftsbeziehungen thematisieren und, nachdem wir über Tanten und Onkel gesprochen haben, zu Tanten und Onkeln zweiten Grades fortschreiten, von denen viele nicht wissen, was genau damit gemeint ist.

Mit der Verwendung von Buchstaben in Mathe können wir komplexere Beziehungen formulieren, es kann aber anstrengend sein, wenn einem dabei nicht wohl ist. Es ist ein bisschen wie die Tatsache, dass man mit dem Fahrrad viel weiter kommt als zu Fuß, es sei denn, man hat Probleme mit dem Fahrradfahren.

Es stimmt, dass Buchstaben abstrakter sind als Zahlen. Aber Zahlen waren schon abstrakter als all die Dinge, deren Mengen sie bezeichnen konnten, und wir haben es geschafft, diese Abstraktion zu vollziehen – haben es sogar geschafft, als wir noch sehr jung waren. Das beweist, dass wir dazu alle fähig sind. Es kann aber verwirrend sein, wenn man nicht einsieht, warum man es macht; man ist dann auch nicht motiviert. Ich bin ziemlich sicher, es gibt viele Dinge, die ich lernen könnte, wenn ich motivierter wäre (zum Beispiel einen Ball fangen oder bügeln), aber da ich bisher nicht motiviert war, kann ich es noch immer nicht. Jedenfalls nicht sehr gut.

Und ich gebe zu, dass es an einem bestimmten Punkt in meinem Leben bequemer wurde, solchen Fähigkeiten keine Bedeutung mehr beizumessen, als weiterhin zu ertragen, dass man sich über mich lustig macht, weil ich in diesen Dingen so schlecht bin. Ich sehe, dass dieses Verspottetwerden bei Leuten eine Rolle spielt, die lauthals erklären, dass sie nicht gut in Mathe sind, und beharrlich behaupten, das sei aber auch egal, da Mathe ja nutzlos sei. Man sollte dann nicht betonen, wie nützlich Mathe ist, sondern aufhören, Leute, die sich damit schwertun, herabzusetzen.

Es ist wahr, dass Motivation uns nur unter bestimmten Umständen hilft. Es gibt Dinge, die ich unter keinen Umständen lernen kann, ganz gleich, wie motiviert ich bin: zum Beispiel teleportieren. Ich bin hoch motiviert, es zu lernen, kann es aber leider trotzdem nicht. Motivation kann also nicht immer etwas für uns tun, aber Mangel an Motivation kann uns im Weg stehen.

Es mag den Anschein haben, dass Abstrahieren eine Nischentätigkeit sei. In einigen alltäglichen Situationen sind wir aber motiviert, von dieser Möglichkeit Gebrauch zu machen, ohne es überhaupt zu bemerken. Auch Pronomen sind Abstraktionen, die verwirren und zu geistiger Überforderung führen können.

Mit Pronomen können wir uns auf jemanden beziehen, ohne ständig seinen Namen zu wiederholen, aber wir können uns mit ihnen auch auf nicht spezifizierte Personen beziehen, auf Personen allgemein, wie ich es in diesem Satz getan habe. Ich habe gesagt:

> Mit Pronomen können wir uns auf *jemanden* beziehen, ohne *seinen* Namen zu wiederholen.

Dieser Jemand kann potentiell jeder Mensch sein. Müsste ich als Beispiele bestimmte Personen nennen, so müsste ich etwa sagen: «Mit Pronomen können wir uns auf Emily beziehen, ohne Emilys Namen zu wiederholen, und auf Tom, ohne Toms Namen zu wiederholen, und auf Steve, ohne Steves Namen zu wiederholen, und so weiter.» Das wäre nervtötend. Wenn wir uns in Mathe mit Buchstaben auf Zahlen beziehen, machen wir etwas, was dem Gebrauch von Pronomen analog ist. Wir beziehen uns manchmal auch auf Personen mit Buchstaben, wenn eine Situation so kompliziert geworden ist, dass sie mit Pronomen nicht mehr zu überblicken wäre, und sprechen dann etwa über eine Situation, in der Person A etwas mit Person B macht, worauf Person B etwas mit Person C macht, die dann wiederum etwas mit Person A macht.

Im Englischen ist das geschlechtsneutrale Pronomen «they» der dritten Person *Singular* noch eine Stufe abstrakter, da es erlaubt, sich korrekt auf eine Person zu beziehen, wenn man ihren Namen oder ihr Geschlecht nicht kennt. Würde man in solchen Fällen generell «he» sagen, wie es im letzten Jahrhundert üblich war, so würde man dazu beizutragen, die implizite positive Voreingenommenheit für das männliche Geschlecht zu verewigen. Und «he or she» wäre nicht nur unnötig umständlich, sondern würde außerdem nicht-binäre Personen ausschließen. Letzteres ist natürlich auch ein Grund, «they» zu sagen: wenn man nämlich weiß, dass die Person, auf die man sich beziehen will, nicht-binär ist. Die Verwendung von «they» als Pronomen der dritten Person Singular ist für manche Menschen zu abstrakt, aber ich bin mir sicher, dass alle diese Abstraktion vollziehen können, wenn sie motiviert sind. Das Problem ist, dass manche nicht motiviert sind, es zu tun, weil sie nicht sehen, dass es problematisch sein kann, geschlechtsspezifische Pronomen zu verwenden. Schlimmer ist, dass manche Leute es ausdrücklich ablehnen, nicht-binäre Menschen einzubeziehen.

Der Grund für die Verwendung von Buchstaben in Mathe ist Nichtwissen: Wir wollen uns auf etwas beziehen können, wenn wir noch nicht wissen, was es ist. Manchmal geht es darum, Beziehungen zwischen Größen zu notieren, wenn wir noch nicht wissen, welches diese Größen sind, und dann aus den Beziehungen *abzuleiten*, welches sie sind. Leider sind die Beispiele auch hier oft sehr konstruiert, wie diese olle Kamelle:

> Meine Mutter ist dreimal so alt wie ich, aber in zehn Jahren wird sie nur noch doppelt so alt sein wie ich. Wie alt bin ich?

Mathe ist wie eine Detektivgeschichte. Wir haben Indizien, kombinieren sie und erschließen aus ihnen Dinge, die wir nicht wussten. Und es ist viel einfacher, die Indizien zu kombinieren, wenn wir uns auf die noch unbekannten Dinge beziehen können, bevor wir sie kennen. Diese Methode macht nicht nur das Erschließen einfacher, sie erlaubt uns auch, Gedanken zu denken, die sonst mit ziemlicher Sicherheit undenkbar gewesen wären.

Dennoch ist es hilfreich, die Methode an einigen einfacheren Gegebenheiten auszuprobieren, etwa an Geraden.

Hier kommt die Gleichung $y = mx + b$ ins Spiel, die Geraden in einer bestimmten Form des zweidimensionalen Raumes beschreibt. Woher wissen wir, dass sie richtig ist? Nun, zunächst müssen wir wissen, was das alles bedeutet, angefangen damit, wie wir Punkte oder gar Linien im zweidimensionalen Raum beschreiben.

Der zweidimensionale Raum

Das *x* und das *y* in der Gleichung beziehen sich auf die *x*- und *y*-Koordinaten in einer zweidimensionalen Ebene. Mit diesem Koordinatensystem haben wir bereits eine Entscheidung getroffen – die Darstellung des zweidimensionalen Raumes auf diese Weise ist nur eine von mehreren Möglichkeiten, die Welt um uns herum zu beschreiben. Das Schema wird als «kartesisch» bezeichnet, weil es erstmals von dem Mathematiker und Philosophen René Descartes (1596–1650) in einer Publikation verwendet wurde. Hier eine Zeichnung des durch *x*- und *y*-Koordinaten organisierten zweidimensionalen Raumes:

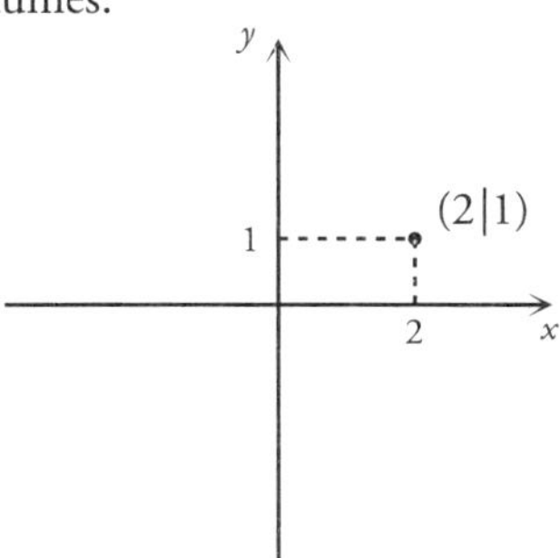

Die Idee ist, dass jeder Punkt in der Ebene eindeutig durch seine beiden Koordinaten bezeichnet werden kann; diese Koordinaten geben an, wo der Punkt in *x*- und wo er in *y*-Richtung liegt. Die *x*-Koordinate wird üblicherweise zuerst genannt; der Punkt, den ich im Diagramm markiert habe, befindet sich also an der Position (2|1).

Die beiden Richtungen eines zweidimensionalen Raumes können jedoch noch auf andere Weise streng festgelegt werden, nämlich mithilfe eines schiefen Rasters. Hier ein Beispiel:

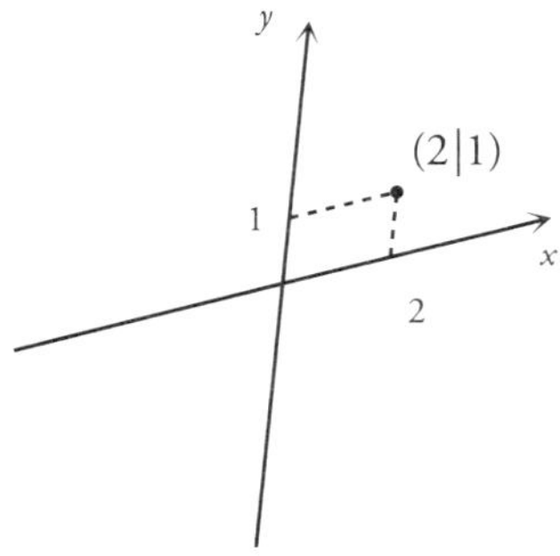

Es gibt keinen besonderen Grund, Achsen zu verwenden, die im rechten Winkel zueinanderstehen, außer dass es in mancher Hinsicht bequemer und vielleicht intuitiver ist. Aber abstrakt betrachtet ist ein Paar von Achsen, die in einem anderen Winkel zueinanderstehen, genauso gut, und Mathematiker untersuchen, wie Darstellungen von Dingen in Koordinatensystemen, deren Achsen in verschiedenen Winkeln zueinanderstehen, sich zueinander verhalten. Es ist nützlich, sein Bezugssystem zu wechseln, aber nur, wenn man versteht, wie sich alles, worauf man sich bezieht, dabei verändert. Sonst kann man nicht erkennen, ob man dasselbe in einem anderen Kontext sieht oder ob man etwas ganz anderes sieht. Es ist übrigens auch möglich, den zweidimensionalen Raum ohne zwei Achsen darzustellen: Wenn Sie eine Karte Ihres Landes betrachten, sehen die Längen- und Breitengrade mehr oder minder wie ein kartesisches Gitter aus. Wenn Sie jedoch eine Karte betrachten, die den Nord- oder den Südpol von oben darstellt, werden Sie feststellen, dass die Breitengrade wie konzentrische Kreise und die Längengrade wie die Speichen eines Fahrradrades aussehen:

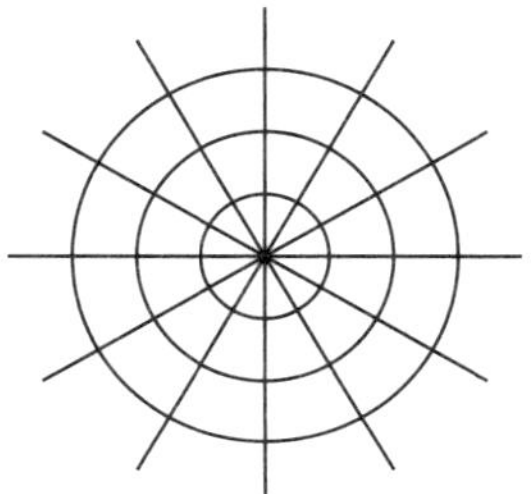

Auch wenn wir uns nicht an einem der Pole befinden, können wir nach diesem Schema jederzeit eine Position im zweidimensionalen Raum bestimmen: Statt einer *x*- und einer *y*-Koordinate würden wir zum Beispiel die Entfernung von einem gewählten Mittelpunkt und den Winkel zur Horizontalen angeben. Diese Koordinaten werden als Polarkoordinaten bezeichnet, weil ihr System so aussieht wie das kartesische Gitter auf Karten des Nord- und des Südpols. Es ist also nicht so, dass sich die Form der Erde an den Polen von ihrer sonstigen Form extrem unterschiede; sondern die Art der Darstellung, die wir für die Längen- und Breitengrade gewählt haben, führt dazu, dass an den Polen dieses Kreisschema erscheint.

Es gibt einige Kontexte, in denen es besonders sinnvoll ist, die Koordinaten statt anhand des kartesischen Gitters anhand der Kreisform anzugeben, beispielsweise wenn man mit dem Radar ein Gebiet um einen Wachturm herum absucht. In diesem Fall bewegt sich der Sensor im Kreis und misst zu jedem Zeitpunkt die Entfernung eines erkannten Objekts vom Turm in der Mitte. Das bedeutet, dass die beiden Informationen, die wir erhalten, der Winkel der Suchrichtung zur Horizontalen und die Entfernung (in gerader Linie) des Objekts vom Sensor sind. Hier ein schematisches Diagramm des Szenarios von oben gesehen:

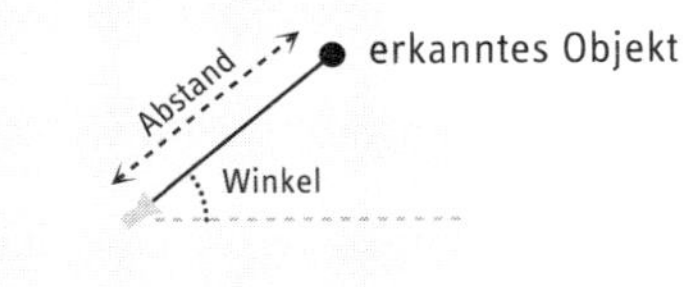

Das unterscheidet sich in der Praxis deutlich von der Arbeit mit *x*- und *y*-Koordinaten, aber wir können damit das gleiche Ergebnis erzielen, nämlich die Position eines beliebigen Punktes in der Ebene genau bestimmen.

Übrigens verwenden Städte, deren Bebauungsplänen Gittersysteme zugrunde liegen, im Wesentlichen kartesische Koordinaten. In Chicago ist die Einheit für Entfernungen so gewählt, dass 800 Einheiten auf eine Meile kommen, und in der Innenstadt, an der Kreuzung State Street / Madison Street, gibt es sogar eine Position (0|0). «800 North Michigan Avenue» bezeichnet eine Adresse in der Michigan Avenue, die eine Meile nördlich der Madison Street liegt, «400 West Randolph» eine Adresse in der Randolph Street, die eine halbe Meile westlich der State Street liegt, und so weiter. Das unterscheidet sich stark vom System der Gebäudenummerierung in den meisten Städten Großbritanniens (und auch in anderen Städten der Vereinigten Staaten, selbst in solchen mit Gittersystem), wo die Gebäude einfach der Reihe nach die Straße entlang aufsteigend nummeriert sind, mit ungeraden Nummern auf der einen und geraden Nummern auf der anderen Seite. Chicago hat ebenfalls ungerade Nummern auf der einen Seite (westlich von Nord-/Süd-Straßen und nördlich von Ost-/West-Straßen) und gerade Nummern auf der anderen, aber nicht alle Nummern bezeichnen *bebaute* Grundstücke, da die Nummern sich auf Koordinaten beziehen, nicht auf gezählte Gebäude.

In Sun City, Arizona, wo einige Stadtteile kreisförmig bebaut sind, ist das System noch viel komplizierter:*

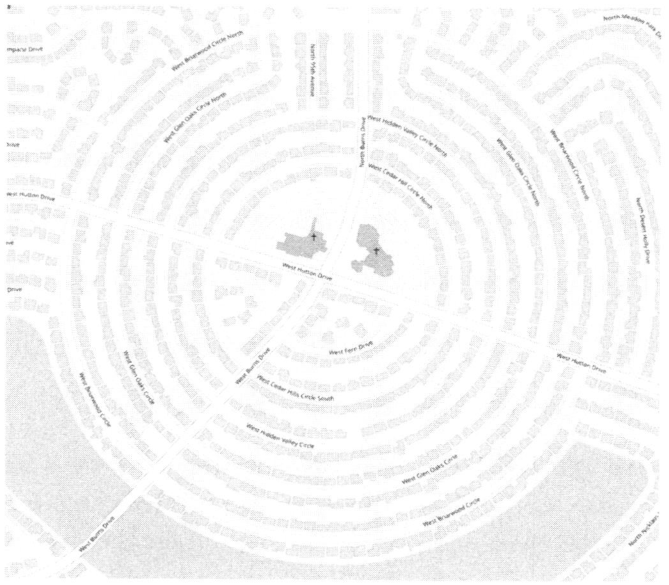

* Kartenbilder © Beiträger zu OpenStreetMap. Die Daten sind unter der Open Database License verfügbar, siehe https://www.openstreetmap.org/Copyright.

Amsterdam hat eine Art Polarkoordinaten-«Gitter», bei dem die Grachten (und damit auch die Straßen zwischen ihnen) in konzentrischen Halbkreisen verlaufen:

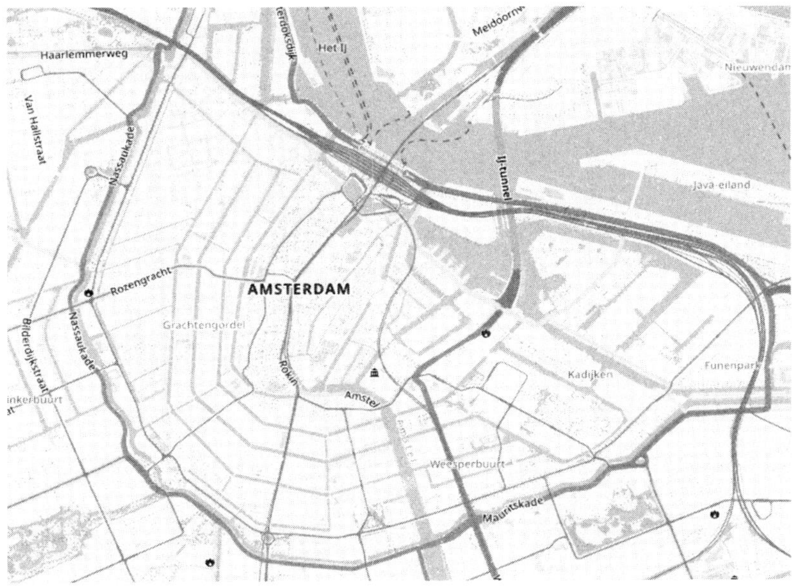

In Kapitel 1 habe ich die drei Punkte erwähnt, zwischen denen ich zur Zeit meines Studiums in Cambridge hin und her gelaufen bin: mein College, mein Zimmer und den Fachbereich Mathematik. Ich bin natürlich nicht auf geraden Linien gelaufen, was mich aber nicht gehindert hat, von einem «Dreieck» zu sprechen. Genauso handelt es sich bei den konzentrischen Halbkreisen der Grachten und Straßen in Amsterdam nicht um geometrisch perfekte Halbkreise (während die viel jüngeren kreisförmigen Straßen in Sun City perfekten Kreisen nahekommen). Dennoch halte ich es für sinnvoll, sie als «halbkreisförmig» zu bezeichnen.

Was ich sagen will: Es gibt viele Möglichkeiten, Positionen im zweidimensionalen Raum zu bezeichnen. Wenn wir dort also Geraden beschreiben wollen, müssen wir uns zunächst überlegen, welches Koordinatensystem wir am besten verwenden. Wenn wir ein Polarkoordinatensystem verwenden, sind einige Geraden viel leichter zu beschreiben als andere. Die

Koordinaten auf den (den Speichen eines Rades ähnelnden) Radiuslinien ergeben sich ganz natürlich, da diese Linien der Weg sind, den man einschlägt, wenn man den Abstand vom Mittelpunkt ändert, aber nicht den Winkel. Eine Linie wie diese dagegen ist überhaupt nicht einfach zu beschreiben:

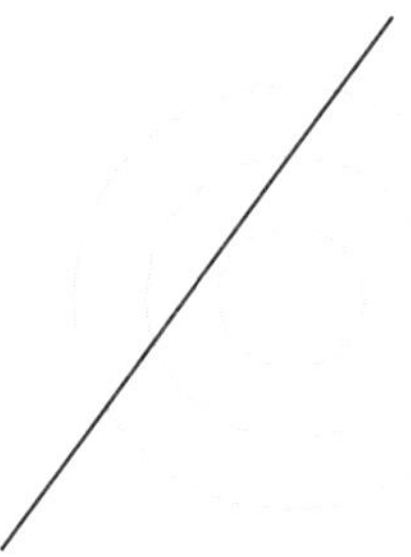

In dieser Welt sind Kreise viel natürlicher als Geraden wie die obige.

Eine erste Antwort auf die Frage «Warum ist $y = mx + b$?» lautet also wie üblich, dass es besser ist zu fragen, *in welchem Kontext* die Gleichung wahr ist, als *warum* sie wahr ist: Sie ist nicht in jedem Kontext wahr, auch dann nicht, wenn klar ist, dass wir versuchen, eine Gerade zu beschreiben: Wir müssen genauer sein und sagen, dass wir die Gerade im kartesischen Koordinatensystem beschreiben wollen.

Als Nächstes gilt es zu verstehen, was die Gleichung uns sagen will.

Wie eine Gleichung ein Bild beschreibt

Die Beziehung zwischen Bildern und algebraischen Ausdrücken ist bemerkenswert tiefgründig; ich werde in Kapitel 7 darauf zurückkommen. Es ist erstaunlich, dass wir mit einer Folge von Symbolen ein Bild zeichnen können.

Das geht so: Wir stellen uns vor, in einer kartesischen Ebene eine Gerade zu zeichnen:

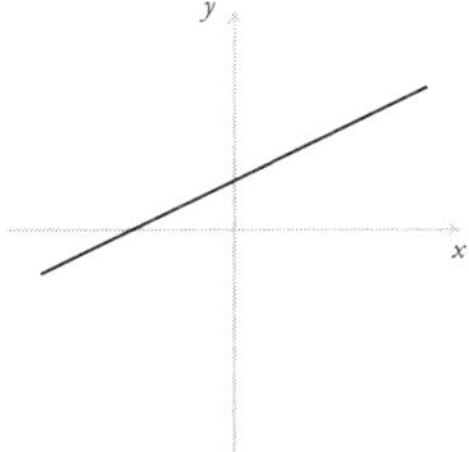

Jeder Punkt auf dieser Geraden hat eine x- und eine y-Koordinate, und die Frage ist, ob es möglich ist, im Voraus zu wissen, ob ein bestimmtes Paar $(x|y)$ auf dieser Geraden liegt. *Alle* Paare $(x|y)$ ergeben die gesamte Ebene, also mehr als das, was wir wollen. Wir suchen nur *bestimmte* Paare $(x|y)$ und eine Möglichkeit, genau zu sagen, welche das sind, ohne sie alle auflisten zu müssen; es sind nämlich unendlich viele, die wir aus diesem Grund auch gar nicht alle auflisten *können.*

Hier kommen die Buchstaben ins Spiel: Noch weniger, als alle Koordinatenpaare für eine bestimmte Gerade aufzuzählen, können wir dies für alle möglichen Geraden tun, weil es unendlich viele Geraden und auf jeder Geraden unendlich viele Punkte gibt. Also praktizieren wir stattdessen das wundersame Ersetzen von Zahlen durch Buchstaben, damit wir all diese unendlich vielen Beziehungen mit *einer* Gleichung formulieren können. Das ist der Sinn der Verwendung von Buchstaben anstelle von Zahlen.

Was ist nun mit dieser speziellen Buchstabenfolge $y = mx + b$? m und b sind «Konstanten», d. h., wenn wir für sie einmal Werte bestimmt und dadurch eine Gerade festgelegt haben, bleiben m und b gleich. Ändern wir die Werte, erhalten wir eine andere Gerade. m und b zusammen legen also eine Gerade fest. Und sobald wir m und b bestimmt haben, stellt die Gleichung eine Beziehung zwischen x und y dar, die die x- und die y-Koordinaten aller Punkte auf dieser Geraden definiert. Das heißt, jedes Paar (x, y), das dem entspricht, was diese Beziehung aussagt, gibt einen Punkt an, der definitiv auf der Geraden liegt, und jeder Punkt auf dieser Geraden ist ein Paar (x, y), das dem entspricht, was diese Beziehung aussagt.

Die Verwendung von Buchstaben anstelle von Zahlen erlaubt uns also, für jede der unendlich vielen Geraden unendlich viele Beziehungen zwischen x und y zu bestimmen. Ich glaube, wir staunen viel zu wenig darüber, dass das möglich ist, und bitte Sie, sich dafür einen Augenblick Zeit zu nehmen. Das ist etwas, was wir völlig übersehen, wenn wir sagen, dass die Dinge offenkundig seien, und dazu auffordern, keine «dummen» Fragen zu stellen.

Ich habe jetzt über die Idee gesprochen, die hinter dieser Formel steht, aber nicht über das, was an der Formel jeweils besonders ist. Eine Möglichkeit, dies zu erkunden, ist, einfach ein paar Beispiele auszuprobieren. Wir legen also Werte für m und b fest und schauen, welche x- und y-Koordinaten wir dann erhalten.

Wenn wir $m = 1$ und $b = 0$ festlegen, erhalten wir unter anderem folgende Paare von x- und y-Koordinaten:

x	$mx + b$
1	1
2	2
3	3
4	4

Und wenn wir diese Paare graphisch darstellen, erhalten wir Folgendes:

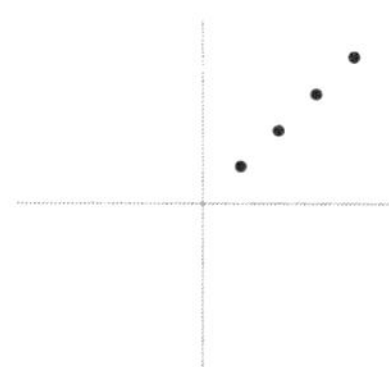

«Ah, das sieht aus wie eine Gerade», könnten wir jetzt sagen und die Gerade zeichnen:

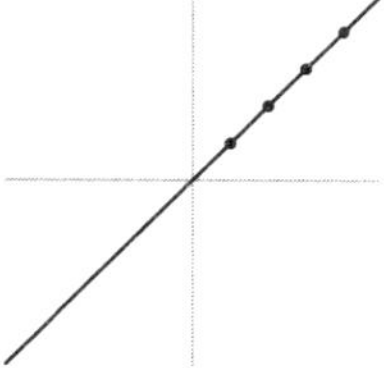

Nun, das wäre nicht sehr mathematisch, denn wir haben nur einige Beispiele gerechnet und dann mehr oder minder «hellseherisch» statt logisch extrapoliert; es gibt aber viele mögliche Graphen, die durch diese vier Punkte gehen würden, zum Beispiel diesen:

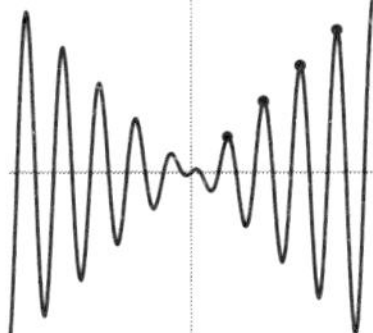

Oder auch diesen, der zwar viel «unordentlicher», aber trotzdem zulässig ist:

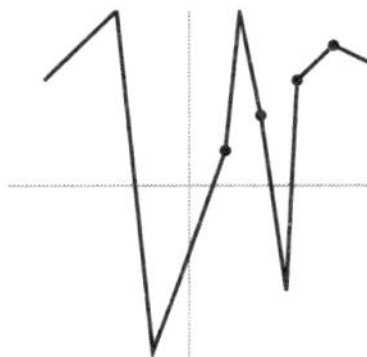

Mathematisch (d. h. vollkommen logisch) wäre es zu sagen: Wenn $m = 1$ und $b = 0$ ist, dann wird die Beziehung $y = mx + b$ dadurch, dass man diese Werte in die Gleichung einsetzt, zu $y = x$. Welche Punkte auf der kartesischen Ebene entsprechen nun dem, was diese Beziehung aussagt? D. h., welche Punkte haben Koordinaten, für die gilt: $y = x$? Die Antwort lautet: alle Punkte, bei denen der horizontale Abstand von 0 gleich dem vertikalen Abstand von 0 ist, also alle Punkte auf der Diagonale, die wir zuerst gezeichnet haben. Jetzt müssen wir nicht mehr raten oder auf der Grundlage einer kleinen Anzahl von Beispielpunkten von unseren hellseherischen Fähigkeiten Gebrauch machen, sondern wir haben es logisch verstanden.

Wir könnten all dies nun genauso mit anderen Werten für m und b machen, etwa mit $m = 2$ und $b = 1$. Wir würden dann diese Tabelle erhalten und den Versuch machen, eine Linie für die Punkte zu erraten:

x	$mx + b$
1	3
2	5
3	7
4	9

Und vielleicht würden wir einige Trends erkennen: Je größer m ist, umso steiler ist die Gerade, und je größer b ist, umso weiter oben auf der Seite befindet sie sich. Wir könnten sogar negative Werte einsetzen und würden feststellen, dass die Gerade, wenn m negativ ist, nicht steigt, sondern fällt und dass sie sich, wenn b negativ ist, nicht weiter oben, sondern weiter unten auf der Seite befindet.

Nachdem wir einige Beispiele ausprobiert haben, könnten wir meinen, es sei «offenkundig», dass diese Formel immer eine Gerade ergebe, aber das wäre nicht mathematisch. Die Trends wurden nicht mathematisch, sondern eher experimentell erkannt, und das Ausprobieren von ein paar Beispielen hat uns nicht logisch erklärt, was wirklich der Fall ist. Die Trends zu erkennen und das allgemeine Muster zu erraten war erst der Beginn einer mathematischen Entdeckung; wenn daraus Mathematik werden soll, müssen wir aus einer Vermutung eine logische Argumentation machen.

Und hier ist die Frage nach den Geraden wirklich tiefgründig, denn wie beweist man, dass *jede* Gerade die Formel $y = mx + b$ hat? Nun, wie Sie sich aufgrund einiger meiner früheren Antworten vielleicht schon gedacht haben, geht es außer um die Bestimmung des Kontexts, über den wir sprechen, auch darum, zu definieren, was eine Gerade überhaupt ist. Das wiederum setzt voraus, dass man sorgfältig und genau definiert hat, was Geometrie ist. Jahrhundertelang haben die Mathematiker versucht, dies zu tun, und haben schließlich erkannt, dass es viel mehr Arten von Geometrie gibt, als sie geglaubt hatten, und dass nur in einer bestimmten Art von Geometrie Geraden mit der Formel $y = mx + b$ beschrieben werden, in anderen Arten von Geometrie aber mit anderen Formeln. Diese Gleichung ist also keineswegs überall wahr.

Wenn Geraden nicht gerade aussehen

Wie definiert man eine Gerade? Das ist eine tiefgründige Frage. Eine Möglichkeit, einer Antwort näherzukommen, ist, sich vorzustellen, dass man eine Schnur vollkommen straffzieht. Eine andere ist, daran zu denken, wie Licht sich fortpflanzt: Es nimmt immer den kürzestmöglichen Weg. Wenn wir eine Schnur straffziehen, verbindet sie die beiden Endpunkte auf dem kürzesten Weg. Wenn wir sie um die Ecke eines Gebäudes straffziehen, nimmt sie den kürzesten Weg in dem Raum, der das Hindernis des Gebäudes berücksichtigt. Hier ein Blick von oben auf eine Schnur, die zwischen zwei Punkten um die Ecke eines Gebäudes herum straffgezogen ist. Das ist natürlich nicht unbedingt realistisch, aber ich möchte Ihnen eine abstrakte Vorstellung von den Prinzipien vermitteln:

Entscheidend ist dies: Der kürzeste Weg zwischen zwei Punkten hängt von der Form des Raumes ab, in dem man sich befindet, und außerdem davon, wie man Entfernung definiert. Er ist also in hohem Maße kontextabhängig.

Die «Taxi-Entfernung» zum Beispiel ist die Wegstrecke, die man in einer Stadt, deren Bebauungsplan ein Gittersystem zugrunde liegt, zurücklegen muss, um an ein Ziel zu kommen, das man nur auf Straßen erreichen kann. Auf der Karte unten, die einen Ausschnitt des Stadtzentrums von Chicago zeigt, ist der kürzeste Weg zwischen den markierten Punkten 7 Häuserblocks lang, denn ganz gleich, welchen Weg man nimmt, man muss an 3 Häuserblocks nach Osten und an 4 Häuserblocks nach Norden vorbei, um ans Ziel zu gelangen:*

* Kartenbild © Beiträger zu OpenStreetMap. Die Daten sind unter der Open Database License verfügbar, siehe https://www.openstreetmap.org/copyright.

Das bedeutet, dass in dieser Geometrie jede der folgenden Linien als «Gerade» gelten würde, da jede von ihnen ein kürzester Weg von A nach B ist, vorausgesetzt, wir bewerten das Abbiegen an einer Ecke nicht als zusätzliche Schwierigkeit.

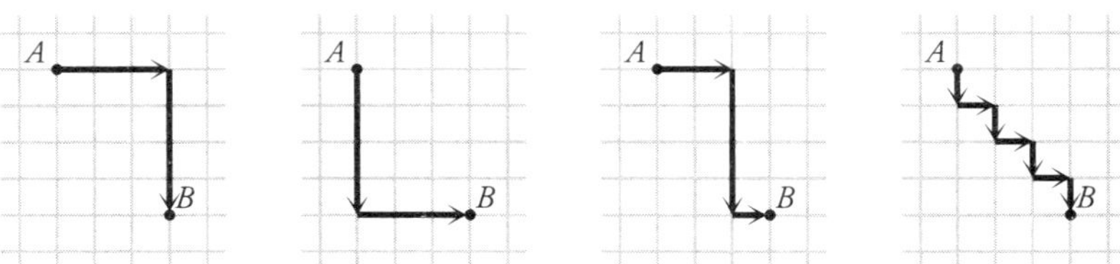

Das sind ganz andere Geraden als jene, die eine Krähe von A nach B fliegen würde und die eine Diagonale wäre. Es hängt also von der Geometrie einer Welt ab, ob eine Linie als Gerade gelten kann. Im Jahr 2021 wurde berichtet, dass an der englischen Küste spektakuläre optische Täuschungen auftraten, bei denen es so aussah, als würden Schiffe über der Meeresoberfläche schweben. Das Phänomen wird als «Luftspiegelung» bezeichnet, weil das Objekt höher zu liegen scheint, als es liegt (bei einer «Luftspiegelung nach unten» scheint es tiefer zu liegen, als es liegt). Eine Luftspiegelung entsteht, wenn warme Luft auf kälterer Luft liegt: Da die kältere Luft dichter ist, geht das Licht langsamer durch sie hindurch, was dazu führt, dass seine Bahn sich auf dem Weg zu unserem Auge nach unten krümmt. In der Geometrie, die durch unterschiedliche Luftdichten entsteht, ist das für das Licht der «kürzeste Weg». Unser Gehirn ist aber nicht intelligent genug (es hat eben seine Grenzen), um den Dichteunterschied zu berücksichtigen, und interpretiert das Licht deshalb so, als hätte es sich in einem einfachen Raum geradlinig fortgepflanzt. Es sieht dann so aus, als würden Schiffe am Himmel schweben.

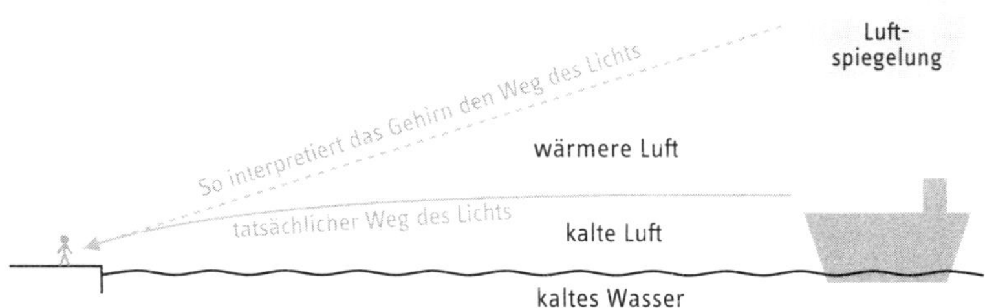

Stellen Sie sich vor, jemand wirft Ihnen einen Ball zu – der Ball würde sich in einer Kurve durch die Luft bewegen und sich Ihnen von oben nähern, wie der Lichtstrahl in der Abbildung oben. Würde Ihr Gehirn davon ausgehen, Bälle könnten sich nur in geraden Linien fortbewegen, würden Sie denken, die Person schwebe am Himmel und habe Ihnen den Ball von dort zugeworfen. In Wirklichkeit sorgt die Schwerkraft dafür, dass Bälle sich in Kurven bewegen, und eine der entscheidenden Ideen von Einsteins Relativitätstheorie ist es, sich diese Kurven als gerade Linien in einer anderen Geometrie vorzustellen: in einer Geometrie, die die Anziehung der Schwerkraft berücksichtigt. Wir sehen die Kurve des Balls insofern nur deshalb als nicht-gerade Linie, weil unser Gehirn nicht die richtige Geometrie zugrunde legt.

Auch auf einer kugelförmigen Oberfläche wie derjenigen der Erde sieht die kürzeste Verbindung zweier Punkte nicht wie eine Gerade aus. Sie sieht nur dann so aus, wenn wir uns nicht sehr weit entfernen, denn die Erde ist groß genug, dass sehr kleine Teile ihrer Oberfläche aus der Nähe betrachtet ziemlich flach wirken. Das ist der Grund, warum die kürzeste Verbindung zweier Punkte, die nicht allzu weit voneinander entfernt sind, immer noch ziemlich genau so aussieht, wie es unserer gewohnten Vorstellung von einer Geraden entspricht. Sieht man sich jedoch Flugrouten an, ist man manchmal überrascht, wie gekrümmt sie sind. Da es gilt, Zeit, Treibstoff und Geld zu sparen, nehmen Flugzeuge nach Möglichkeit den kürzesten Weg von A nach B (der nur deshalb nicht immer der kürzeste ist, weil die Route auch Luftströmungen und andere Dinge berücksichtigen muss). Ich staune immer wieder, wie weit im Norden die Flugroute von Chicago nach London verläuft. Während ich mir vage vorstelle, mitten über den Atlantik zu fliegen, weil Chicago weiter südlich liegt als London, führt der kürzeste Weg in Wirklichkeit über Kanada und Grönland. Der kürzeste Weg von A nach B auf gekrümmten Flächen wird als geodätisch bezeichnet.

Die Erkenntnis, dass es verschiedene Arten von Geometrie gibt, hat die Mathematiker überrascht. Sie versuchten, die geometrischen Postulate Euklids zu verstehen, von denen Euklid angenommen hatte, sie seien uneingeschränkt wahr. Doch als sie dies für Geraden beweisen wollten, stießen sie zufällig auf bis dahin unbekannte Arten von Geometrie, in denen Geraden sich anders verhalten. Eine dieser Geometrien, die sie entdeckten, ist die Geometrie auf der Oberfläche einer Kugel, die als sphärische Geometrie bezeichnet wird. Ich nenne sie «ausbeulende» Geometrie, weil sich in ihr alle Formen ausbeulen. Versuchen Sie mal, auf der Oberfläche einer Kugel ein Dreieck zu zeichnen! (Ich finde es reizvoll, das mit einem Kugelschreiber auf einer Apfelsine zu tun.) Diese «Ausbeulungen» schlagen sich in der Summe der Winkel in einem Dreieck nieder. Während die Winkel in einem Dreieck in unserer normalen, «flachen» (nicht ausbeulenden) Geometrie immer 180° ergeben, summieren sie sich auf der Oberfläche einer Kugel auf mehr als 180°.

Sie fragen sich vielleicht, ob es neben einer «ausbeulenden» auch eine «einbeulende» Geometrie gibt, und können sie sich sogar vage vorstellen. Wenn das der Fall ist, denken Sie wie ein Mathematiker. Und Sie erraten vielleicht, dass Dreiecke in dieser Geometrie Winkel haben, die sich zu weniger als 180° addieren. Diese Art von Geometrie wird als *hyperbolische* Geometrie bezeichnet. Sie sich vorzustellen ist etwas schwieriger – oder auch nicht, wenn Sie schon einmal genäht, gestrickt oder gehäkelt haben. Wenn Sie einen flachen Kreis häkeln wollen, zum Beispiel einen Untersetzer oder ein Tischset, dann fangen Sie in der Mitte an und arbeiten sich in konzentrischen Kreisen nach außen. Damit das Ganze flach bleibt, müssen Sie die Anzahl der Maschen in jedem Kreis vorsichtig erhöhen. Wenn Sie zu wenige Maschen häkeln, entsteht eine Schüsselform, weil sich das Ganze nach innen zieht, statt flach zu bleiben. Wenn Sie mehr Maschen häkeln als für die flache Version gerade richtig, bekommen Sie zu viel Material am Rand. Er sieht dann irgendwie kraus aus und ähnelt ein bisschen einer hyperbolischen Geometrie. Eine einfachere Version davon ist ein Pferdesattel oder auch ein Pringle.* Wenn Sie sich vorstellen, auf einen Pringle

* «Der perfekte Snack zum Stapeln!» (Werbung). Ein Kartoffelchip, der aufgrund seiner Geometrie stapelbar ist.

ein Dreieck zu zeichnen, indem Sie mit drei Punkten beginnen und diese dann mit den kürzestmöglichen Linien verbinden, sieht das Ganze aus wie eine abgemagerte Version eines Dreiecks oder wie ein «eingebeultes» Dreieck. Ungefähr so:

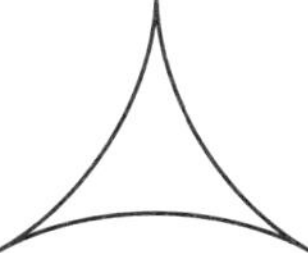

Es ist also nicht wahr, dass absolut alle Geraden von der Formel $y = mx + b$ beschrieben werden; das gilt nur für alle Geraden in einer bestimmten Art von «flacher» Geometrie. Die Formel ist im Grunde eine Definition dieser bestimmten Art von Geometrie, die Euklid ursprünglich zu charakterisieren versuchte, indem er intensiv über Geraden nachdachte. Diese Art von Geometrie wird heute als euklidische Geometrie bezeichnet.

Fazit: Warum Buchstaben?

Ein oft geäußerter Einwand gegen Mathe ist, dass sie nutzlos sei – nach der Schulzeit brauche man sie nie wieder. Wenn man Ihnen nur von unmittelbarem Nutzen erzählt und Sie glauben gemacht hat, dass es in Mathe nur darum gehe, dann wäre der Einwand berechtigt. Ich glaube nicht, dass es von unmittelbarem Nutzen ist zu wissen, dass die Gleichung einer Geraden in der zweidimensionalen euklidischen Geometrie, formuliert in kartesischen Koordinaten, $y = mx + b$ ist. Ich bin sicher, dass ich sie im täglichen Leben noch nie verwendet habe. Auf jeden Fall nützlich aber ist, dass mein Gehirn sich darin üben konnte, verschiedene geometrische Welten genau zu erforschen und einzelne Bedingungen zu verändern, um dann zu sehen, was daraus jeweils folgte. Für mich ist das der Sinn von Abstraktion, der Sinn der Verwendung von Buchstaben für Zahlen und der Sinn der Erkundung von Geraden in verschiedenen Arten von Geometrie.

Wenn man weiß, wie man *allgemein* mit unbekannten Größen operiert, lässt sich das viel besser übertragen, als wenn man nur gelernt hat, mit *bestimmten* Größen zu arbeiten. Hier stellen sich also zwei Fragen: zum einen die, warum eine Technik für einen Mathematiker so fruchtbar ist, dass er sie in seiner künftigen Arbeit gebrauchen kann, zum anderen die, warum dieselbe Technik in irgendeiner Weise für jemand anderen relevant sein kann, der nach der Schulzeit wahrscheinlich nie wieder Verwendung für sie haben wird.

Meine Antwort auf die zweite Frage ist dieselbe wie die Antwort auf eine andere Frage, die mir oft gestellt wird, nämlich wie ich zu Erklärungen und Diagrammen komme, die Klarheit in sensible, heikle, differenzierte und komplizierte Argumentationen zu sozialen Fragen bringen. Die Antwort lautet, dass mir diese Dinge aufgrund meiner Ausbildung in der abstrakten Mathematik sehr leichtfallen. Ich kann nicht genau sagen, *wie* mich die Arbeit mit Symbolen zu Möglichkeiten führt, die Welt durch Abstraktion besser zu verstehen. Aber die Frage führt zurück zur Idee des Rumpftrainings für das Gehirn.

Ich habe einmal an einem Kongress zum Thema «Mathematik im Leben» teilgenommen. Außer meinem eigenen wurden alle Vorträge von Vertretern der angewandten Mathematik gehalten. Es gab wunderbare Vorträge über die Mathematik der Wahlkreismanipulation, die Mathematik der Fehlerkorrektur bei CDs,* die Mathematik der Kryptographie und die Mathematik von Schokoladenbrunnen. Ich sprach über Logik und Abstraktion und politische Argumentationen. Am Ende des Tages gab es eine Fragestunde, in der die Zuhörer jedem Redner Fragen stellen durften. Eine Person fragte uns alle, wie wir von unseren Forschungen im Alltag Gebrauch machen. Die Vertreter der angewandten Mathematik meinten unisono, sie würden im Alltag von ihren Forschungen keinen unmittelbaren Gebrauch machen, sondern die Techniken und die Disziplin der Mathematik im Allgemeinen nutzen. Zum ersten Mal fühlte ich mich ermutigt, für die abstrakte Mathematik einzutreten und zu sagen, diese Techniken und diese Disziplin seien der Inhalt der abstrakten Mathematik, und insofern würde ich im täglichen Leben von meiner Forschung tatsächlich Gebrauch machen; man würde das allerdings nicht erkennen, wenn es einem nur um unmittelbare Anwendungen gehe.

---

* CDs sind inzwischen etwas aus der Mode gekommen, aber die digitale Fehlerkorrektur wird nicht nur für CDs verwendet.

6

Formeln

Wie kommen all diese trigonometrischen Formeln zustande? Und warum müssen wir sie auswendig lernen?

Ich hoffe, Sie ahnen, wie die Antwort auf die zweite Frage lautet: Wir müssen sie nicht auswendig lernen, wenn wir verstehen, wie sie zustande kommen. Im vorigen Kapitel ging es um die Formel für eine Gerade, die es uns ermöglicht, ein Bild streng durch eine Folge von Symbolen zu beschreiben. Der Graph wurde beschrieben durch etwas, das alle Punkte auf ihm gemeinsam hatten, nämlich eine bestimmte Beziehung zwischen ihren *x*- und *y*-Koordinaten. In diesem Kapitel geht es um Formeln für Beziehungen zwischen Dingen, die jeweils einen eigenen Graphen haben: Gemeint sind mit diesen «Dingen» die trigonometrischen Funktionen für Sinus, Cosinus und Tangens. Wer glaubt, Formeln seien nur dazu da, um sie abzufragen, der irrt: In Wahrheit sind sie dazu da, uns zu helfen. Ich möchte also auch in diesem Kapitel zeigen, was Formeln für mich sind: fast schon magische Maschinen, die es uns ermöglichen, unendlich viele Dinge gleichzeitig zu tun. Die wunderbarsten Formeln sind die, die etwas erklären. Wir verstehen Dinge oft besser, wenn wir versuchen, sie jemandem zu erklären, und manchmal kann man das nicht kompakter tun als mit einer Formel. Diese Kompaktheit kann allerdings verstörend wirken, wenn man darauf nicht vorbereitet ist. Maschinen, die viel mehr können, als man bisher gewohnt war, können immer verstörend wirken; stellen Sie sich vor, jemand hätte vor zweihundert Jahren plötzlich einen Jumbojet erblickt! Formeln sind wie solche Maschinen, und Gleichungen sind wie wundersame Brücken, die es uns ermöglichen, zwischen verschiedenen mathematischen Welten hin und her zu gehen.

Auswendiglernen versus Verinnerlichen

Man könnte meinen, dass Formeln nur Definitionen seien, bei denen es nichts zu verstehen gebe, und dass wir sie daher auswendig lernen müssten. Definitionen in der Mathematik sind jedoch immer aus einem bestimmten Grund aufgestellt worden, und wenn wir diesen Grund kennen, können wir sie verinnerlichen, statt sie auswendig zu lernen, was ein kleiner, aber wesentlicher Unterschied ist. Etwas verinnerlichen bedeutet, es durch eine Kombination aus Verstandenhaben, Intuition und wiederholter Anwendung im Bewusstsein verankern. Etwas auswendig lernen dagegen bedeutet für mich, es sich durch rohe Gewalt – «Pauken» – einprägen, oder sich Eselsbrücken merken, die mit der Sache selbst gar nichts zu tun haben, wie etwa *sohcahtoa* für die trigonometrischen Formeln «sine equals opposite over hypotenuse, cosine equals adjacent over hypotenuse, tan equals opposite over adjacent» («Sinus ist Gegenkathete durch Hypotenuse, Cosinus ist Ankathete durch Hypotenuse, Tangens ist Gegenkathete durch Ankathete») oder *mr vans tramped* für die französischen Verben, die die Vergangenheitsform unregelmäßig bilden:

mourir	**v**enir	**t**omber
rester	**a**ller	**r**etourner
	naître	**a**rriver
	sortir	**m**onter
		partir
		entrer
		descendre

Letzteres ist ein gutes Beispiel für den Unterschied zwischen dem, was ich Auswendiglernen, und dem, was ich Verinnerlichen nenne. Auch wenn Sie nicht Französisch sprechen, werden Sie verstehen, was ich sagen will. Es ist zwar schon einige Jahre her, dass ich in einer Prüfung diese Verben hersagen musste, aber die Eselsbrücke hat mir immerhin dazu verholfen, dass ich die Liste aufstellen konnte. Sie hat mir allerdings nie geholfen, die Verben im

Gespräch zu gebrauchen. Es würde ja auch gestelzt klingen, wenn man bei jedem Verb innehalten würde, um die Liste anhand der Eselsbrücke im Kopf durchzugehen und sich zu vergewissern, wie man die Vergangenheitsform bildet. Um diese Verben im Gespräch korrekt verwenden zu können, müssen Sie *verinnerlicht* haben, wie die Vergangenheitsform bei ihnen gebildet wird, so dass Sie durch eine Kombination aus wiederholter Verwendung und Verstandenhaben «automatisch» wissen, welche Konstruktion richtig ist.

Dieser Unterschied zwischen Auswendiglernen und Verinnerlichen ist wichtig, aber wir machen ihn nicht deutlich genug und geraten deshalb in kontroverse Diskussionen darüber, ob «Auswendiglernen» in Mathe «sein muss». Ich persönlich bin der Meinung, dass Pauken nur in wenigen Fällen notwendig ist. Es kann hilfreich sein, aber nur, wenn es Spaß macht. Wenn es keinen Spaß macht, überwiegt der Schaden den Nutzen. Die Frage, wodurch Matheunterricht schaden kann, wird bei der Diskussion über ihn viel zu wenig erörtert. Es gibt Dinge, die durchaus dazu beitragen können, dass Schülerinnen und Schüler bei einem Mathe-Test besser abschneiden, aber wir sollten überlegen, ob diese Dinge nicht ein so schweres Mathe-Trauma verursachen, dass die jungen Leute der Mathematik für den Rest ihres Lebens aus dem Weg gehen. Das langfristige Nettoergebnis ist dann, dass wir ihnen außer einer Abneigung gegen Mathe nicht viel «beigebracht» haben.

Das Lustige ist, dass auch ich mir die Definitionen der Trigonometriefunktionen in der Schule mit einer Eselsbrücke eingeprägt habe (allerdings nicht mit dem Kunstwort *sohcahtoa*, von dem ich erst gehört habe, als ich Professorin war und eine neue Generation von Studierenden mir davon erzählte).

Ich spreche von den Formeln, die die trigonometrischen Funktionen Sinus, Cosinus und Tangens auf die Seiten eines Dreiecks beziehen. Sie erinnern sich vielleicht, wie eine Sinuskurve aussieht: Wenn wir sie auf ein Achsensystem zeichnen, sieht sie wie der Graph unten links aus, während eine Cosinuskurve ein wenig verschoben ist, wie der Graph rechts daneben zeigt:

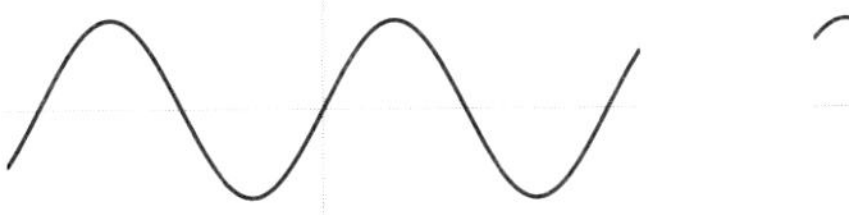

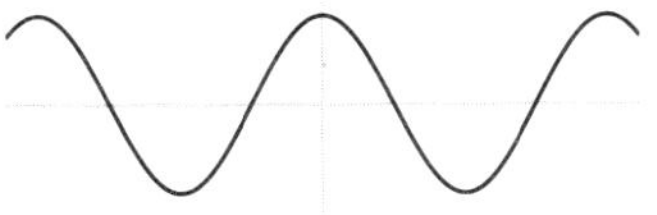

Heutzutage können wir den Sinus und den Cosinus von Was-auch-immer mit einem Taschenrechner berechnen, aber die Formeln sagen uns, wie man die Funktionen anhand der Seiten eines rechtwinkligen Dreiecks auf einen Winkel desselben anwendet. Die Seiten werden mit Bezugnahme auf den gewählten Winkel bezeichnet, wie in diesem Diagramm, in dem die gestrichelte Linie den Winkel markiert:

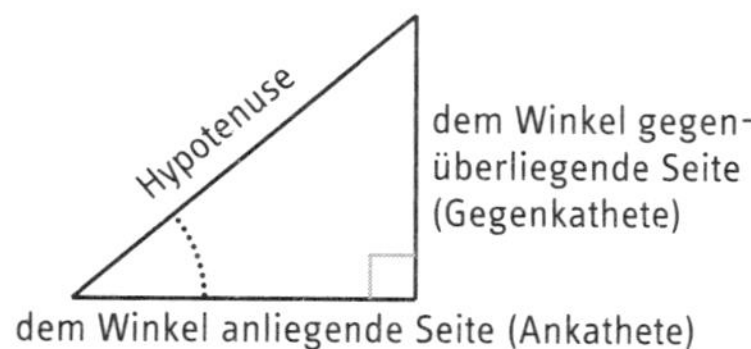

Die Eselsbrücke nun soll uns Folgendes sagen:

- *soh:* **s**in equals **o**pposite over **h**ypotenuse (sin ist Gegenkathete durch Hypotenuse)
- *cah:* **c**os equals **a**djacent over **h**ypotenuse (cos ist Ankathete durch Hypotenuse)
- *toa:* **t**an equals **o**pposite over **a**djacent (tan ist Gegenkathete durch Ankathete)

Der Grund, warum ich, wie so viele andere Schülerinnen und Schüler auch, das Gefühl hatte, mir dies anhand einer Eselsbrücke einprägen zu müssen, war, dass niemand mir erklärt hatte, wie diese Definitionen zustande kommen. Heute, da ich weiß, wie sie zustande kommen, brauche ich meine damalige Eselsbrücke nicht mehr. Ich bin auch nicht sicher, ob ich sie noch korrekt im Gedächtnis habe – ein weiterer problematischer Aspekt des Auswendiglernens; das alles ist ja schon lange her. Wenn man dagegen verstanden hat, was die Formeln besagen, kann man sie mit Sachverstand reproduzieren, was viel zuverlässiger ist als das Sicherinnern an Auswendiggelerntes.

Was die trigonometrischen Funktionen besagen, darüber kann man geteilter Meinung sein, aber meiner Meinung beschreiben sie eine Beziehung zwischen Kreisen und Quadraten bzw. zwischen kreisförmigen Gittern und rechtwinkligen Gittern.

Kreisförmige versus quadratische Gitter

Ich habe im vorigen Kapitel über zwei Möglichkeiten gesprochen, Punkte einer zweidimensionalen Ebene zu bezeichnen: mit kartesischen Koordinaten (einem rechtwinkligen Gitter) und mit Polarkoordinaten (einem kreisförmigen Gitter). Ich habe auch gesagt, dass es nicht wichtig ist, welches Koordinatensystem man dazu verwendet, solange man weiß, wie man die Informationen von einem System in ein anderes übersetzt.

Wie übersetzt man nun polare in kartesische Koordinaten und umgekehrt?

Angenommen, wir kennen die Polarkoordinaten eines Punktes und wollen sie in kartesische Koordinaten übersetzen. Wir kennen den Winkel und den direkten Abstand vom Koordinatennullpunkt.

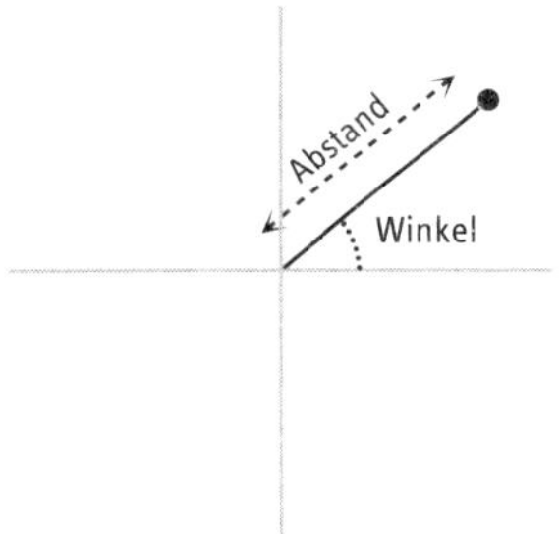

Wie übersetzen wir diese Informationen in eine *x*- und eine *y*-Koordinate? Nun, wir kennen die Länge *einer* Seite des unten abgebildeten rechtwinkligen Dreiecks und müssen die Länge der beiden anderen Seiten berechnen:

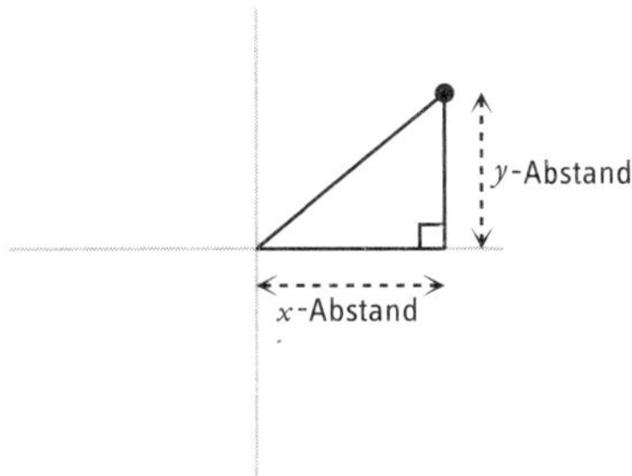

Das Dreieck ist deshalb rechtwinklig, weil wir versuchen, uns in das rechtwinklige kartesische Bezugssystem hineinzuversetzen. Wir beginnen also mit den Informationen, die den Winkel und die lange Seite des Dreiecks (die Hypotenuse) betreffen, und versuchen, die Länge der beiden anderen Seiten des Dreiecks zu berechnen.

Um kartesische Koordinaten in Polarkoordinaten zu übersetzen, versuchen wir, die *x*- und die *y*-Koordinate als Winkel und direkten Abstand vom Koordinatennullpunkt auszudrücken. Wir beginnen also mit den beiden kürzeren Seiten des Dreiecks und versuchen, die Länge der Hypotenuse und die Größe des Winkels (d. h. eines der beiden Winkel, die keine rechten Winkel sind) zu ermitteln.

Was ich gerade beschrieben habe, bezog sich auf einen beliebigen Punkt der zweidimensionalen Ebene, aber statt immer nur mit einem Punkt befassen wir Mathematiker uns gern mit dem gesamten Szenario auf einmal. Wir wollen die Beziehung zwischen den beiden Welten verstehen, nicht immer nur einen Punkt übersetzen können. (Vielleicht ähnelt das ein wenig der Tatsache, dass ein Sprachübersetzer viel mehr ist als ein Wörterbuch.) Sie können sich das Nachdenken darüber, wie statt der Koordinaten immer nur eines Punkts die Koordinaten beliebiger Punkte der kartesischen Welt in Koordinaten der polaren Welt übersetzt werden, so vorstellen, dass Sie in der polaren Welt immer im Kreis herumgehen und beobachten, wie sich dabei Ihre *x*- und *y*-Koordinaten verändern.

Oder stellen Sie sich vor, Sie fahren Riesenrad. Während Sie sich im Kreis drehen, nehmen Sie die vertikale Bewegung sicher deutlicher wahr als die horizontale Bewegung; schließlich bewegen wir uns viel seltener vertikal als horizontal. Die vertikale Bewegung ist für Sie besonders deutlich spürbar, wenn Sie auf der einen Seite des Riesenrads aufsteigen. Sie verlangsamt sich, wenn Sie sich dem höchsten Punkt nähern, und wenn Sie diesen erreichen, haben Sie einen kurzen Moment lang das Gefühl, stillzustehen. Der scheinbare Stillstand geht dann wieder spürbar in die vertikale Bewegung über, diese – jetzt auf der anderen Seite – beschleunigt sich, um sich wieder zu verlangsamen, wenn Sie den tiefsten Punkt des Riesenrads passieren.

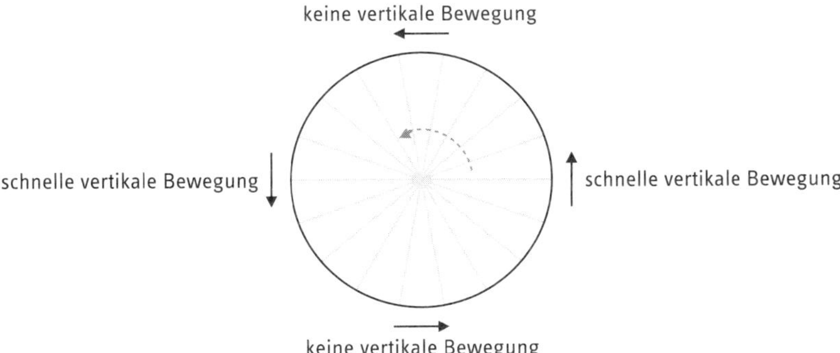

Mit der horizontalen Bewegung verhält es sich umgekehrt: Die horizontale Bewegung ist für Sie am stärksten spürbar, wenn Sie den höchsten und den tiefsten Punkt passieren, und verlangsamt sich auf den Seiten bis zu einem Augenblick horizontalen Stillstands, wenn Sie die äußersten Punkte erreichen und nur noch vertikal unterwegs sind.

Jetzt die Pointe: So kommen die Sinus- und die Cosinusfunktion zustande. Wenn Sie nur die vertikale Bewegung wahrnehmen, ist das die Sinusfunktion; wenn Sie nur die horizontale Bewegung wahrnehmen, ist das eine komplementäre Bewegung, die als Cosinus bezeichnet wird. Hier ein Bild der Sinusfunktion: Aus ihm ist abzulesen, wie diese Funktion jeweils dem Winkel entspricht, wenn Sie sich im Kreis bewegen und der Winkel sich ändert. Sie verstehen es, wenn Sie sich daran erinnern (denken Sie an das Diagramm zur Messung von Polarkoordinaten), dass der Winkel in Bezug auf die horizontale x-Achse gemessen wird. 0° und 180° entsprechen also den äußersten seitlichen Punkten des Kreises, 90° und 270° seinem höchsten und seinem tiefsten Punkt.

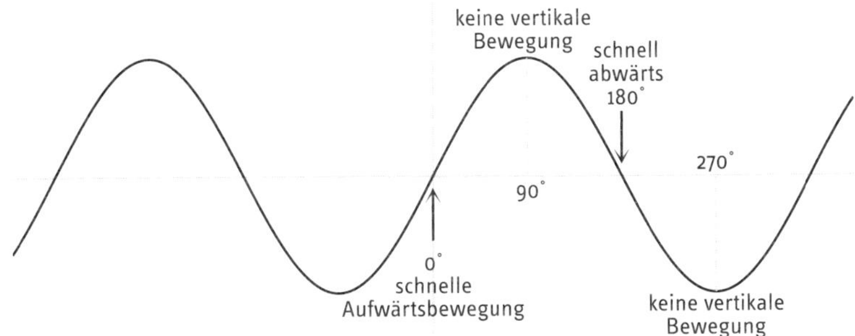

Mit der Vorsilbe «Co» wird in Mathe regelmäßig zum Ausdruck gebracht, dass etwas in bestimmtem Sinne komplementär ist, was oft meint, dasselbe Phänomen aus einem entgegengesetzten oder umgekehrten Blickwinkel zu betrachten. In diesem Sinne sind Sinus und Kosinus komplementär.

Sie fragen sich aber vielleicht, warum die beiden Kurven sich umgekehrt zueinander verhalten und woher das Wort «Sinus» überhaupt stammt. Die Verwendung dieses Wortes scheint die Geschichte eines sprachlichen Missverständnisses zu sein. Das Wort ist die lateinische Übersetzung einer vermutlich falschen Interpretation einer arabischen Transliteration eines Sanskritwortes. Es gibt leider viele Wörter, die nicht korrekt aus anderen Sprachen übernommen wurden. Das chinesische Wort *chai* zum Beispiel bedeutet «Tee». Wenn man also etwas als «Chai-Tee» bezeichnet, ist das so, als würde man «Tee-Tee» sagen. Noch etwas zum Thema Tee: Westler, die chinesisches Essen mögen, sagen, sie gehen «Dim Sum» essen, was ja schön und gut ist, aber in Hongkong sagt man nicht *dim sum*, sondern *yum cha*, was wörtlich übersetzt «Tee trinken» heißt, aber eigentlich «Dim Sum essen» bedeutet (wozu normalerweise Tee getrunken wird). Es gibt auch viele Immigranten, deren Familiengeschichte schwer nachzuvollziehen ist, weil ihre Namen verschieden transkribiert wurden, von Abkürzungen und Vereinfachungen, Missverständnissen oder völliger Auslöschung des Namens ganz zu schweigen.

Das Studium der Trigonometrie allgemein lässt sich bis in die Antike zurückverfolgen, aber die Sinusfunktion, wie wir sie heute kennen, wurde von indischen Astronomen im 4. und 5. Jahrhundert entwickelt. Erstmals erwähnt hat sie nach heutigem Wissen Aryabhata der Ältere, der mit dem Sanskritwort *jya*, «Bogensehne» (man denke an die Sehne der zum Verschießen von Pfeilen verwendeten Waffe), eine halbe Kreissehne bezeichnete. In der Geometrie ist eine «Sehne» eine Gerade, die zwei Punkte einer Kreislinie miteinander verbindet (die Kreislinie zwischen ihnen kann man sich als den Bogen vorstellen, der von der Sehne gespannt wird). Aus der Abbildung unten, in der der Kreis so gedreht ist, dass die Sehne vertikal verläuft, ist zu ersehen, dass die Länge einer solchen Sehne doppelt so groß ist wie der Abstand zwischen dem horizontal durch den Kreismittelpunkt 0 laufenden Durchmesser und einem der beiden Punkte auf der Kreislinie:

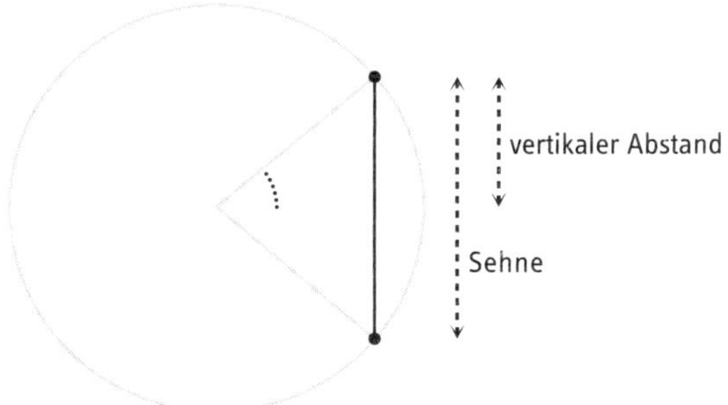

Bei einem Riesenrad liegt der Mittelpunkt natürlich nicht auf ebener Erde, aber man kann sich ja vielleicht ein Riesenrad vorstellen, das halb unter einer Wasseroberfläche fährt. Wir bräuchten dafür wasserdichte geschlossene Kabinen, Mechanismen, die im Wasser funktionieren, und alle möglichen Sicherheitsvorkehrungen. Das ist ein Unterschied zwischen Mathematik und Ingenieurswesen: Ich kann hier auf meinem Sofa sitzen und von einem halb unter einer Wasseroberfläche fahrenden Riesenrad träumen, ohne mir über die technischen Details Gedanken zu machen oder darüber, ob so ein Ding überhaupt realistisch ist. Dennoch, nachdem ich jetzt darüber nachgedacht habe, gefällt mir die Idee.

Warum platzieren wir den Kreismittelpunkt in beiden Richtungen bei 0? Aus Zweckmäßigkeitsgründen, aus Ordnungsliebe, aus Faulheit oder weil wir überflüssige Komplikationen ausschließen wollen (aber vielleicht läuft das alles auf dasselbe hinaus). Mathe ist manchmal wie ein kontrolliertes Experiment, bei dem man sich auf einen bestimmten Aspekt eines Szenarios konzentrieren will; also richtet man es so ein, dass die anderen Aspekte nicht ablenken. Um auf diesen Fall zurückzukommen: Wenn wir verstanden haben, wie es funktioniert, wenn der Kreismittelpunkt bei 0 liegt, ist es nicht allzu schwer zu erkennen, was passiert, wenn der Mittelpunkt verschoben wird.

Liegt er bei 0, ist der Kreis auch erfreulich symmetrisch, was uns zur Idee der Polarkoordinaten zurückbringt, bei denen konzentrische Kreise um 0 liegen. Wir könnten den Kreis auch auf eine dieser Arten platzieren:

Aber das würde uns nur mehr Komplikationen, nicht mehr Einsichten bescheren. Wenn etwas Komplikationen *und* Einsichten beschert, dann lohnt es sich abzuwägen, was schwerer wiegt, aber in diesem Fall gibt es nicht viel abzuwägen.

Etwas anderes, was Mathematiker bei einem kontrollierten Experiment oft tun, ist, die Daten der Versuchsanordnung so zu vergrößern oder zu verkleinern, dass so viele Zahlen wie möglich 1 werden. Beim Kreis ist es praktisch zu erklären, dass der Radius 1 ist, weil wir dann alle anderen Kreise durch Vergrößern oder Verkleinern leicht auf diesen einen beziehen können.

Sie fragen sich vielleicht: «1 was?», d. h. 1 in welcher Maßeinheit? Aber wie ich schon erwähnt habe, ist dies ein weiteres Merkmal, das ich an der reinen Mathematik schätze, wenn ich sie mit dem Ingenieurswesen, ja sogar mit der Physik vergleiche: Es spielt keine Rolle, welche Maßeinheiten wir verwenden, also brauchen wir sie auch nicht zu spezifizieren. Wir setzen einfach voraus, dass wir in einem gegebenen Szenario immer die gleichen Einheiten verwenden. Das ist mit einem Kochrezept vergleichbar, bei dem das Verhältnis der Zutaten zueinander angegeben ist, zum Beispiel dass man für Haferbrei einen Teil Hafer mit zwei Teilen Wasser (nach Volumen) zum Kochen bringt. Es spielt keine Rolle, wie groß der eine «Teil» Hafer ist, solange jeder «Teil» Wasser genauso groß ist.

Wie viele andere habe ich in der Schule das eine oder andere «Trauma» davongetragen. Ich habe vor kurzem einen alten Physiktest gefunden, bei dem wir ein Diagramm lesen und die Frage beantworten sollten: «Wie viele Sekunden braucht der Hund, um den Ball zu erreichen?» Ich schrieb «5» und bekam zur Strafe statt einer 1 nur eine 1 minus, weil ich nicht «5 Sekunden» geschrieben hatte. Dabei war doch nach Sekunden ausdrücklich gefragt worden! Wie Sie sich wahrscheinlich denken können, bin ich immer noch ein bisschen angefressen. Das ist die Art von schlechten Erfahrungen, die Schülerinnen und Schülern ein Fach für immer verleiden können.

Nun gut. Unter der Voraussetzung, dass der Mittelpunkt des Riesenrads auf der Höhe 0 liegt und der Radius 1 ist, ist die gesamte vertikale Höhe die Sinusfunktion.

Sinus und Cosinus

Ich werde jetzt also über die trigonometrischen Funktionen sprechen, wobei ich zur Bezeichnung der Winkel und der Seitenlängen Buchstaben verwenden werde. Wir Mathematiker bezeichnen Winkel mit griechischen und Seitenlängen mit lateinischen Buchstaben, um uns daran zu erinnern, dass die Buchstaben unterschiedliche Bedeutungen haben. Ich werde den griechischen Buchstaben θ (Theta) für den Winkel, das übliche x für den horizontalen und das y für den vertikalen Abstand vom Koordinatennullpunkt verwenden. Zwischen θ und y besteht eine feste Beziehung, die als Sinus bezeichnet wird und wie folgt formuliert werden kann:

$$y = \sin\theta$$

Ja, das Wort heißt «Sinus», aber Mathematiker kürzen es auf die drei Buchstaben «sin» ab.

Ich habe oben dargelegt, wie man Polarkoordinaten in kartesische Koordinaten übersetzt (und umgekehrt), und habe eben die trigonometrische Formel für die y-Koordinate genannt. Auch die x-Koordinate hat eine feste Beziehung zum Winkel θ. Sie wird als «Cosinus» bezeichnet und kann wie folgt formuliert werden:

$$x = \cos\theta$$

An den beiden Formeln fällt Ihnen vielleicht auf, dass Sinus und Cosinus sich nicht *wirklich* unterscheiden. Das liegt daran, dass horizontale und vertikale Bewegungen im Kreis aufgrund von dessen Symmetrie demselben

Muster folgen. Unsere Rede von «horizontal» und «vertikal» ist einigermaßen willkürlich (hat aber vielleicht damit zu tun, wie wir die Schwerkraft empfinden); wir könnten alle möglichen anderen Bezugsachsen festlegen und würden dieselben Muster erhalten. Symmetrie macht uns oft auf Dinge aufmerksam. In diesem Fall kann sie uns helfen zu erkennen, dass die Cosinuskurve eigentlich der Sinuskurve entspricht, nur verschoben ist. Die Sinuskurve verläuft an den Seiten schnell und oben und unten langsam, die Cosinuskurve oben und unten schnell und an den Seiten jeweils langsam. Wenn wir das Bezugssystem drehen (zum Beispiel dadurch, dass wir uns auf die Seite legen und das Szenario von der Seite betrachten), sieht die Sinuskurve aus wie vorher die Cosinuskurve und umgekehrt.

Eine mögliche Erklärung (zumindest gefühlsmäßig), warum wir sie so herum gewählt haben, ist, dass es befriedigt, sowohl den Winkel als auch den Abstand vom Koordinatennullpunkt von derselben Bezugsachse aus zu messen.

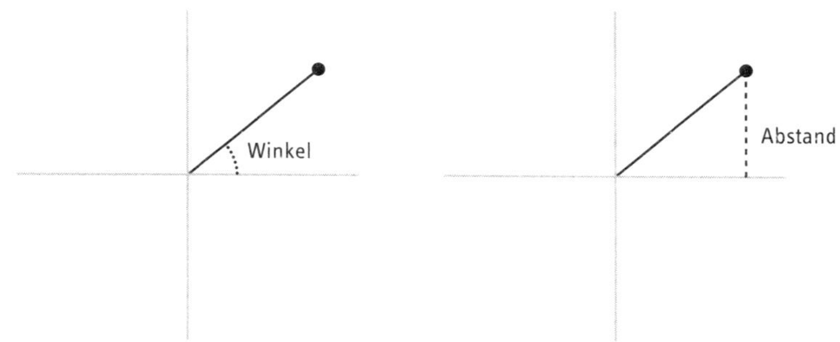

Das bedeutet, dass wir mit einem Winkel von null und einem Abstand von null beginnen können und dass dann beide wachsen. Würden wir dagegen den Winkel von der einen Achse, den Abstand aber von der anderen Achse aus messen, so würden wir mit einem Winkel von null und maximalem Abstand beginnen. Es geht also nicht darum, die Vertikale gegenüber der Horizontale zu bevorzugen, sondern wir wollen alle Messungen von derselben Achse aus starten. Daher betrachten wir diese Beziehung (Sinus) als die «fundamentale» und die andere (Cosinus) als die komplementäre.

Das hat uns übrigens noch nicht verraten, wie wir den Wert der Sinusfunktion für einen bestimmten Winkel ermitteln. Das ist ein schwieriges

Problem, bei dem die Infinitesimalrechnung ins Spiel kommt, aber wir können uns eine Vorstellung davon machen, wenn wir uns ein wenig umschauen. Ich habe das einmal auf einer Konferenz getan, als wir Wraps zum Lunch bekamen. Man hatte sie schräg geschnitten, was oft gemacht wird, um mehr von der Füllung freizulegen und es so aussehen zu lassen, als ob mehr drin wäre, als tatsächlich der Fall ist; schneidet man schräg, erhält man nämlich einen größeren Querschnitt, als wenn man gerade nach unten schneidet.

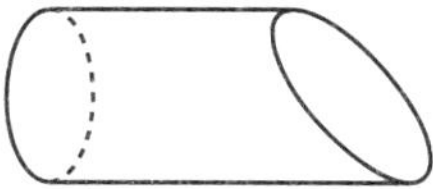

In diesem Fall war es mir zu viel «Wrap» um die Füllung herum. Also rollte ich das Ganze aus, entfernte eine Schicht – und siehe da, der Rand war eine Sinuskurve.

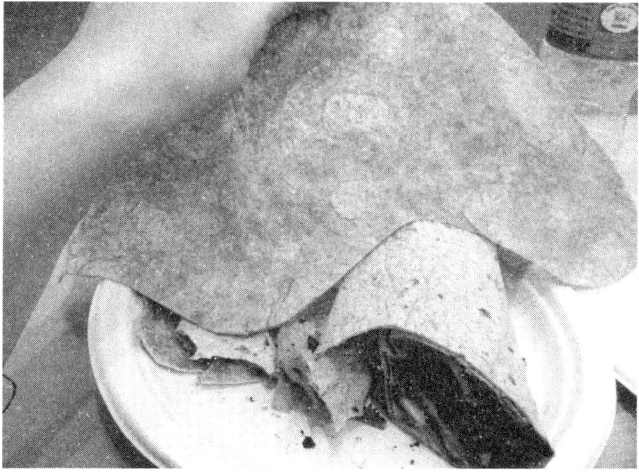

Ich fürchte, dass ich vom nächsten Vortrag nur wenig mitbekommen habe, weil ich auf der Rückseite der Serviette eine kleine Berechnung durchführen musste, um mich zu vergewissern, dass ich es mir nicht eingebildet hatte – dass es also wirklich eine Sinuskurve war.

In den alten Zeiten meiner verflossenen Jugend habe ich viel Zeit damit verbracht, am Telefon mit dem spiralförmigen Kabel herumzuspielen: es zu wickeln, es zu dehnen und zu versuchen, Verschlingungen zu entfernen. Wenn man ein spiralförmiges Telefonkabel oder eine andere Art von Spirale (zum Beispiel einen Slinky, einen Treppenläufer) dehnt und von der Seite betrachtet, sieht man eine Sinuskurve. Man sieht dann nämlich nur das Auf und Ab der Windung, nicht, wie diese sich von uns weg und auf uns zu bewegt. Um nur das zu sehen, müsste man von oben draufschauen statt von der Seite. Aufgrund der Symmetrie würde es aber nicht anders aussehen, sondern nur ein bisschen verschoben. Sie sehen unten ein Foto von einer slinky-ähnlichen Feder, die ich gedehnt habe. Das Problem bei dem Foto ist, dass die Kamera mit ihrer in der Mitte fixierten Linse nur die Mitte der Windung frontal abgebildet hat, die Seiten aber leicht von der Seite, weshalb das Ganze nicht hundertprozentig wie eine Sinuskurve aussieht. Aber ich hoffe, Sie können erkennen, dass zumindest ein Bereich in der Mitte einer Sinuskurve ähnelt.

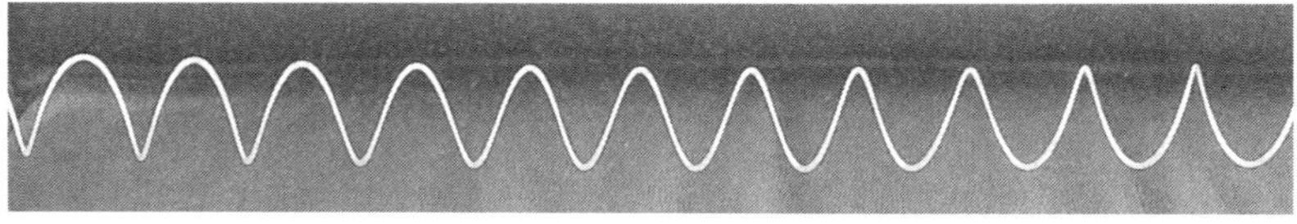

Sieht fast aus wie eine Sinuskurve

Ich habe einmal versucht, ein Langzeitbelichtungsfoto von einer Sinuskurve zu machen, indem ich im Dunkeln mit einer LED-Leuchte Kreise beschrieb. Ich ging im rechten Winkel zur Blickrichtung der Kamera an dieser vorbei und ließ die Leuchte in der Hand vor mir kreisen: rechts aufwärts, links abwärts, rechts aufwärts, links abwärts:

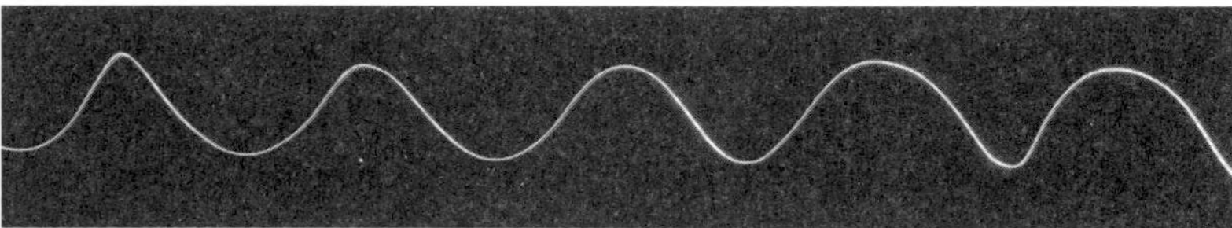

Es war schwierig, in konstantem Tempo zu gehen und zugleich den Arm in konstantem Tempo zu bewegen, aber das Ergebnis erinnert zumindest vage an eine Sinuskurve.

Die Kreisbewegung zeigt, warum die Sinusfunktion sich «periodisch», wie es in der Mathematik heißt, wiederholt: Kehrt man zum Anfang des Kreises zurück, beginnen die y-Koordinaten sich einfach zu wiederholen.

Das Zeichnen eines Kreises samt seiner x- und y-Koordinaten sowie ein wenig Geometrie können uns helfen, einige der Beziehungen zwischen den trigonometrischen Funktionen zu verstehen. Wir können diese Beziehungen dann auch in Formeln ausdrücken.

Beziehungen und Formeln

Die Abbildung unten zeigt wieder einen Punkt auf einer Kreislinie samt seinen Koordinaten $(x|y)$ sowie das rechtwinklige Dreieck, das wir uns dazu vorstellen. Der Winkel ist wieder mit θ bezeichnet, der y-Abstand ist also $\sin\theta$, der x-Abstand $\cos\theta$.

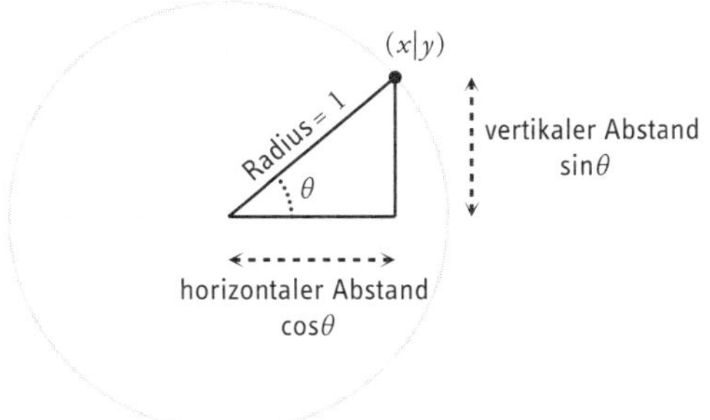

Dank des rechtwinkligen Dreiecks können wir den Satz des Pythagoras anwenden, der besagt, dass $a^2 + b^2 = c^2$ ist, wobei a und b die kürzeren Seiten des Dreiecks sind (die sich notwendigerweise in dem rechten Winkel treffen) und c die lange Seite ist, die Hypotenuse.

In diesem Fall sind a und b $\sin\theta$ und $\cos\theta$, und die Hypotenuse ist 1. Also ergibt der Satz des Pythagoras diese Beziehung zwischen Sinus und Cosinus:

$$
\begin{aligned}
(\sin\theta)^2 + (\cos\theta)^2 &= 1^2 \\
&= 1
\end{aligned}
$$

Wenn Sie über die Geometrie der Skalierung von Dreiecken nachdenken, wird Ihnen die berüchtigte Eselsbrücke *sohcahtoa* ein wenig verständlicher. Vorher müssen Sie aber noch das Prinzip für Vergrößerung und Verkleinerung geometrischer Gebilde verstehen: Wenn wir solche Gebilde vergrößern oder verkleinern, ihre Form aber beibehalten, lassen wir alle Winkel so, wie sie sind, und multiplizieren nur alle Seitenlängen mit derselben Zahl, einem «Skalierungsfaktor». Wenn ich also bei dem Dreieck unten links jeden Winkel lasse, wie er ist, aber alle Längen mit 2 multipliziere, erhalte ich das Dreieck rechts daneben.

Dasselbe kann ich mit jeder Form machen, wie kompliziert sie auch sein mag: Wenn ich alle Längen mit demselben Skalierungsfaktor multipliziere, bleiben die Winkel und bleibt auch die ganze Form, vom Maßstab abgesehen, gleich. Ich zeichne jede Form nach dem genannten Prinzip, indem ich nur die Maßeinheit ändere. So habe ich für die erste Form unten als Maßeinheit 1 mm und für die zweite Form 2 mm festgelegt.

Im Grunde ist es so, als würden wir dieselbe Form aus einer anderen Entfernung betrachten – sie sieht nur anders aus, ist aber dieselbe Form. Skalieren heißt definitiv multiplizieren, nicht addieren: Wenn ich zu jeder Länge 10 addiere, statt sie mit 2 zu multiplizieren, wird aus dem Dreieck das, was unten zu sehen ist: Jeder Winkel hat sich geändert und damit auch die Form.

Das Skalierungsprinzip besagt, dass ich das Diagramm mit dem Einheitskreis (Radius 1) beliebig vergrößern kann. Wenn ich es zum Beispiel so vergrößere, dass der Radius 2 statt 1 ist, erhalte ich dieses Dreieck:

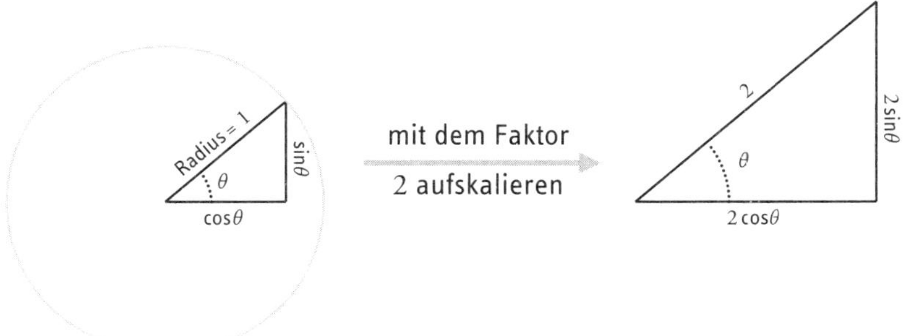

Nachdem ich den Radius mit 2 multipliziert hatte, musste ich natürlich auch jede Länge mit 2 multiplizieren, damit die Form des Dreiecks (gleiche Winkel) gleich blieb. Das bedeutet, dass die y-Koordinate jetzt $2\sin\theta$ ist und die x-Koordinate $2\cos\theta$.

Um diese Beziehung nicht für alle möglichen Größen des Dreiecks auflisten zu müssen, können wir nun wieder einen Buchstaben verwenden und sagen: Nehmen wir an, wir nennen die Länge des Radius (der Hypotenuse) h; dann muss das ganze Dreieck mit h skaliert werden. Also ist die y-Koordinate jetzt $h\sin\theta$ und die x-Koordinate $h\cos\theta$.

Der letzte Schritt besteht darin zu verstehen, dass sin und cos gleich bleiben, wenn das Dreieck gedreht wird, so dass die «y-Koordinate» nicht mehr vertikal und die «x-Koordinate» nicht mehr horizontal verläuft, wie in den folgenden Beispielen:

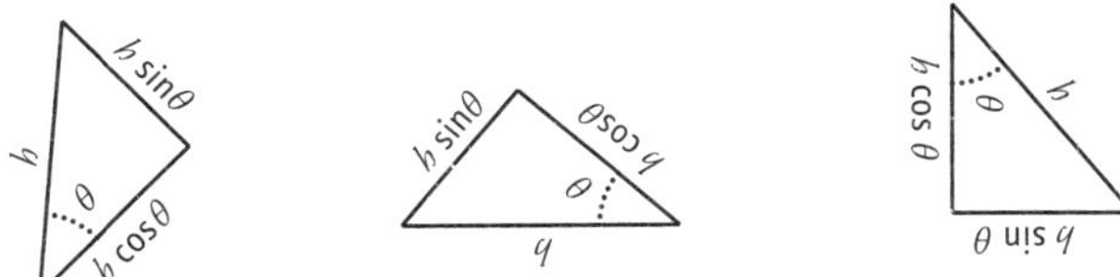

Die allgemeinen Prinzipien gelten, solange einer der Winkel ein rechter Winkel ist, was bedeutet, dass das Dreieck so gedreht werden kann, dass je eine Seite horizontal und vertikal verläuft und die lange Seite (die Hypotenuse) wie eine Diagonale aussieht.

Damit wir Dreiecke nicht drehen müssen, bevor wir sie untersuchen, sollten wir uns auf sie durch eine robustere Methode beziehen können als durch Rekurs auf die y- und die x-Koordinate: eine Methode, bei der es gleichgültig ist, in welche Richtung das Dreieck zeigt. Das ist der Grund, warum wir uns die Seite, die durch die y-Koordinate bezeichnet wird, als «die dem Winkel, an den wir denken, *gegenüberliegende* Seite des Dreiecks» vorstellen und die Seite, die durch die x-Koordinate bezeichnet wird, als «die dem Winkel, an den wir denken, *anliegende* Seite des Dreiecks». Wir wollen mögliche Mehrdeutigkeiten ausschließen.

Damit ist gesagt:

$$\text{Gegenkathete} = h \sin\theta$$

Was umformuliert bedeutet:

$$\sin\theta = \frac{\text{Gegenkathete}}{\text{Hypothenuse}}$$

Und:

$$\text{Ankathete} = h \cos\theta$$

Was ebenfalls umformuliert werden kann und dann bedeutet:

$$\cos\theta = \frac{\text{Ankathete}}{\text{Hypothenuse}}$$

Und siehe da, dies sind die Formeln, die man sich über die Eselsbrücken *soh* (für *sine, opposite, hypotenuse* – Sinus, Gegenkathete, Hypotenuse) und *cah* (für *cosine, adjacent, hypotenuse* – Cosinus, Ankathete, Hypotenuse) einprägen soll. Damit hätten wir den ersten Teil von *sohcahtoa* geklärt.

Bleibt der zweite Teil, *toa*, der die Tangenten- oder tan-Funktion bezeichnet. Diese ist nicht so tiefgründig, weil sie nur die Steigung der «Speiche» oder des Radius bezeichnet, auf dem wir uns befinden. Der Steilheitsgrad einer Steigung ist das Verhältnis von vertikaler zu horizontaler Bewegung.

In der Mathematik wird die Steigung oder der «Gradient» einer Linie durch das folgende Verhältnis bzw. den folgenden Bruch definiert:

$$\text{Gradient} = \frac{\text{vertikaler Abstand}}{\text{horizontaler Abstand}}$$

Nun, von dem Dreieck aus unserem ursprünglichen Einheitskreis wissen wir, dass der vertikale Abstand Sinus und der horizontale Abstand Cosinus ist:

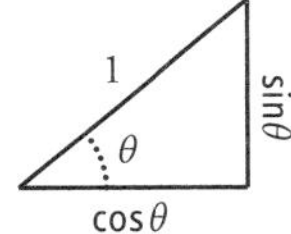

Das bedeutet, dass der Gradient $\sin\theta \div \cos\theta$ ist, und da die tan-Funktion als Gradient definiert ist, erhalten wir die Formel:

$$\tan\theta = \frac{\sin\theta}{\cos\theta}$$

Wir können auch einen kurzen «Gesundheitscheck» durchführen und verifizieren, dass sich das Verhältnis nicht ändert, wenn wir das Dreieck vergrößern:

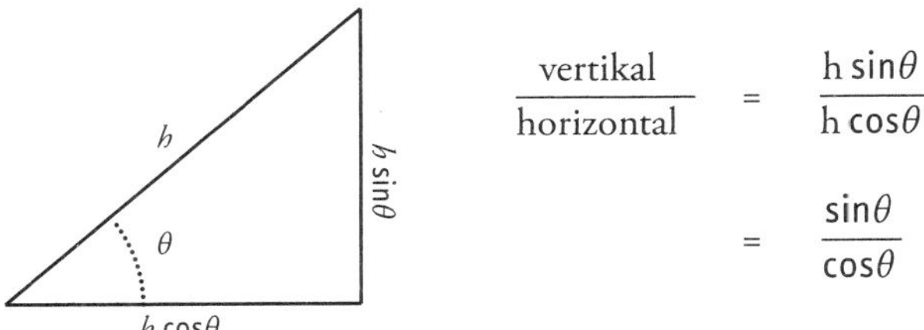

$$\frac{\text{vertikal}}{\text{horizontal}} = \frac{h\sin\theta}{h\cos\theta} = \frac{\sin\theta}{\cos\theta}$$

Muss man sich «merken», ob es «vertikal durch horizontal» heißt oder umgekehrt? Ich mache mir stattdessen lieber klar, dass wir die Steigung der Linie messen und dass diese Steigung das Verhältnis zwischen einem vertikalen und einem horizontalen Abstand ist.

Wenn man in der Schule in kurzer Zeit möglichst viele Fragen eines standardisierten Tests beantworten soll, hat man natürlich nicht die Muße, all diese Überlegungen anzustellen, und es ist dann gut, wenn man die Formeln im Kopf hat. Das Problem liegt jedoch im Prüfungssystem: Der einzige Grund für die Notwendigkeit, diese Formeln aus dem Ärmel schütteln zu können, ist die Obsession der Verantwortlichen, die Schülerinnen und Schüler Prüfungen mit Zeitlimit zu unterziehen. Und ich bin nicht sicher, ob diese Prüfungen einen anderen Zweck haben als den, Hierarchien unter den Prüflingen aufzustellen, um diese für verschiedene Universitäten, Berufe oder Karrieren zu filtern. Eine armselige Rechtfertigung!

Um ein Fazit aus den obigen Darlegungen zu ziehen: Formeln erläutern Sachverhalte. In diesem Fall erläutern – und erkunden – sie die Beziehung zwischen einem kreisförmigen und einem rechtwinkligen Koordinatensystem.

Kreise und Quadrate

Das Nachdenken über die Beziehung zwischen Kreisen und rechtwinkligen Gebilden – genauer: Quadraten – ist auch der Ursprung der Zahl π. Dank des Pi-Tags, der von den Anhängern der Kreiszahl jährlich am 14. März gefeiert wird, ist π heute eines des berühmtesten mathematischen Phänomene.

Der Pi-Tag ist eine US-amerikanische Erfindung, was schon daraus hervorgeht, dass er die in den Vereinigten Staaten übliche Schreibweise des Datums voraussetzt, in der der Monat vor dem Tag notiert wird, so dass 3.14 den 14. 3. bezeichnet. Früher hat mich das am Pi-Tag gestört, aber mir ist klar geworden, dass es nur ein Spaß ist und der Tag selbst ein Tag im Jahr, an dem Leute das Gefühl haben, dass Mathe *fun* sei.

Ein weiterer Einwand gegen den Pi-Tag ist noch pedantischer (jedenfalls nach meiner Definition von Pedanterie): Einige Leute behaupten, dass π die *falsche* Konstante sei und dass τ die richtige wäre. Der griechische Buchstabe τ (Tau) wird verwendet, um die Zahl 2π darzustellen. Ich komme darauf zurück, wenn ich genauer erklärt habe, was π ist.

Geht es bei der Zahl π darum, sich so viele Ziffern wie möglich zu merken? Keineswegs! Zu den Dingen, die ich am Pi-Tag weniger mag, gehören die Wettbewerbe und «Challenges» – und deshalb ist mir auch ein bisschen unwohl bei der Tatsache, dass aus Anlass des Pi-Tags immer mehr Kuchenbackwettbewerbe veranstaltet werden, weil witzige Leute auf den Gedanken gekommen sind, den Pi-Tag auch zum Pie-Tag (Kuchentag) zu machen. Noch unwohler ist mir angesichts von Wettbewerben zumute, bei denen es darum geht, so viele Ziffern von π wie möglich aufsagen zu können, denn vom Wettbewerbsaspekt ganz abgesehen – an den Ziffern von π gibt es nichts zu verstehen: π ist eine irrationale Zahl, deren Ziffern ohne Muster aufeinander folgen, weshalb man sie sich nur durch Auswendiglernen, nicht durch Verstehen einprägen kann.

Ich gebe zu, dass ich gern damit «angebe», von π nur zwei Stellen hinter dem Komma zu kennen: 1 und 4. (In Wahrheit kenne ich fünf: 1, 4, 1, 5 und 9.) Zwei Ziffern sind genug für das Maß an Genauigkeit, das ich in meinem Leben brauche. Ich arbeite ja nicht an einem Ingenieursprojekt, bei dem es auf Präzision ankommt, weil Menschenleben auf dem Spiel stehen. Für meine Zwecke würde die 3 vor dem Komma schon ausreichen, weil ich π nur dann brauche, wenn ich ein Rezept für einen runden Kuchen in ein Rezept für einen quadratischen Kuchen übersetzen will oder umgekehrt: Es geht also auch dabei um das Verhältnis zwischen Kreisen und Quadraten.

Genauer formuliert, stehe ich beim Kuchenbacken vor der Frage: Wenn ich ein Rezept für einen runden Kuchen habe, ihn aber in einer quadratischen Form backen möchte, welche Maße wird dann der quadratische Kuchen haben? (Vorausgesetzt, seine Höhe soll gleich bleiben.) Die Antwort läuft auf die «Quadratur des Kreises» hinaus: darauf, ein Quadrat zu konstruieren, dessen Flächeninhalt dem eines Kreises nahekommt – ein Problem, mit dem sich die Mathematiker in Babylon und im alten Ägypten befasst haben. Die babylonische Mathematik ist gut auf Tontafeln dokumentiert, während altägyptische Mathematik auf einem Papyrus aus dem 2. Jahrtausend v. Chr. gefunden wurde, dessen Schreiber, ein gewisser Ahmes, behauptet, von einer älteren Schriftrolle abgeschrieben zu haben. Der Papyrus wird daher manchmal als Ahmes-Papyrus bezeichnet, manchmal aber leider auch als Rhind-Papyrus, nach einem schottischen Antiquar namens Alexander Henry Rhind, der ihn 1858 in Ägypten kaufte; später wurde er vom British Museum erworben. Für den Fall, dass dereinst eines meiner vergessenen Werke ausgegraben und für wertvoll befunden wird, hoffe ich, dass es nach *mir* benannt wird, nicht nach jemandem, der es kauft und wieder verkauft, auch wenn dies die kolonialistische Gepflogenheit in einem berühmten kolonialistischen Museum ist.

Ein anderes Beispiel für diese Unsitte ist die umstrittene Bezeichnung «Elgin Marbles» für die von dem Bildhauer Phidias und seinen Assistenten für den Parthenon-Tempel auf der Athener Akropolis geschaffenen klassischen Marmorskulpturen, die Anfang des 19. Jahrhunderts vom 7. Earl of Elgin aus dem Tempel entfernt wurden. Ich finde, dass wir Dinge nicht nach jemandem benennen sollten, der sie nur gekauft hat, und ganz sicher sollten wir sie nicht nach jemandem benennen, der sie – wahrscheinlich unrechtmäßig – von dort entfernt hat, wo sie hingehören.

Zurück zum Thema Quadrate und Kreise. Die Mathematiker der Antike haben meine Kuchenfrage abstrakt formuliert, und zwar so: Welches Quadrat hat den gleichen Flächeninhalt wie ein Kreis einer bestimmten Größe? Die Frage nach dem Flächeninhalt eines Kreises erfordert einen kleinen Exkurs, da es ziemlich schwierig ist, den Begriff des Flächeninhalts auch nur zu definieren, wenn die Fläche von einer Kurve begrenzt wird.

Der Begriff des Flächeninhalts

Wir können uns vorstellen, dass man den Flächeninhalt einer kurvigen Form bestimmen kann, indem man Flüssigkeit in eine dreidimensionale Form mit der kurvigen Form als Grundfläche gießt, anschließend versucht, eine dreidimensionale Form mit einem Quadrat als Grundfläche zu finden, in die man die benötigte Flüssigkeit so umgießen kann, dass sie die Form genau füllt, und zu guter Letzt misst, wie groß die quadratische Grundfläche ist. Das hat aber mit wissenschaftlicher Strenge wenig zu tun, und diese Strenge zu erreichen ist sehr schwierig.

In der Grundschule hätten wir beispielsweise auf Kästchenpapier eine Form gezeichnet und anschließend die Quadrate innerhalb der Form gezählt. Wir hätten aber ein Schema für den Umgang mit Teilquadraten gebraucht: Zum Beispiel hätten wir ein Teilquadrat, das mindestens zur Hälfte innerhalb der Form liegt, als ganzes Quadrat mitgezählt, und ein Teilquadrat, das zu weniger als der Hälfte innerhalb der Form liegt, nicht mitgezählt. Hier ein Beispiel; die grauen Quadrate habe ich mitgezählt:

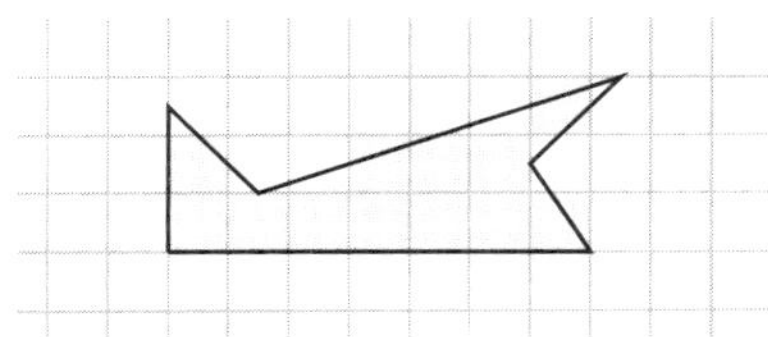

Das ist immer noch alles andere als streng. Abgesehen davon, dass man entscheiden muss, welche Quadrate mindestens zur Hälfte innerhalb der Form liegen und welche nicht (bei dem grauen oben rechts war ich mir nicht ganz sicher), hofft man, dass diejenigen, die mehr innerhalb, und die anderen, die mehr außerhalb der Form liegen, sich beim Addieren gegenseitig aufheben. Als Näherungsmethode ist das nicht schlecht, aber es ist definitiv keine strenge Flächenbestimmung.

Eine raffiniertere Methode besteht darin, die Form in Dreiecke zu unterteilen und deren Flächeninhalte zu bestimmen. Wir errechnen den Flächeninhalt eines Dreiecks, indem wir dieses zu einem Rechteck in Beziehung setzen: Jedes Dreieck ist die Hälfte eines Rechtecks. Und wie dessen Flächeninhalt errechnet wird, ist doch klar. Oder nicht? Aber wie kommt die Formel zustande? Nun, durch phantasievolles Fortschreiten vom Aneinanderreihen von Rechenklötzen und der Idee, dass wir den Flächeninhalt eines Quadrats mit der Seitenlänge 1 als ebenfalls 1 deklarieren sollten, zur Bildung zunächst von Rechtecken mit ganzzahligen Seiten und dann von Brüchen sowie schließlich, mit einem Todessprung, zu der Erkenntnis, dass es Zahlen gibt – die irrationalen Zahlen –, die nicht als Brüche ausgedrückt werden können.

So haben wir nach und nach, vom Quadrat über Gitter von Quadraten zu Rechtecken und schließlich Dreiecken fortschreitend, einen ersten Begriff des Flächeninhalts erarbeitet. Er erlaubt uns, den Flächeninhalt jeder Form mit einer endlichen Anzahl von geraden Seiten streng zu definieren, da wir eine solche Form immer in eine endliche Anzahl von Dreiecken unterteilen können. Das erfordert allerdings einen kleinen Beweis. Hinzu kommt, dass es viele Möglichkeiten gibt, eine solche Form in Dreiecke zu unterteilen, was die Frage aufwirft, ob alle zum gleichen Ergebnis führen werden. So *erscheint* es zwar klar, dass etwa die folgenden Möglichkeiten, die Form in Dreiecke zu unterteilen, zum gleichen Ergebnis für den gesamten Flächeninhalt führen. Aber *warum* das so ist, liegt keineswegs auf der Hand:

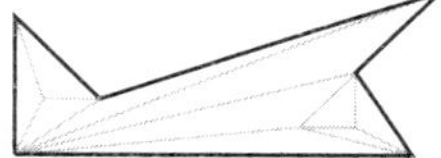

Das ist wieder ein Szenario, bei dem Leute, die glauben, es liege auf der Hand, die besseren Mathematiker zu sein scheinen; aber vielleicht denken die, die verwirrt sind, letztlich eher wie Mathematiker.

Der nächste Schritt auf dem Weg zum Begriff des Flächeninhalts ist, dass wir uns über kurvenförmige Seiten Gedanken zu machen. Schließlich hat nichts in der Natur vollkommen gerade Seiten. Dieser Weg ist ein Musterbeispiel dafür, wie Begriffe auf früheren Begriffen aufbauen. Können wir mit dem, was wir über Formen mit geraden Seiten wissen, etwas anfangen, wenn es um Formen mit kurvenförmigen Seiten geht? Wenn eine Form kurvenförmige Seiten hat, können wir uns ihrem Flächeninhalt mit Dreiecken annähern, aber deren Seiten werden mit den kurvenförmigen nie ganz deckungsgleich sein. Eine ähnliche Methode wurde bereits um 250 v. Chr. von Archimedes angewandt: Er näherte sich Kreisen durch regelmäßige Polygone an, d. h. durch Formen mit gleich langen geraden Seiten. Je mehr Seiten ein Polygon hat, umso genauer wird die Annäherung sein, wie ich in Kapitel 4 anhand von Achtecken im Vergleich zu Quadraten gezeigt habe.

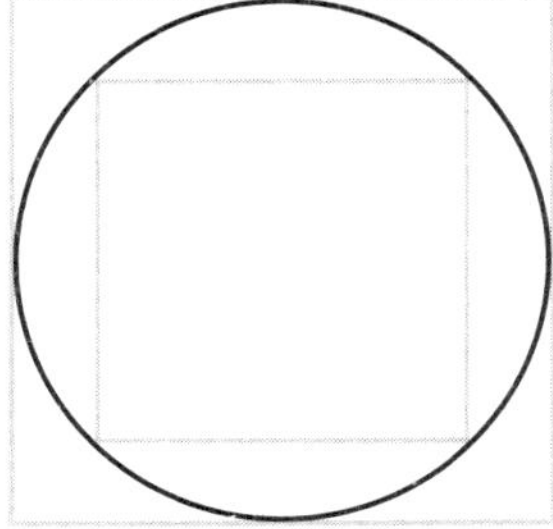
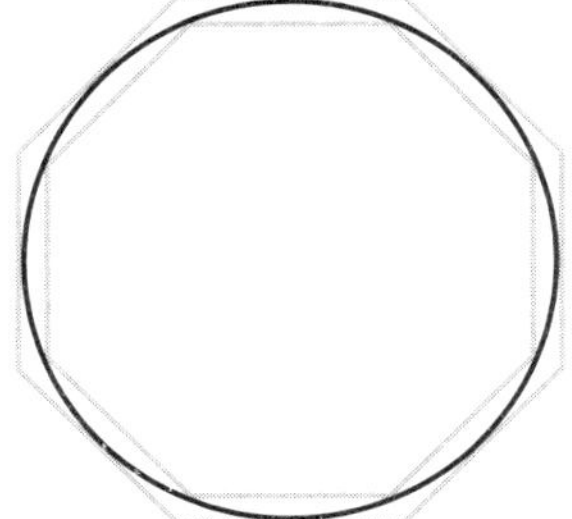

Aber eine strenge Methode ist das nicht. Den Flächeninhalt einer von einer kurvenförmigen Linie umschlossenen Form genau zu bestimmen, dazu bedarf es einer Menge Infinitesimalrechnung. Man muss über «unendlich kleine» Dreiecke nachdenken, und immer, wenn wir versuchen, über unendlich kleine Dinge nachzudenken, müssen wir die Infinitesimalrechnung bemühen. Es mag zwar noch andere Möglichkeiten geben, aber die Infinitesimalrechnung ist die bekannteste und wohl auch produktivste.

Infinitesimalrechnung wird sogar benötigt, um die *Länge* einer kurvenförmigen Linie zu bestimmen. Sich eine andere Methode dafür vorzustellen ist gar nicht so schwierig: Wir können uns vorstellen, dass wir ein Stück Schnur an der Kurve entlangführen und sie dann gerade ziehen, um ihre Länge zu messen. Nun, streng wäre auch dieses Vorgehen nicht.

Vielleicht halten Sie es aber für gut genug. Hier kommt die Idee der Entwicklung und des Aufbaus von Argumentationen ins Spiel. Für den täglichen Gebrauch reicht die Schnurmethode vollkommen aus. Wenn ich eine runde Kuchenform mit Pergamentpapier auskleiden will, berechne ich ihren Umfang nicht, sondern wickle einfach Papier außen herum, wobei ich es ein bisschen überlappen lasse. In meinem Alltag gibt es nichts, wofür ich die Länge einer kurvenförmigen Linie genauer wissen müsste.

Aber wenn Mathe ganze Argumentationsgebäude errichtet, muss es logisch korrekt zugehen, nicht nur mehr oder minder genau. Logische Korrektheit ermöglicht es uns, nicht nur mehr Mathematik, sondern auch viel kompliziertere Anwendungen zu entwickeln, beispielsweise bei sehr komplexen technischen Konstruktionen. Den Wert dieser Art von «Entwicklung» habe ich bereits im vorigen Kapitel in Frage gestellt. Aber es gibt auch den Wunsch, statt bloßer experimenteller Daten reines Verstehen zu erlangen: Mit einem Stück Schnur erhalten wir ein Ergebnis – aber was ist eine kurvenförmige Linie wirklich?

Mich erinnert dieser Wunsch zu verstehen an mein Gefühl, wenn ich etwas nicht finden kann und verzweifelt suchend im Haus herumlaufe. Ich mag das nicht, weil ich das Gefühl habe, experimentell statt logisch vorzugehen. Ich überlege lieber, wofür ich den Gegenstand zuletzt benutzt habe, um daraus zu folgern, wo er sein muss. Ich schätze Agatha Christies Detektiv Hercule Poirot, weil er glaubt, Verbrechen aufklären zu können, indem er nachdenkt und zu verstehen versucht, warum das Verbrechen begangen wurde, statt wie seine Kollegen, die er verachtet, auf Händen und Knien nach physischen Beweisen zu suchen.

Wenn Sie kein Bedürfnis haben, die Länge kurvenförmiger Linien zu *verstehen*, und auch nicht daran interessiert sind, kompliziertere Theorien oder Anwendungen zu entwickeln, dann kann es sein, dass die Geschichte, wie die Infinitesimalrechnung dieses Problem angeht, Sie kalt lässt. Wie auch immer, es gibt ein Meme, das Leute ziemlich amüsant finden und das ungefähr so aussieht:

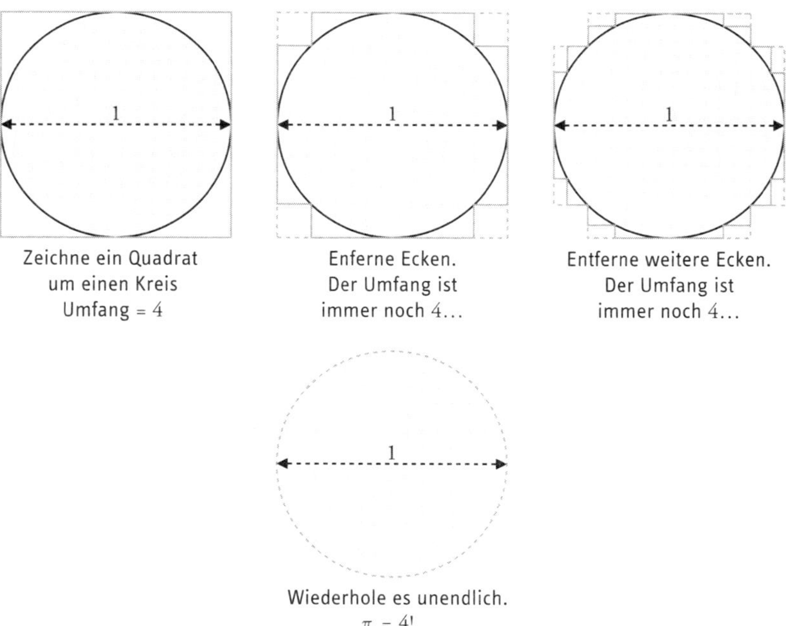

Vielleicht teilen Leute das, weil es die Mathematik zu widerlegen scheint. Viele, die Mathe mögen, versuchen zu erklären, was an der Argumentation in diesem Meme falsch ist, aber sie ist nicht falsch, sondern richtig in einem bestimmten Kontext. Denn wie ich bereits erwähnt habe, hängt es vom Kontext ab, was unter Länge zu verstehen ist. Das bedeutet, dass der Wert von π ebenfalls kontextabhängig ist: π ist eine Beziehung. Und zwar eine, die die verschiedenen Möglichkeiten erkennbar macht, wie wir uns Definitionen und Theoremen nähern können.

Was ist π?

Wenn wir meinen, π sei einfach nur eine Zahl (3,14… irgendwas), dann müssen wir uns «Fakten» merken, zum Beispiel, dass ein Kreis einen Umfang von $2\pi r$ und einen Flächeninhalt von πr^2 hat. Ich finde, das ist eine ziemlich banale Herangehensweise an Kreise, die etwas Wunderbares verdeckt, das zum Prinzip der Skalierung geometrischer Formen zurückführt: Um eine Form proportional zu skalieren, werden alle Längen mit dem gleichen Betrag multipliziert. Das bedeutet, dass die Beziehungen zwischen den Längen der Form gleich bleiben. Wenn wir ein Rechteck zeichnen, bei dem die lange Seite doppelt so lang ist wie die kurze, dann ist unabhängig davon, wie wir das Rechteck proportional skalieren, die lange Seite immer noch doppelt so lang wie die kurze:

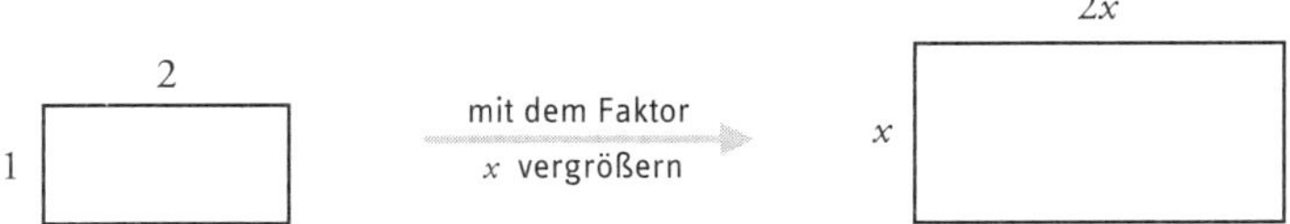

Die Idee ist, dass dies auch für Kreise gelten sollte. Wir wissen nicht wirklich, wie wir die Länge der Außenseite eines Kreises (seinen Umfang) genau bestimmen können, aber wie groß sie auch immer sein mag, sie hat ein konstantes Verhältnis zum Abstand zwischen zwei diametral einander gegenüberliegenden Punkten auf der Kreislinie (d. h. zum sogenannten Durchmesser). Wie immer wir den Kreis skalieren, dieses Verhältnis wird also gleich bleiben. Das ist eine wunderbare, tiefgründige, fundamentale

Tatsache, und ehrlich gesagt weiß ich nicht, wie sie zustande kommt. Ist sie ein Geheimnis der Natur? Oder ein Proportionsgesetz? Oder eine Tatsache, die etwas über die Menschheit aussagt? In gewissem Sinne ist sie «offenkundig», in einem anderen Sinne aber überhaupt nicht, und ich staune gern über sie. Es ist lustig, dass «offenkundig» bedeuten kann: «So eindeutig wahr, dass ich es nicht erklären kann.» Ich empfehle, einen Moment lang darüber nachzudenken. «Offenkundig» scheint «unerklärlich» zu bedeuten. Das ist merkwürdig.

Jedenfalls ist das Verhältnis von Umfang und Durchmesser eines Kreises immer gleich, wie groß der Kreis auch sein mag, das heißt, dieses Verhältnis ist eine ganz bestimmte Zahl, eine Konstante. In einem solchen Fall wird der Vorteil der Verwendung von Buchstaben anstelle von Zahlen besonders deutlich: Wir brauchen nicht zu wissen, welches jene Zahl ist, können uns aber, wenn wir ihr einen Namen geben, trotzdem auf sie beziehen. Das ist ein bisschen so, wie wenn ich nicht weiß, wie hoch die Außentemperatur gerade ist, aber trotzdem von der «Außentemperatur» (wie hoch sie auch sein mag) sprechen kann. Ich kann mich also auf das besagte Verhältnis beziehen, für das die Mathematiker den griechischen Buchstaben π gewählt haben. *Nachdem* sie beschlossen hatten, es so zu nennen, versuchten sie, mit Methoden wie der Polygonapproximation herauszufinden, um welche Zahl es sich genau handelt. Die *Definition* von π lautet also wie folgt:

$$\pi = \frac{\text{Umfang}}{\text{Durchmesser}}$$

Aus dieser Formel ergibt sich, dass wir, sobald wir π ermittelt haben, den Umfang anhand des Durchmessers bestimmen können. Durch Umformulierung erhalten wir nämlich

$$\text{Umfang} = \pi \times \text{Durchmesser}$$

oder $2\pi r$, da der Durchmesser doppelt so lang ist wie der Radius.

Aber jetzt kommt eine Feinheit: Das Verhältnis hängt davon ab, in welchem Kontext wir uns befinden, und da es ein Verhältnis von *Längen* ist, hängt es davon ab, über welche Art von Länge wir sprechen. Wir stehen also vor zwei Problemen, wenn wir herausfinden wollen, welche Zahl π

jeweils ist: Wir müssen wissen, über welche Art von Länge wir sprechen, und wir müssen wissen, wie man die Länge einer Kurve bestimmt. Wenn Sie an die Taxi-Welt zurückdenken, in der man sich nur in einem rechtwinkligen Gittersystem fortbewegen kann, ist Ihnen klar, wie ein solcher Kontext ins Spiel kommt: Sie erinnern sich, dass man in dieser Welt nicht entlang von Diagonalen fahren kann, sondern nur entlang der «Straßen», die auf dem Gitter liegen. Was ist ein «Kreis» in diesem Kontext?

Ja, was ist überhaupt ein Kreis?

Wenn Kreise nicht kreisförmig aussehen

Sie denken vielleicht, ein Kreis sei eine geometrische Form, die so aussieht:

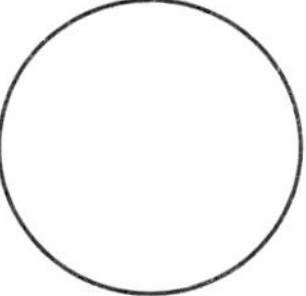

Aber was *ist* das? Wie könnten wir es jemandem am Telefon beschreiben oder jemandem den *Begriff* erklären?

Der Schlüssel zur Antwort ist die Art und Weise, wie wir einen Kreis mit einem Zirkel zeichnen (falls das überhaupt noch jemand macht, statt die Kreisfunktion einer Zeichen-App zu bemühen): Man stellt die Enden der beiden Schenkel auf den als Radius gewünschten Abstand ein, sticht, wenn man den Kreis auf ein Blatt Papier zeichnen will, die Nadel am Ende des einen Schenkels in das Papier und dreht den anderen Schenkel mit der kurzen Bleistiftmine am Ende einmal rund um die Nadel, die im Mittelpunkt des Kreises steht, herum. Da der Abstand zur Nadel fixiert ist, hat die Bleistiftmine alle Punkte auf dem Papier markiert, die den gleichen Abstand zum Mittelpunkt des Kreises haben.

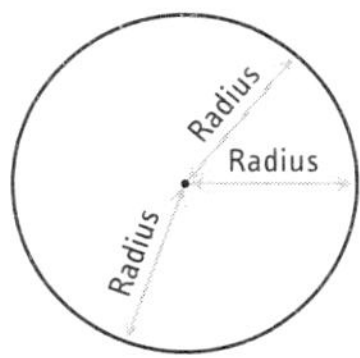

Ein Kreis ist also letztlich die Summe aller Punkte, die von einem gewählten Mittelpunkt einen ganz bestimmten gleichen Abstand haben. Diese Definition mag weit hergeholt und abstrakt klingen, aber die Abstraktheit ist auch hier von Vorteil: Wir können den Begriff des Kreises nun breiter anwenden, nämlich auch in höherdimensionalen Szenarien, was uns den Begriff der Sphären und der Sphären höherer Dimensionen liefert. Und wir können nach Kreisen in anderen Welten suchen, in denen – wie in der der Taxifahrer – Entfernung anders gemessen wird.

Wir können zum Beispiel alle Punkte markieren, die 4 Blocks vom Mittelpunkt des Gitters in der folgenden Abbildung entfernt sind, den ich mit A bezeichnet habe:

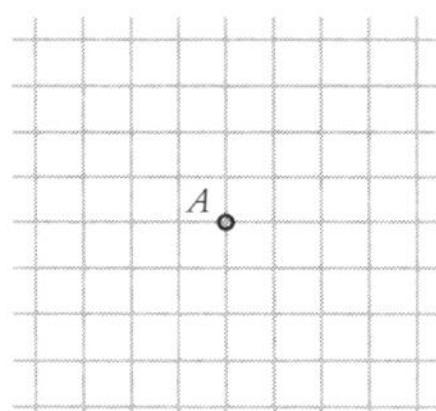

Die Punkte, die am offenkundigsten 4 Blocks von A entfernt sind, liegen genau nördlich, südlich, westlich und östlich von A. Wir können aber auch, sagen wir, zwei Blocks nach Osten und anschließend zwei Blocks nach Norden gehen, uns also um *insgesamt* vier Blocks von A entfernen. Oder drei Blocks nach Osten und anschließend einen Block nach Norden. Wir können im Zickzack gehen – jeweils einen Block und dann die Richtung ändern –, und es wird sich herausstellen, das ist dasselbe, wie wenn wir einfach zwei und dann zwei in einer anderen Richtung gehen. Wir dürfen nur nicht zurückgehen, denn dann legen wir nicht den vollen Weg zurück.

Wenn wir alle Punkte markieren, die genau vier Blocks vom Mittelpunkt A entfernt sind, erhalten wir dieses Muster:

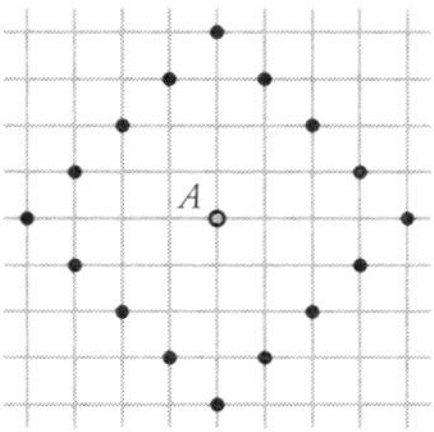

Dies ist ein «Kreis» in der Taxi-Welt. Er sieht nicht nur nicht kreisförmig aus, die Punkte sind auch nicht zu einer «Kreislinie» miteinander verbunden. Es mag verlockend sein, sie durch diagonale Linien miteinander zu verbinden, aber Sie wissen ja, dass man sich in dieser Welt nicht entlang von Diagonalen fortbewegen kann. Aber kann man die Punkte nicht stufenförmig miteinander verbinden? Gewiss, man könnte dann zwar entlang dieser Linien gehen, aber die durch die Stufen hinzugekommenen Punkte wären nicht mehr genau vier Blocks vom Mittelpunkt entfernt, also nicht wirklich Teil dieses «Kreises».

Wir können jetzt ausrechnen, wie groß π in dieser Welt ist, denn π ist das Verhältnis des Umfangs zum Durchmesser. Aber denken Sie daran, wir müssen den Umfang in *dieser* Welt messen. Dafür müssen wir den kürzesten Abstand zwischen allen Punkten zugrunde legen, also die hier markierten Linien messen:

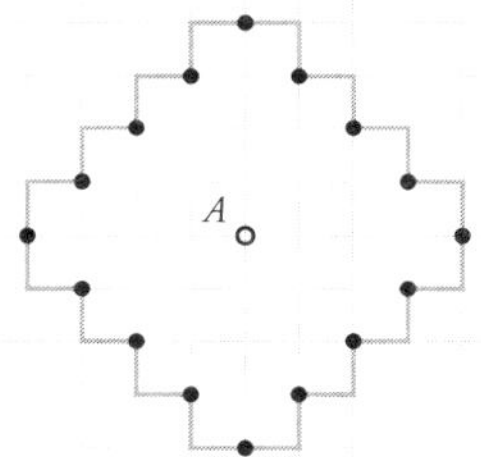

Das ergibt 32 Blocks. Der Durchmesser ist der Abstand zwischen zwei einander diametral gegenüberliegenden Punkten, hier also 8. π ist folglich 32/8, d. h. 4.

In der Taxi-Welt ist π gleich 4, genau wie in dem Meme.

π ist also keine bestimmte Zahl, sondern ein Verhältnis, das in verschiedenen Kontexten verschieden ausfällt. Wir könnten natürlich einfach erklären, π sei die Zahl, die wir bei Kreisen im euklidischen Raum (mit dem «normalen» Durchmesser, an den wir uns gewöhnt haben) erhalten, aber ich betrachte Dinge gern als kontextabhängig und tue es daher auch hier. Außerdem gefällt mir die Vorstellung, einfach «4» zu sagen, wenn es bei Wettbewerben zum Pi-Tag darum geht, möglichst viele Ziffern der Zahl π zu nennen.

Ich finde, dass wir neben dem Pi-Tag auch einen «*i*-Tag» haben sollten, zur Feier der imaginären Zahl i, und dass dieser Tag der 29. Februar sein sollte. i ist nämlich periodisch: Die Zahl kehrt in 4er-Zyklen wieder, weil i mal i (i^2) gleich -1 ist, i^3 gleich $-i$ und i^4 gleich 1. Wenn man weiter multipliziert, heißt es also immer wieder $i, -1, -i, 1$, so dass man alle vier Schritte i bekommt, genau wie in den Schaltjahren einen 29. Februar. Ich habe auch beschlossen, dass i keine Ziffern hat, so dass wir mit dem Aufsagen derselben schon fertig sind, bevor wir begonnen haben.

Mir gefällt die Idee des *i*-Tags, weil i im Unterschied zu der Zahl π, von der das nur behauptet wird, tatsächlich immer denselben Wert hat. π – angeblich eine Zahl, deren Wert man sich merken müsse – ist eine fundamentale Konstante, aber eine, deren Wert vom Kontext abhängt. Dafür verrät uns π in jedem Kontext etwas über die Beziehung zwischen Quadraten und Kreisen in diesem Kontext.

Das ist es, was das Meme über π mir wirklich sagt, wobei ich vermute, dass die Person, die es sich ausgedacht hat, gar nicht wusste, wie viel tiefgründige Mathematik darin steckt.

Ich möchte zum Schluss auf die andere Konstante zurückkommen, nämlich τ, den griechischen Buchstaben *Tau*. Die Leute, die an τ glauben, sagen, die 2 in der Formel $2\pi r$ sei lästig, weshalb es besser wäre, wir würden statt π als Grundkonstante 2π verwenden. Und die Zahl, die den Wert 2π, also den doppelten Wert von π hätte, soll τ heißen. Das besagt nicht mehr, als dass wir statt mit dem Verhältnis des Umfangs zum Durchmesser auch mit dem Verhältnis des Umfangs zum Radius arbeiten könnten, was bedeuten würde, dass die Formel für den Umfang τr (Tau mal Radius) lautete. Das wäre schön und gut, aber wenn wir 2π durch τ ersetzten, würde aus πr^2 für den Flächeninhalt des Kreises $\frac{\tau}{2} \times r^2$!

Was mich noch mehr stört an τ, ist, dass manche Leute diese Konstante benutzen, um den Anspruch zu erheben, anderen überlegen zu sein, so als wären sie in ein Geheimnis des Universums eingeweiht, von dem gewöhnliche Leute, die mit π arbeiten, nichts wissen. Leider gibt es viele Mathe-Memes, die diesen Anspruch auch erheben und dafür Millionen von Likes, Kommentaren und Shares erhalten.

In regelmäßigen Abständen machen andere Memes die Runde, die die

Anwendung der «Operatorrangfolge» von +, –, × und ÷ betreffen, d. h. der üblichen Reihenfolge, in der wir addieren, subtrahieren, multiplizieren und dividieren sollen, und die dazu einladen, sich zu testen. An diese Reihenfolge erinnern in verschiedenen Teilen der Welt verschiedene, aber gleichermaßen albern klingende Eselsbrücken, die nicht einmal in den englischsprachigen Ländern gleich sind.

Eselsbrücken

Bodmas, bedmas, podmas, pedmas, pemdas. Ich bin mir nicht einmal sicher, wofür diese Eselsbrücken stehen, aber sie alle sollen es erleichtern, sich die Reihenfolge zu merken, in der wir in Mathe Operationen durchführen. B steht für *brackets* (Klammern), O könnte für *of* stehen und E für *exponent*, und es folgen die Anfangsbuchstaben von *divide*, *multiply*, *add*, *subtract* (dividieren, multiplizieren, addieren, subtrahieren). Dass Dividieren und Subtrahieren berücksichtigt sind, ist im Grunde überflüssig, da Dividieren eigentlich dasselbe ist wie Multiplizieren (mit dem Kehrwert) und Subtrahieren dasselbe ist wie Addieren (mit der Gegenzahl).

Ich habe gerade «*bodmas* Meme» gegoogelt, und das erste Ergebnis, das ich bekam, war genau das, was ich im Kopf hatte, und sah so aus:

WIE LAUTET DAS ERGEBNIS?

$7 + 7 \div 7 + 7 \times 7 - 7$

leider sind die meisten Antworten

FALSCH!

Die beiden unteren Zeilen sind ein Köder, der Leute anlocken soll, die glauben, sie seien schlauer als die meisten anderen und würden im Unterschied zu diesen definitiv die richtige Antwort geben. Die Kommentare zu geposteten Beiträgen wie diesem stammen fast ausschließlich von Leuten, die die obige Frage unterschiedlich beantworten und sich gegenseitig zu verstehen geben, wie dumm sie doch seien, dass sie nicht einmal *bodmas, pemdas* oder was auch immer beherrschten. Ich mag diese Memes aus mehreren Gründen nicht. Die beiden Hauptgründe sind, dass sie Leuten Gelegenheit geben zu behaupten, sie seien intelligenter als andere, und dass sie die Aufmerksamkeit auf einen der nutzlosesten und langweiligsten Aspekte der Mathematik lenken – einen Aspekt, der nichts mit dem zu tun hat, was Mathematiker tun oder worüber sie nachdenken.

Ich habe an dieser Stelle mehrere öffentliche Erklärungen abzugeben. Erstens: Mathematiker sitzen nicht herum und addieren oder multiplizieren Zahlen! Zweitens, und das wird einige Leute vielleicht noch mehr erschüttern: Mathematiker scheren sich nicht um die «Operatorrangfolge». Nun, vielleicht sollte ich nicht für alle Mathematiker sprechen, aber ich habe noch keinen kennengelernt, der sich um die Operatorrangfolge schert. Die Operatorrangfolge ist nämlich nichts Mathematisches: Sie ist nur eine praktische Notationskonvention. Wir könnten uns für eine andere Konvention entscheiden und es würde für die eigentliche Mathematik keinen Unterschied machen. Wir könnten beschließen, die Addition immer vor der Multiplikation durchzuführen. Wir bräuchten dann zwar Klammern (oder zumindest eine Konvention), um die übliche Reihenfolge außer Kraft zu setzen, und könnten daher nicht *bodmas* zu *samdob* umkehren, wohl aber *odmas* zu *samdo*. Wir würden dann folgende Übersetzungen erhalten:

Odmas-Welt		**Samdo-Welt**
$2 \times 4 + 5 = 13$	⟷	$(2 \times 4) + 5 = 13$
$2 \times (4 + 5) = 18$	⟷	$2 \times 4 + 5 = 18$

Sie sehen, so weltbewegend ist das nicht. Der Grund, warum wir es so machen, wie wir es machen, ist – vermute ich jedenfalls –, dass wir uns normalerweise nicht die Mühe machen, das Multiplikationszeichen zu schreiben, vor allem, wenn wir es mit Buchstaben zu tun haben. Wir schreiben also $2x$ statt $2 \times x$, und wenn die Dinge, wie hier, eine Einheit bilden, ist es sinnvoll, sie visuell nahe beieinander stehen zu haben. Der Ausdruck

$$2a + 3b$$

verbindet also visuell die 2 mit dem *a* und die 3 mit dem *b*. Wir wollen eine Schreibweise verwenden, die dem entspricht, was wir intuitiv für richtig halten. Wenn wir aber ×-Zeichen einfügen, entspricht sie ihr nicht:

$$2 \times a + 3 \times b$$

Ich kann mir absolut nicht vorstellen, dass ein Mathematiker diese verwirrende Zeichenfolge schreiben würde, und deshalb glaube ich auch nicht, dass ein Mathematiker die Rechenaufgabe in dem Meme – angenommen, er würde versuchen, sie zu lösen (was unwahrscheinlich ist) – so schreiben würde, wie ich sie zitiert habe. Mathematiker schreiben nämlich (nach meiner Erfahrung) nur selten das ×- und noch seltener das ÷-Zeichen, dem sie die visuell viel überzeugendere Bruchschreibweise vorziehen. Wenn man es so macht, braucht man sich auch nicht um eine Operatorrangfolge zu scheren, weil ein Ausdruck wie

$$\frac{2}{5} + 7$$

visuell deutlich macht, dass die 2 und die 5 zusammengehören und die 7 separat ist.

Den Ausdruck in dem Meme würde ich so schreiben:

$$7 \quad + \quad \frac{7}{7} \quad + \quad 7 \cdot 7 \quad - \quad 7$$

Einen Punkt – wie hier den zwischen zwei 7en – setzen wir manchmal deshalb anstelle eines ×-Zeichens zwischen zwei Zahlen, weil wir die Zahlen nicht einfach nebeneinander schreiben können wie eine Zahl und einen Buchstaben. Wir können $7a$ statt $7 \times a$ schreiben, aber nicht 77 statt $7 \cdot 7$.

Müsste ich wirklich ×- und ÷-Zeichen verwenden, würde ich Klammern und Leerstellen einfügen, um zu verdeutlichen, was gemeint ist:

$$7 + (7 \div 7) + (7 \times 7) - 7$$

Diesen Ausdruck ohne Klammern zu schreiben ist mir ein Gräuel, und das hat nichts mit Mathematik zu tun, sondern nur mit mathematischer Rechtschreibung.

Ein Abschnitt, in dem ich mich über jene Eselsbrücken auslasse, die ich am wenigsten mag, wäre unvollständig, wenn ich nicht auch *foil* erwähnen würde. Sie sind dieser Eselsbrücke bereits in Kapitel 4 begegnet – sie soll helfen, Klammerpaare auszumultiplizieren wie:

$$(2x + 3)(4x + 1)$$

Foil soll uns sagen, dass wir zunächst die Terme des ersten (first) Paars miteinander multiplizieren, dann die des äußeren (outer) Paars, dann die des inneren (inner) Paars und schließlich die des letzten (last) Paars.* Diese Eselsbrücke wirft aber mathematische Probleme auf. Und davon abgesehen lässt *foil* uns um das Bemühen, zu verstehen, was wir tun, herumkommen. Ja, *foil* behindert das Verstehen sogar, indem es die Tatsache verschleiert, dass wir keineswegs in dieser Reihenfolge vorgehen müssen: Da Addieren kommutativ ist, können wir *f, o, i, l* in jeder beliebigen Reihenfolge tun, und selbst wenn wir nicht wissen, dass es kommutativ ist, können wir diese Klammern so ausmultiplizieren, dass wir *fiol* statt *foil* erhalten. Das liegt daran, dass der Regel für das Ausmultiplizieren das Distributivgesetz zugrunde liegt, wonach die Multiplikation Vorrang hat vor der Addition. Es handelt sich eigentlich um zwei Distributivgesetze:

$$a(b + c) = ab + ac$$

und

$$(a + b)c = ac + bc$$

Es hilft vielleicht, dies mit der «Raster»-Methode fürs Multiplizieren zu berechnen; die beiden Formen der Distributivität werden dann durch diese Grafiken dargestellt:

---

* Vgl. die Abbildung auf S. 163.

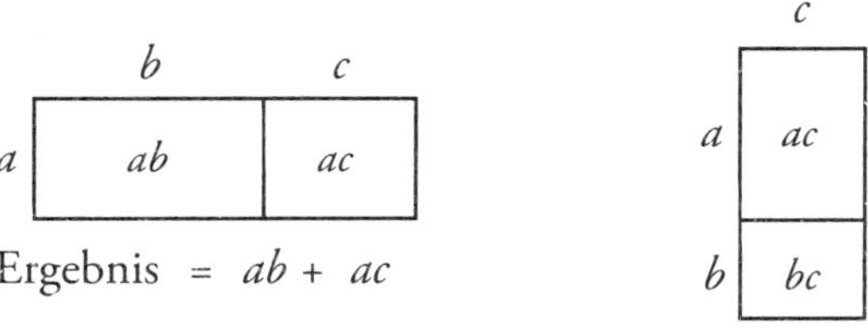

Ergebnis = $ab + ac$

Ergebnis = $ac + bc$

Die eine ist wie das Nebeneinanderstellen, die andere wie das Stapeln von Kisten.

Allerdings haben wir es hier mit etwas ziemlich Tiefgründigem zu tun, das von *Foil* überhaupt nicht berührt wird: Um Klammern mit zwei Termen in jeder Klammer auszumultiplizieren, müssen wir nämlich beide Distributivgesetze anwenden. Wenn wir zum Beispiel $(a + b)(c + d)$ rechnen, entspricht das diesem Raster:

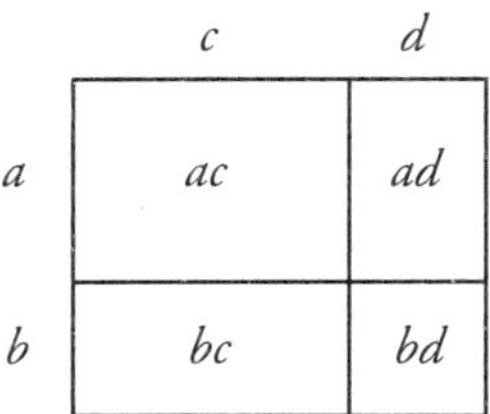

Ergebnis = $ac + ad + bc + bd$

Um auf die Gesamtsumme zu kommen, müssen wir sowohl das Nebeneinanderstellen als auch das Stapeln der Kisten verstehen und entscheiden, was wir zuerst tun.

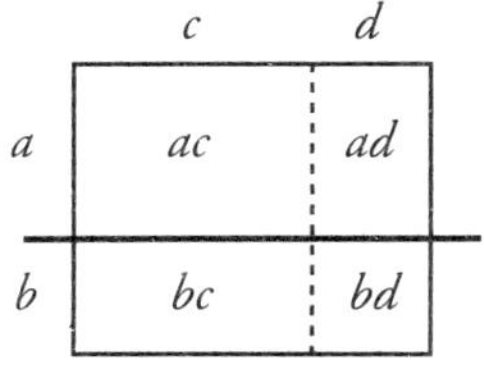

Ergebnis = $ac + ad + bc + bd$

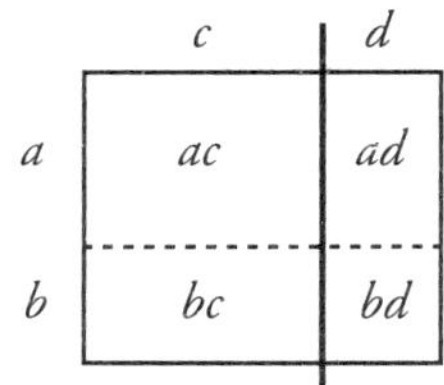

Ergebnis = $ac + bc + ad + bd$

Wenn wir das in Algebra ausschreiben, besteht das Stapeln darin, dass wir $(c + d)$ als Einheit behandeln; das ergibt Folgendes:

$$a(c + d) + b(c + d)$$

Die Reihenfolge, in der das üblicherweise ausmultipliziert wird, entspricht *Foil.*

Beim Nebeneinanderstellen wird $(a + b)$ als Einheit behandelt; das wiederum ergibt Folgendes:

$$(a + b)c + (a + b)d$$

Die Reihenfolge, in der das üblicherweise ausmultipliziert wird, entspricht *Fiol.* Schauen wir uns jetzt die beiden Ergebnisse an, also $ac + ad + bc + bd$ und $ac + bc + ad + bd$. Sie sind nicht ganz gleich – die mittleren Terme sind vertauscht, wie ja auch die beiden mittleren Buchstaben von *Foil* vertauscht wurden, um *Fiol* zu bilden. Wenn beide Distributivgesetze wahr sind, müssen *Foil* und *Fiol* das gleiche Resultat ergeben, und von dieser Voraussetzung ist es nur ein kleiner Schritt zu der Schlussfolgerung, dass das Addieren kommutativ sein muss. Es *muss* so sein.

Ich habe diese leicht esoterische Argumentation aus zwei Gründen vorgetragen: Ich wollte erstens zeigen, dass die Festlegung der Operatorrangfolge auf *Foil* uns einschränkt – die Tatsache, dass *Foil* und *Fiol* die gleiche Lösung ergeben, bedeutet, dass man sich nur eine der beiden Eselsbrücken zu merken braucht, offenbart aber auch eine fundamentale Wahrheit der Mathematik. Zweitens wollte ich auf die Defizite der *Foil*-Methode gegenüber der Rastermethode aufmerksam machen.

Die Rastermethode ist eine intuitive Möglichkeit, die Multiplikation nicht nur durchzuführen, sondern auch zu erkennen, *warum* sie diese vier Kombinationen der Produkte ergibt. In Analogie dazu kann man vier Sandwiches auf einmal machen: Man legt zwei Brotbeläge auf die eine Sandwichhälfte und – im rechten Winkel zu den beiden ersten – zwei Brotbeläge auf die andere, klappt das Sandwich zu und hat die Beläge auf vier verschiedene Weisen miteinander kombiniert.

Die bildlichen Darstellungen von Zusammenhängen zwischen abstrakten Konzepten sind sehr wichtig und bilden einen eigenen Bereich der Mathematik. Dies ist das Thema des nächsten Kapitels.

7

Bilder

Warum ist 2 + 4 = 4 + 2?

Die Frage scheint naiv zu sein und die Antwort auf der Hand zu liegen. Dass 2 + 4 = 4 + 2 ist, können wir einfach daran erkennen, dass auf beiden Seiten der Gleichung die Summe 6 ist. Da Sie wissen, wie meine erste Antwort auf solche Fragen in früheren Kapiteln lautete, meinen Sie vielleicht, wir sollten auch hier nach dem Kontext fragen: «*In welchem Kontext* ist 2 + 4 = 4 + 2?» Das ist eine gute Idee, aber ich möchte es diesmal mit einem anderen Ansatz versuchen und darlegen, dass nicht *wirklich* auf beiden Seiten der Gleichung das Gleiche steht. Auf der linken Seite nehmen wir zwei Dinge und vier weitere hinzu, auf der rechten Seite nehmen wir vier Dinge und zwei weitere hinzu. Es lohnt sich, kurz darüber nachzudenken, wie wenig es auf der Hand liegt, dass diese Additionen die gleichen Summen ergeben sollten.

Ich werde nun untersuchen, warum wir aus prinzipiellen Gründen, d. h. ohne die Zahlen kennen zu müssen, sagen können, dass die beiden Additionen die gleichen Summen ergeben. Ich möchte dafür so vorgehen, wie Kinder am Anfang rechnen, nämlich indem sie Rechenklötze oder andere Objekte benutzen oder Bilder von Objekten zeichnen. Bilder zu verwenden mag als «kindische» Art und Weise, Mathe zu machen, erscheinen, aber ich werde in diesem Kapitel darlegen, wie sinnreich Bilder in der Mathematik sein können. Ich betrachte die Verwendung von Bildern lieber als im besten Sinne «kindlich» denn als «kindisch». In «kindisch» liegt eine Wertung: Man will mit diesem Wort sagen, dass nur unterentwickelte Menschen so etwas tun und dass sie damit aufhören und erwachsen werden sollten. Das «Kindlich»-sein hingegen hat viele wundervolle Aspekte, die aber von der Gesellschaft leider allzu oft unterdrückt werden. Zu diesen Aspekten gehören unbändige Neugier, Offenheit für neue Ideen, furchtloses Sich-der-Phantasie-Überlassen und große Unbekümmertheit angesichts der Tatsache, dass es in der Welt der Erwachsenen zahllose Dinge gibt, die sie als Kinder noch nicht verstehen können. Sie wissen, dass es so ist, und machen sich nichts draus. Ich bin sicher, dass dies einer der Gründe ist, warum sie nicht so viel Angst vor Mathe haben wie Erwachsene. Erwachsene glauben, sie seien schlecht in Mathe, wenn sie vieles nicht verstehen – vielleicht, weil man ihnen das einst eingeredet hat.

Wie Kinder, so zeichnen auch Forscher auf dem Gebiet der abstrakten Mathematik Bilder, und zwar häufiger, als man vielleicht erwarten würde. Auf meinem Forschungsgebiet, der Kategorientheorie, wird überall mit Bildern gearbeitet. Das wird als «abstrakte Algebra» bezeichnet, obwohl zumeist nicht mit algebraischen Gleichungen argumentiert wird. Die Verwendung von Bildern («Diagrammen») gehört zu den Dingen, die dieses neue Gebiet der Mathematik besonders produktiv gemacht haben. Es gibt sogar einen Typus mathematischer Diagramme, deren Fachbezeichnung «dessins d'enfant» (Kinderzeichnungen) 1984 von dem großen französischen Mathematiker Alexander Grothendieck geprägt wurde.

Als ich 2016 von dem Hotel EMC2 in Chicago den Auftrag erhielt, mathematische Kunst zu kreieren, sah ich mich nicht als bildende Künstlerin. Aber dann dämmerte mir, dass ich im Rahmen meiner Forschungen ja viele Bilder zeichne und insofern abstrakte Bildkunst schaffe. Deshalb geht es in diesem Kapitel darum, was Bilder in Mathe für uns leisten – sie sind nämlich nicht nur visuelle Hilfsmittel, sondern können Bestandteil der eigentlichen Mathematik werden.

Ich werde zunächst versuchen, mit einigen Bildern zu verdeutlichen, warum 2 + 4 = 4 + 2 ist, wobei ich ein tieferes Verständnis vermitteln möchte als das, das sich in der Begründung ausspricht «weil beide Seiten 6 ergeben».

«Alle Gleichungen sind Lügen»

Kinder brauchen oft eine Weile, um einzusehen, dass 2 + 4 wirklich gleich 4 + 2 ist, und das ist auch gut so, denn in gewisser Hinsicht stimmt das nicht. Wenn ein kleines Kind noch mit den Fingern addiert, beantwortet es die Frage «Was ist 4 plus 2?» ganz einfach so, dass es sich die 4 merkt, mit zwei Fingern 2 weiter zählt und ziemlich schnell auf 6 kommt. Doch wenn man es fragt, was 2 plus 4 ist, merkt es sich die 2 und versucht dann, mit vier Fingern 4 weiter zu zählen. Für ein Kind in dieser Altersphase kann es ziemlich schwierig sein, an den Fingern 4 weiter zu zählen, und deshalb wird das Zählen dann mühsamer sein, länger dauern und vielleicht zu einem falschen Ergebnis führen.

Für ein solches Kind ist 4 + 2 also nicht das Gleiche wie 2 + 4: Es findet die zweite Addition viel schwieriger als die erste. Deshalb möchte ich weder fragen, warum 4 + 2 gleich 2 + 4 ist, noch, in welchem Kontext es das ist, sondern *in welchem Sinne* es das ist.

In diesem Fall sind die beiden Seiten der Gleichung gleich in dem Sinne, dass die beiden Additionen zum gleichen Ergebnis führen, obwohl die Rechenprozesse verschieden sind. Das ist eine wichtige Eigenschaft dieser Gleichung: Die Addition auf der einen Seite ist schwieriger durchzuführen als die auf der anderen, deshalb profitieren wir von unserem Wissen, dass die beiden Seiten die gleiche Summe ergeben. Es bedeutet nämlich, dass wir mithilfe der leichteren Seite die schwierigere Seite verstehen können. Analoges gilt übrigens für alle Gleichungen in Mathe.

Die Gleichung, über die ich spreche, ist ein Beispiel für die *Kommutativität* der Addition von Zahlen, die besagt, dass es keine Rolle spielt, in welcher Reihenfolge wir Zahlen addieren. Ein weiteres Grundprinzip der Addition von Zahlen ist die *Assoziativität*. Sie besagt, dass es keine Rolle spielt, wie wir die Zahlen zusammenfassen, was wir üblicherweise mit Klammern tun. Zum Beispiel gilt für das Addieren Folgendes:

$$(8 + 5) + 5 = 8 + (5 + 5)$$

Ich persönlich finde die rechte Seite viel einfacher zu rechnen als die linke. Die Klammern sagen mir, dass ich zuerst 5 + 5 rechnen soll, und das ist einfach: Ohne mein Gehirn einschalten zu müssen, weiß ich, dass 5 + 5 = 10 ist, und kann zu diesen 10, wieder ohne Beanspruchung meines Gehirns, 8 addieren.

Dagegen fordert die linke Seite mich auf, zuerst 8 + 5 zu rechnen, und da das Ergebnis über 10 hinausgeht, ist das viel schwieriger. Das überfordert mich zwar nicht, aber es beansprucht mein Gehirn doch definitiv mehr als das Addieren von 5 und 5. Statt damit zu prahlen, wie leicht uns Dinge fallen, sollten wir, finde ich, genau beobachten, welche Dinge uns schwerer fallen als andere, zumal sich winzige Mengen an zusätzlicher kognitiver Beanspruchung summieren und uns schnell erschöpfen können.

Das ist übrigens ein Grund, warum im Matheunterricht manchmal das Auswendiglernen von «Fakten» gefordert wird: Wenn man diese Dinge auswendig kann, kann man Antworten nämlich aus dem Ärmel schütteln und schnell weitermachen. Ich persönlich finde allerdings, dass ich die kognitive Beanspruchung besser dadurch verringern kann, dass ich Dinge verinnerliche, als dass ich sie auswendig lerne. Dass 5 + 5 gleich 10 ist, brauchte ich nicht auswendig zu lernen; ich habe es immer an meinen Händen gesehen. Es ist wichtig zu wissen, dass Auswendiglernen zwar dazu beitragen kann, die spätere kognitive Beanspruchung zu verringern, dass es aber auch leicht dazu führt, dass man sich vom Verstehen weiter entfernt und dass sich dieser Kompromiss oft nicht lohnt.

Der entscheidende Punkt an der Gleichung 2 + 4 = 4 + 2 ist also, dass die beiden Seiten insofern verschieden sind, als die eine Seite einfacher zu rechnen ist als die andere, und dass wir uns für das Rechnen der einfacheren Seite entscheiden können, weil wir wissen, dass die Summen gleich sein werden.

Das ist sogar der entscheidende Punkt an *allen* Gleichungen: Beim Aufstellen von Gleichungen geht es darum, zwei Dinge zu finden, die in einer Hinsicht verschieden, in einer anderen aber gleich sind, was bedeutet, dass wir das, was an ihnen verschieden ist, in den Blick nehmen und dadurch unser Verständnis erweitern können. Wir neigen dazu, uns bei einer Gleichung auf die Aussage zu fokussieren, dass die beiden Seiten gleich sind, aber diese Aussage setzt voraus, dass die beiden Seiten in einer Hinsicht auch verschieden sind. Vollkommen gleich sind die beiden Seiten nur bei der Gleichung

$$x = x$$

und allen Gleichungen, die dieselbe Form haben. Bei ihnen sind die beiden Seiten wirklich gleich – und deshalb sind sie völlig nutzlos. Wir lernen nichts dazu, wenn wir sagen, etwas sei sich selbst gleich.

Ich sage manchmal gern: «Alle Gleichungen sind Lügen», was, zugegeben, ein bisschen auf Klickfang aus ist. Ich könnte die Aussage einschränken, indem ich sage: «Alle Gleichungen sind Lügen (oder nutzlos).» In Wahrheit aber lügen Gleichungen nicht, wenn sie sagen, die beiden Seiten seien gleich, sondern sie sagen etwas Differenzierteres, als wir ihnen zugestehen. (Oder wir sind diejenigen, die lügen – nämlich wenn wir Behauptungen über Gleichungen aufstellen.) Was Gleichungen wirklich sagen, ist, dass ihre beiden Seiten gleich sind, wenn wir einen bestimmten Aspekt ins Auge fassen, dass sie aber auch auf bedeutsame Weise verschieden sind. Das ist ein wichtiger Gesichtspunkt meiner Forschungen auf dem Gebiet der höherdimensionalen Kategorientheorie, denn wenn wir Konzepte untersuchen, die subtiler sind als Zahlen, können diese Konzepte auch in subtilerer Hinsicht dasselbe sagen, ohne nur das Gleiche zu sagen. Wir müssen also diffizile Entscheidungen treffen, was wir in einem Szenario als dasselbe betrachten wollen. Das bringt uns zurück zu der Frage, wie wir einem kleinen Kind mithilfe von Rechenklötzen erklären würden, dass $2 + 4 = 4 + 2$ ist.

Das Tiefsinnige am Zählen mit Rechenklötzen

Das Rechnen mit Rechenklötzen gilt den meisten als etwas, was nur kleine Kinder tun, bevor sie «richtig» Rechnen gelernt haben. Sie sollen erwachsen werden und aufhören, die Klötze zu benutzen, sollen nur noch im Kopf rechnen oder pfiffige «Strategien» anwenden, die ihre Eltern oft verblüffen.

In Wirklichkeit ist das Rechnen mit Rechenklötzen nützlich, weil es uns tiefe Einblicke in subtile Aspekte der abstrakten Mathematik in höheren

Dimensionen verschafft. Es mag überraschen, dass höhere Dimensionen ins Spiel kommen, wenn wir einfache arithmetische Berechnungen machen, aber es ist tatsächlich der Fall.

Sie sind schon ein wenig mit höherdimensionalem Denken in Berührung gekommen, als es beim Multiplizieren in Rastern um die Frage ging, wie wir das Multiplizieren als wiederholtes Addieren auffassen können. Wenn wir uns 3 × 2 als 3 Mengen à 2 vorstellen, können wir drei Paare von Rechenklötzen so anordnen:

Und wenn wir uns 3 × 2 als 2 Mengen à 3 vorstellen, können wir 2 Dreiergruppen von Rechenklötzen so anordnen:

Bis hierher ist es visuell nicht offenkundig, warum die beiden Auffassungen davon, was 3 × 2 bedeutet, auf das Gleiche hinauslaufen. Wir könnten einfach zählen, aber das würde nur bestätigen, dass 3 Mengen à 2 und 2 Mengen à 3 die gleiche Anzahl ergeben, ohne uns zu sagen, warum das so ist. Und wenn wir den Grund nicht sehen, können wir aus ihm kein Prinzip ableiten, das für alle Zahlen gilt.

Sie haben bereits gesehen (in Kapitel 3), dass es aufschlussreicher ist, die Rechenklötze so anzuordnen:

Wir können nun, da unsere Anschauung stärker angesprochen wird, einen tieferen Grund erkennen, *warum* 3 × 2 gleich 2 × 3 ist. Entscheidend ist, dass wir nicht erst herausfinden müssen, wie das Ergebnis lautet, um zu verstehen, dass es in beiden Fällen dasselbe ist.

Dieses Bild zeigt, dass wir die Rechenklötze sowohl als zwei Reihen à drei als auch als drei Spalten à zwei auffassen können. Man kann es so sehen, dass die drei Spalten aus den beiden Reihen durch eine Drehung hervorgehen: Wir können uns vorstellen, dass wir den Tisch, auf dem die Klötze liegen, drehen oder dass wir um ihn herumgehen, um die Klötze aus einem anderen Blickwinkel zu betrachten. Ihre Anzahl ändert sich dadurch nicht. Abstrakt entspricht das meiner Aussage, wenn wir ein Dreieck vergrößern oder verkleinern, sei das so, als würden wir näher an das Dreieck herangehen oder uns weiter von ihm entfernen – wir haben unsere Sicht auf das Dreieck verändert, nicht das Dreieck selbst.

Die logische Struktur, die der Änderung der Richtung entspricht, aus der wir auf die Klötze blicken, ist:

$$3 \times 2 = 2 \times 3$$

Beachten Sie jedoch, dass wir bei dieser Argumentation zwei Dimensionen in Anspruch nehmen, nicht nur eine. Mit den Kügelchen einer einzigen Abakus-Reihe könnten wir so nicht argumentieren.

Selbst wenn wir über die Kommutativität der Addition nachdenken wollen, benötigen wir eine zusätzliche Dimension. Wenn wir uns vorstellen, 4 + 2 mit Rechenklötzen zu rechnen, könnte das so aussehen:

Würden wir stattdessen 2 + 4 rechnen, würde das so aussehen:

Dass diese Version das Gleiche ergibt wie die erste, sehen wir ein, wenn wir uns in Gedanken auf den Kopf stellen und die zweite Version aus dieser Perspektive betrachten, oder wenn wir die Positionen der beiden Gruppen von Klötzen vertauschen:

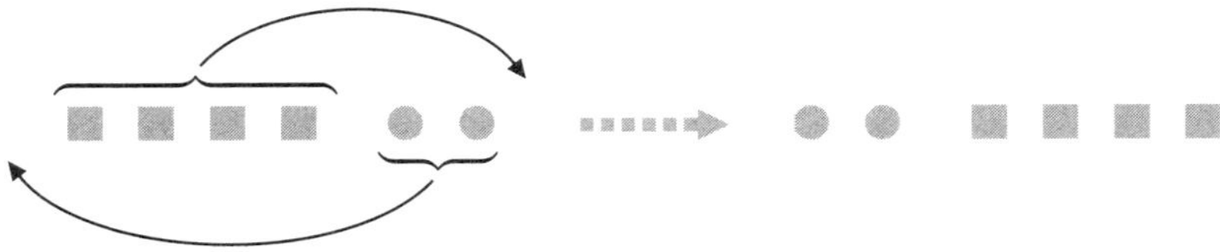

Das leuchtet visuell ein, aber auch hierzu benötigen wir zwei Dimensionen. Dagegen kann die Assoziativität der Addition innerhalb *einer* Dimension (wie auf einer Abakus-Reihe) bewiesen werden, indem man einfach seitlich verschiebt. Das Bild unten stellt (4 + 2) + 3 vor dem Verschieben der kreisförmigen Klötze dar:

Nach dem Verschieben der kreisförmigen Klötze ergibt sich dieses Bild, das 4 + (2 + 3) darstellt:

Dieser Gedankengang hat uns zu der Frage geführt, *wo* 2 + 4 = 4 + 2 ist. Nun, es kommt darauf an, wo wir dies rechnen wollen, denn in einer eindimensionalen Welt wird es nicht möglich sein. Das Szenario mit Bildern zu veranschaulichen hat uns geholfen, dies zu verstehen.

Die Bedeutung von Bildern

Bilder sind manchmal nur Hilfsmittel, die uns Abstraktionen besser verstehen lassen, manchmal sind sie aber auch Bestandteil der formalen Notation für die Durchführung von Berechnungen. Letzteres kommt häufig in der Kategorientheorie vor, in der wir es mit einer Algebra zu tun haben, die komplexer ist und daher mit nur in eine Zeile geschriebenen Symbolen nicht artikuliert werden kann.

Ich gebe zu, dass diese Verwendung von Bildern behindertenfeindlich ist, weil sie Menschen, die nicht sehen können, vom Verständnis ausschließt. Ich bemühe mich in all meinen Büchern, möglichst viele anschauliche Diagramme zu verwenden, habe jedoch (höfliche) Zuschriften von Sehbehinderten erhalten, die sich die Audioversionen meiner Bücher angehört hatten und sie zu schätzen wussten, aber von den Diagrammen in der beigefügten PDF-Datei keinen Gebrauch machen konnten. Es tut mir leid, dass ich für dieses Problem noch keine Lösung anbieten kann. Für viele andere Menschen sind die bildlichen Darstellungen in der Mathematik äußerst hilfreich, und sie haben diese Wissenschaft auch vorangebracht.

Ich möchte hinzufügen, dass es brillante Mathematiker gibt, die blind sind, und dass viele von ihnen auf den Gebieten der Geometrie und der Topologie arbeiten und sich mit Formen und Beziehungen zwischen Formen beschäftigen. Bernard Morin hat sogar einen Weg gefunden, eine Kugel mathematisch von innen nach außen umzustülpen (die Methode wird als «Eversion» bezeichnet). In der physischen Welt ist das so kontraintuitiv, dass diese Welt nicht sehen zu können für Morin vielleicht hilfreich war.*

Bildliche Hilfsmittel sind übrigens auch für Hörgeschädigte nicht immer ohne weiteres nützlich. Ich hatte vor kurzem einen gehörlosen Studenten, der meinen Unterricht jeweils mit einem Gebärdendolmetscher besuchte. Mir wurde klar, dass es für ihn nicht möglich war, meinen bildlichen Erläuterungen zu folgen, während er gleichzeitig versuchen musste, die gebärdensprachliche Übersetzung meiner Ausführungen zu verstehen. Ich habe schließlich alle bildlichen Erläuterungen zweimal gegeben, aber es war sicher nicht ideal für ihn, die gebärdensprachliche Übersetzung getrennt von meinen bildlichen Erläuterungen sehen zu müssen.

Ich möchte einige Beispiele für bildliche Darstellungen aus meiner Arbeit auf dem Gebiet der Kategorientheorie zitieren. Die beiden folgenden sind jeweils Teil einer strengen Argumentation:

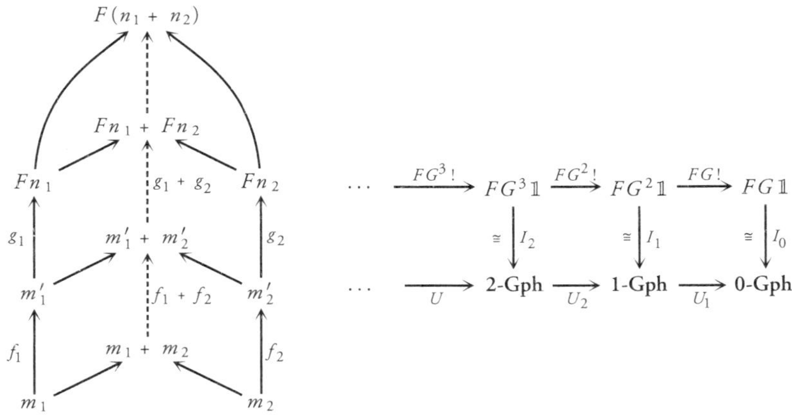

* Es gibt einen interessanten Bericht über die Arbeit von Morin und anderen sehbehinderten Mathematikern in «The World of Blind Mathematicians» (2002), *Notices of the American Mathematical Society*, Bd. 49, Nr. 10, verfügbar unter https://www.ams.org/notices/200210/comm-morin.pdf.

Und diese beiden sollen dem Verständnis durch Anschauliches auf die Sprünge helfen:

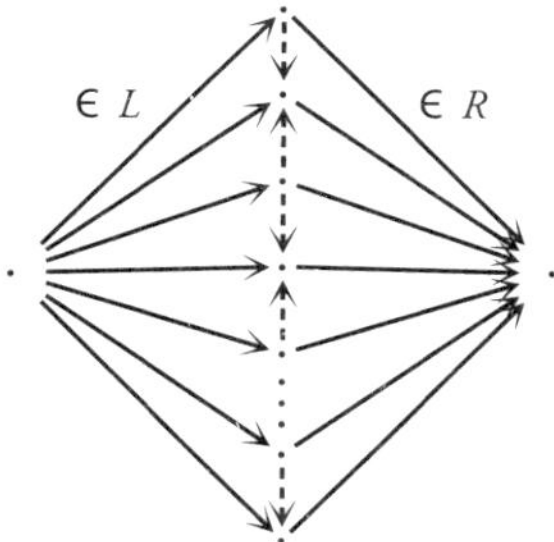

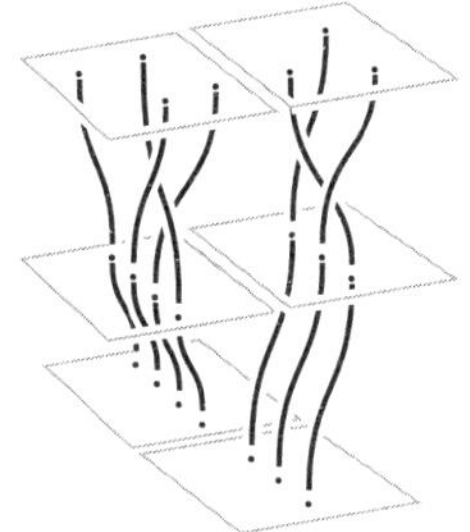

In allen vier Beispielen kommt es darauf an zu verstehen, wie das Bildliche mit der Logik korrespondiert und umgekehrt. Das ist aber nicht nur auf höchstem Niveau so, in der Forschungsmathematik, sondern auch beim Zeichnen von Graphen, einer für viele Schülerinnen und Schüler quälenden Aufgabe.

Das Zeichnen von Graphen

Warum ist das Zeichnen von Graphen so wichtig? Eine Klage, die ich gelesen habe, lautete, einen Graphen gut zu zeichnen, sei zweifellos eher eine künstlerische als eine mathematische Fähigkeit: Warum also müsse man das in Mathe machen?

Meine erste Antwort auf diese Frage lautet, dass etwas, was Bestandteil der bildenden Kunst ist, auch Bestandteil der Mathematik sein kann. Auf eine tiefergehende Antwort zielt jedoch eine Gegenfrage: Was denn mit der Fähigkeit, einen Graphen «gut» zu zeichnen, gemeint ist. Ich glaube nämlich, dass sich die Fähigkeit, einen Graphen «mathematisch gut» zu zeichnen, von der Fähigkeit, ihn «künstlerisch gut» zu zeichnen, durchaus unterscheidet und dass beide Fähigkeiten wichtig sind, wenn auch aus verschiedenen (aber sich überschneidenden) Gründen. Der übliche Matheunterricht zielt darauf, den Schülerinnen und Schülern mathematisch gutes Zeichnen von Graphen beizubringen, aber er übersieht die Bedeutung des künstlerischen Aspekts.

«Übersehen» ist übrigens eines dieser merkwürdigen Wörter, die zwei gegensätzliche Bedeutungen haben: Es kann bedeuten, dass man etwas nicht sieht, es kann aber auch bedeuten, dass man «Übersicht», einen Überblick hat und alles sieht. Bei einem Projekt, an dem ein großes Team beteiligt ist, muss jemand eine Übersicht über dessen Tun haben, und wenn dafür niemand als verantwortlich bestimmt wurde, dann wurde eine Notwendigkeit übersehen. Solche Wörter, die ich faszinierend finde, werden als Autoantonyme bezeichnet.

Graphen werden oft mit qualvollen und sinnlosen Mathestunden assoziiert, in denen man Formeln in Bilder übersetzen musste, ohne dass behauptet wurde, das Ganze würde etwas darstellen, was für einen selbst von Interesse sei.

Warum wir in Mathe Graphen zeichnen und wie wunderbar dieses Zeichnen ist, das hat der übliche Matheunterricht völlig aus den Augen verloren.

Eine meiner frühesten Erinnerungen, die die Mathematik betreffen, ist, dass meine Mutter mir erklärte, dass man einen Graphen zeichnen kann, der die Quadrate von Zahlen bildlich darstellt – indem man nämlich für jede Zahl auf der horizontalen Achse einen Punkt markiert, der in einem bestimmten Abstand darüber liegt, wobei dieser vertikale Abstand das Quadrat der Zahl auf der horizontalen Achse repräsentiert.

Man beginnt damit, dass man schreibt:

$$\begin{array}{ccc} 1 & \longmapsto & 1 \\ 2 & \longmapsto & 4 \\ 3 & \longmapsto & 9 \\ 4 & \longmapsto & 16 \\ & \vdots & \end{array}$$

bezieht aber auch die 0 und negative Zahlen ein sowie Zahlen, die keine ganzen Zahlen sind. Daraus ergibt sich dann dieses Bild:

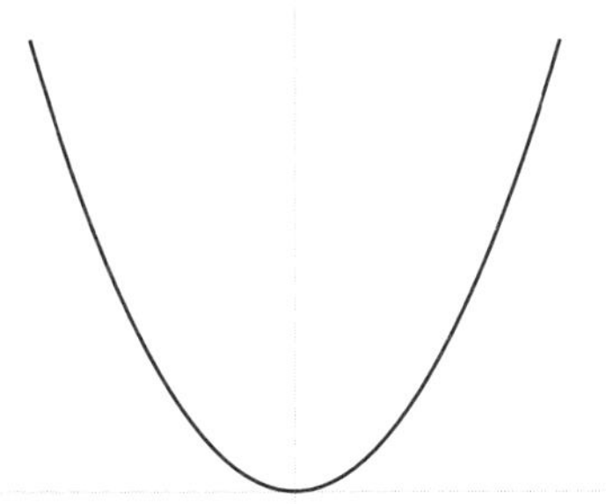

Ich war noch ziemlich jung und hatte das Gefühl, dass mein Gehirn krampfhafte Anstrengungen unternahm, um diese Verwandlung eines mathematischen Prozesses in ein Bild zu begreifen. Wie wunderbar es war, dass man einen mathematischen Prozess nach dieser Verwandlung *sehen* konnte! Heute erinnert es mich an die sogenannte intermodale Übersetzung – was darunter zu verstehen ist, hat mir meine liebe Freundin Amaia Gabantxo erklärt. Amaia übersetzt Literatur und schreibt selbst, sie ist Lyrikerin, Musikerin und auf vielen Gebieten kreativ. Sie übersetzt nicht nur von einer Sprache in eine andere, sondern auch von Musik in Lyrik, von Lyrik in Tanz, von Kulinarik in Tanz, und sie unterrichtet all das. Ziel intermodaler Übersetzung ist meiner Meinung nach, die Stärken der beteiligten Modi zu kombinieren. Beim Zeichnen von Graphen, das man in gewisser Weise ebenfalls als eine Form intermodaler Übersetzung betrachten kann, ist der «Modus», mit dem man beginnt, üblicherweise eine Formel, die sich gut zum Aufbau logischer Argumentationen eignet. Diese Formel wird in ein Bild übersetzt, das weniger streng und zum Aufbau logischer Argumentationen weniger gut geeignet ist, aber Formen und Entwicklungen viel anschaulicher darstellen kann.

Hier als Beispiel eine Liste, die die Zahlen der New Yorker COVID-19-Erkrankungen vom März 2020 wiedergibt:*

* Die Daten stammen von https://github.com/nychealth/coronavirus-data.

3.3.	1	10.3.	70	17.3.	2452	24.3.	4503
4.3.	5	11.3.	155	18.3.	2971	25.3.	4874
5.3.	3	12.3.	357	19.3.	3707	26.3.	5048
6.3.	8	13.3.	619	20.3.	4007	27.3.	5118
7.3.	7	14.3.	642	21.3.	2637	28.3.	3479
8.3.	21	15.3.	1032	22.3.	2580	29.3.	3563
9.3.	75	16.3.	2121	23.3.	3570	30.3.	5461

Es ist schwer, eine Bauchreaktion auf diese Zahlen zu entwickeln; man sieht nur, dass sie steigen. Unten sind sie jedoch in Graphen übersetzt. Während der linke ein bisschen wackelig ist, steht im rechten jeder Punkt für Sieben-Tage-Durchschnittswerte, was die täglichen Schwankungen glättet.

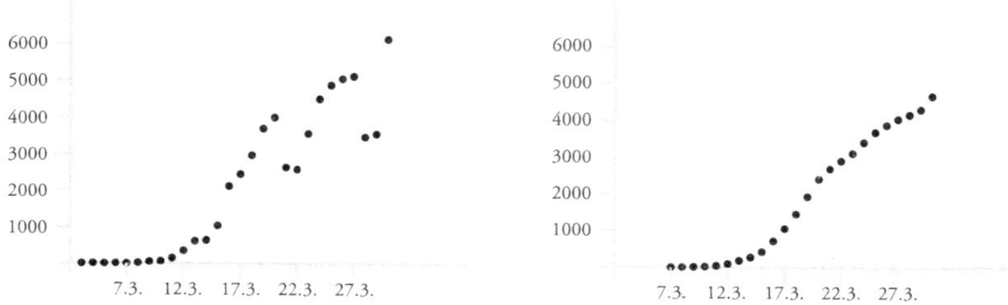

Diese Graphen stellen uns die Entwicklung anschaulich dar: Wir sehen nicht nur, dass die Zahlen alarmierend steigen, sondern auch, dass die Kurve steiler wird, bis deren Steigung sich um den 22. März herum leicht stabilisiert.

Mit abstrakten Begriffen zu arbeiten ist schwierig, weil – nun ja, weil sie abstrakt sind. Sie in ein Medium zu übersetzen, das unsere Anschauung anspricht, kann hilfreich sein – auch in der Mathematik. Wichtig ist aber zu wissen, welche bildlichen Merkmale welchen abstrakten Merkmalen entsprechen.

Merkmale übersetzen

Hier einige bildliche Merkmale, nach denen wir fragen können, wenn wir einen Graphen betrachten: Hat er Ecken? Löcher? Steigt er oder fällt er? Steigt oder fällt er irgendwo schneller? Wenn ja: wo? Macht er eine Kehrtwendung? Schießt er irgendwo ins Unendliche? Wenn ja: stetig? Flacht er ab? Schwankt er stark?

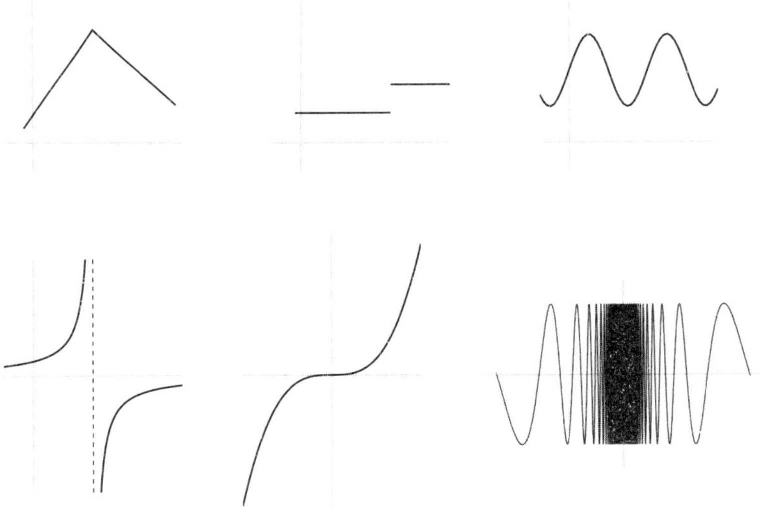

Anschließend versuchen wir zu verstehen, warum der Graph so aussieht. Die bildlichen Merkmale sind sehr anschaulich. Welchen logischen Strukturen entsprechen sie? Wir können die Frage auch umgekehrt stellen: Wenn wir von einem abstrakten Szenario ausgehen – welche bildlichen Merkmale ergeben sich aus ihm? Beim Zeichnen von Graphen geht es darum, Formeln besser zu verstehen.

Graphen gut zu zeichnen bedeutet nicht, schöne Kurven zu zeichnen, sondern die Merkmale, die für uns am wichtigsten sind, klar darzustellen. In gewisser Weise geht es darum auch in der bildenden Kunst – man muss sich für ein Merkmal der Welt entscheiden, auf das man das Augenmerk des Betrachters lenken möchte, und dann eine Art der Darstellung wählen, die das leistet. Der Kubismus und der Impressionismus wollen unser Augenmerk in je eigener Weise auf verschiedene Dinge lenken.

In manchen Kontexten bedeutet etwas «klar» darzustellen, es *schön* darzustellen. Ob das der Fall ist, hängt davon ab, wer das Publikum ist. Als ich anfing, an der Kunstschule zu unterrichten, machten wir eine Übung, bei der es um die Symmetrie eines gleichseitigen Dreiecks ging. Ich gab allen Teilnehmerinnen und Teilnehmern ein Stück Karton und eine Schere und bat sie, ein grobes gleichseitiges Dreieck auszuschneiden. Was ich nicht berücksichtigt hatte, war, dass die Studierenden darauf bedacht sein würden, ein *vollkommen* gleichseitiges Dreieck zu schneiden. Ich hatte ihnen nicht gesagt, dass das Dreieck, da wir nichts bauen würden, nicht *vollkommen* gleichseitig sein müsse. Es kam nur darauf an, dass sie es für gleichseitig halten konnten. Das ist natürlich uneindeutig ausgedrückt, weil jeder sein eigenes Maß an Toleranz dafür hat, was als gleichseitiges Dreieck «ausgegeben» werden kann. Ich bin mit diesen beiden zufrieden:

Wie es mir auch nichts ausmacht, diese beiden Formen als Kreise auszugeben:

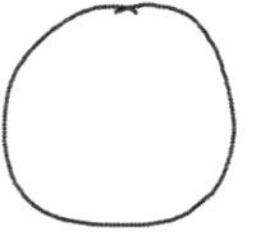

Dagegen kann es sein, dass ein kleines Kind oder ein nicht sehr toleranter Mensch diese Formen nicht als Kreise akzeptiert. Es ist ein bisschen wie mit der Suspension des Unglaubens, die erforderlich ist, wenn wir Schauspielern ihre Rolle «abnehmen» wollen: Wir glauben ja nicht wirklich, dass das Geschehen auf der Bühne real ist, müssen diesen Unglauben aber suspendieren, «vergessen», wenn wir die Aufführung genießen wollen. Wer von Musik leicht bezaubert und mitgerissen wird, kann sich in einer Opernaufführung im Grunde alles vorstellen, auch, dass auf der Bühne ein vierzehn Jahre altes schwindsüchtiges Mädchen singt, während jemand, den die Musik weniger bewegt, nicht glauben kann (oder will), dass diese Person vierzehn Jahre alt ist. Schlimmer ist es, wenn ein Kritiker oder Regisseur meint, wer einen Helden oder eine Heldin spielen soll, müsse schlank sein, weil die Figur sonst unglaubwürdig sei. Das ist nicht nur Fat-Shaming, sondern ein Kritiker oder Regisseur, der sich nicht vorstellen kann, dass sich Menschen in eine Person verlieben, die nicht schlank ist, hat auch ein Problem. Aber ich schweife ab.

Im Matheunterricht kann es für Schülerinnen und Schüler verwirrend sein, welche Merkmale sie als «wichtig» betrachten sollen und welche nicht, vor allem, weil sich das mit dem Kontext ändern kann und weil auf die Änderung oft nicht hingewiesen wird. Dem Lehrer Christopher Danielson zufolge sagen viele Kinder, wenn man ihnen diese beiden Formen zeigt:

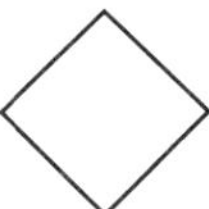

die linke sei ein Quadrat und die rechte nicht – es ist eine Raute. Die rechte ist aber das gleiche Quadrat, nur auf die Spitze gestellt. Wir können den Kindern beibringen, dass es sich jeweils um die gleiche Form handelt, aber wenn sie die Zahl 7 so schreiben:

wird ihnen gesagt, dass das falsch herum ist. Gleiche Formen nennen wir also gleich, wie immer sie stehen oder liegen, aber bei Ziffern und Buchstaben ist es wichtig, wie herum sie geschrieben werden. Der Kontext ist von Bedeutung.

Sie haben dies schon in Kapitel 1 gesehen, als ich über verschiedene Dreiecksbegriffe in verschiedenen Kontexten sprach. Um zu wissen, welche Merkmale hervorzuheben sind, müssen wir wissen (oder entscheiden), in welchem Kontext wir uns befinden.

Sie werden vielleicht fragen: Warum machen wir uns immer noch die Mühe, Graphen von Hand zu zeichnen, wenn Computer das auch können und dabei *alle* Merkmale sehr genau darstellen? Das ist ein guter Einwand. Als grafische Taschenrechner auf den Markt kamen, habe ich mir gleich ein Gerät besorgt, und es hat mich begeistert, einfach Formeln eingeben und zusehen zu können, wie das Gerät für mich den Graphen zeichnete. Was für eine Erleichterung! Heute kann man eine Formel in eine Suchmaschine füttern und diese einen Graphen zeichnen lassen. Ich mache das gern von Zeit zu Zeit, gebe einfach «sin $(1/x)$» und «x sin $(1/x)$» in die Suchleiste ein und staune über die Graphen, die in Nullkommanichts gezeichnet werden. Ich finde sie spektakulär:

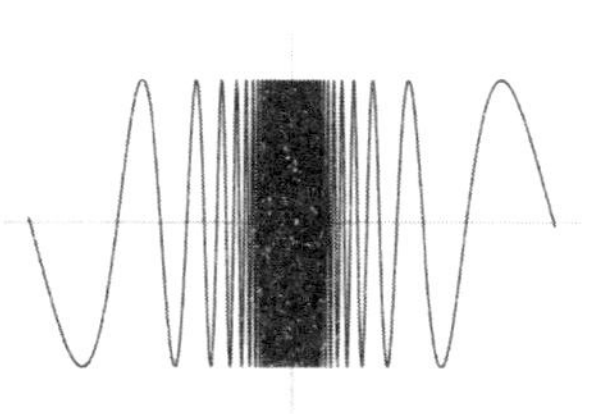

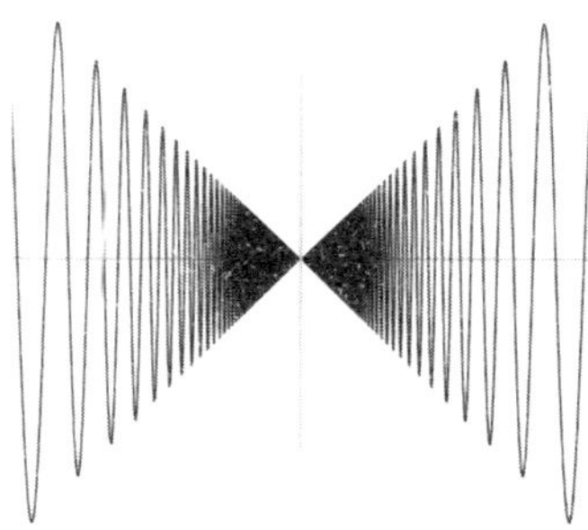

Beim Zeichnen von Graphen geht es jedoch nicht darum, schöne Bilder zu kreieren, sondern darum, zu verstehen, welchen algebraischen, logischen Merkmalen welche bildlichen Merkmale entsprechen. Sie müssen also, wenn Sie einen Graphen vor sich haben, verstehen, warum er ein Bild der Formel ist. Wenn Ihnen beim Betrachten eines Graphen die Frage «Warum?» in den Sinn kommt, denken Sie wie ein Mathematiker. Wollen Sie dagegen instinktiv weglaufen, so sind Sie vielleicht in der Vergangenheit von Graphen traumatisiert worden, und das ist dann die Schuld des Bildungssystems. (Bitte beachten: Ich beschuldige nicht einzelne Lehrer, sondern das System, das sie zwingt, so zu unterrichten, wie sie es tun.)

Die Darstellung von Mathematik in Bildern ist tiefgründig, kann aber auch verwirren, weil es darum geht, zu verstehen oder zu entscheiden, was im aktuellen Szenario wichtig ist, um dann nur das darzustellen. Das Ausblenden anderer Merkmale kann vor allem Menschen helfen, die mit dem Szenario nicht so vertraut sind und daher nicht wissen, welche Merkmale sie außer Acht lassen können. Die «künstlerischen» Merkmale werden von Mathematikern, die als solche gewohnt sind, abstrakt zu denken, oft vernachlässigt, aber manchmal sind auch sie für die Visualisierung von Daten wichtig.

Schon Florence Nightingale hatte das begriffen.

Florence Nightingale, Mathematikerin

Florence Nightingale, die auch als «die Dame mit der Lampe» bezeichnet wird, ist vor allem als wunderbare Krankenschwester in Erinnerung geblieben. Interessanterweise war sie auch eine brillante Mathematikerin und Statistikerin. Ihr bedeutendster Beitrag zur Weiterentwicklung der Krankenpflege bestand wohl darin, dass sie eine strenge quantifizierende Analyse darüber durchführte, woran Soldaten während des Krimkrieges gestorben waren. Bevor sie sich der Sache annahm, hatte die Sterberate bei 40 Prozent gelegen, doch aufgrund ihrer Analyse kam sie zu der Einschätzung, dass zehnmal so viele Soldaten an Krankheiten gestorben waren wie infolge der Kampfhandlungen. Sie leitete die Schritte ein, die notwendig waren, um die Zahl der Todesfälle drastisch zu senken, Schritte, die unter anderem die Reinigung der Hospitäler sowie die Verbesserung der Belüftung, der Abwasserentsorgung und der Ernährung der Soldaten vorsahen. Sie begriff aber auch, wie wichtig es war, ihre Analyse den Verantwortlichen, die Daten vielleicht nicht so gut interpretieren konnten wie sie, klar und anschaulich zu vermitteln, und entwickelte dafür eine Version eines Tortendiagramms, das sie «Coxcomb» (Hahnenkamm) nannte, das heute aber den eher banalen Namen «Polarflächendiagramm» trägt. Hier ein Beispiel für ein solches Diagramm. Es stellt die Zahlen der Todesfälle Monat für Monat dar, wobei jeder Kreissektor in Flächen unterteilt ist, die die im betreffenden Monat infolge von Kriegsverletzungen, von Krankheiten und von anderen Ursachen aufgetretenen Todesfälle repräsentieren.*

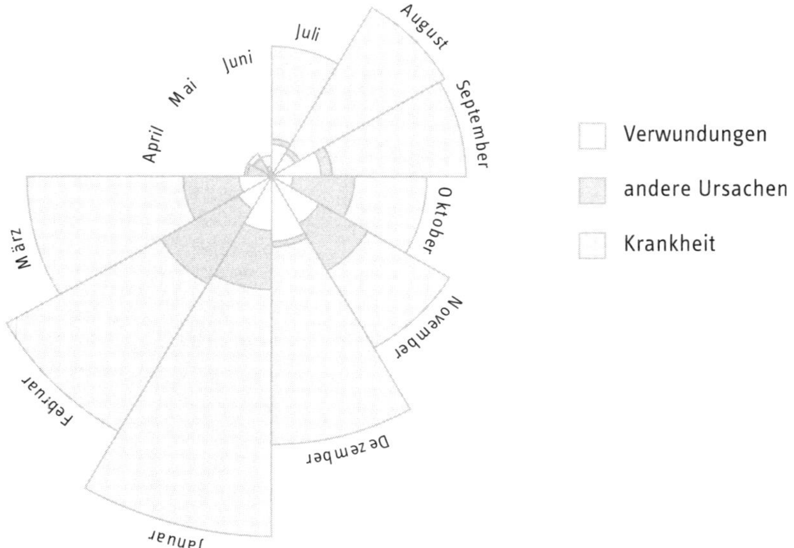

Es kommt hier nicht auf die Zahlen selbst an, sondern auf das Muster im Verhältnis der Sterberaten zueinander. Das Diagramm macht nicht nur anschaulich, dass die Ursache für die meisten Todesfälle Krankheiten waren, sondern auch, dass die Zahlen saisonal stark schwankten. Die Zahlen selbst werden durch die Teilflächen der einzelnen Sektoren des Diagramms dargestellt, was kompliziert zu berechnen, aber visuell faszinierend ist. Ein

* Ich habe einen Teil von Nightingales Originaldiagramm mit dem Titel «Diagram of the causes of mortality in the army in the east» (Diagramm zu den Ursachen der Sterblichkeit in der Armee im Osten) skizziert, das in *Notes on Matters Affecting the Health, Efficiency, and Hospital Administration of the British Army* (Anmerkungen zu Angelegenheiten, die die Gesundheit, die Effizienz und die Hospitalverwaltung der britischen Armee betreffen) veröffentlicht und 1858 an Königin Victoria gesandt wurde. Eine vollständige Reproduktion des Diagramms ist unter https://en.wikipedia.org/wiki/Florence_nightingale#/media/File:nightingale-mortality.jpg zu finden.

Tortendiagramm ist einfacher, aber auch da kommt es nicht auf die Zahlen, sondern auf die Verhältnisse zwischen ihnen an. Hier ein Tortendiagramm, das die Wassernutzung in den USA darstellt:*

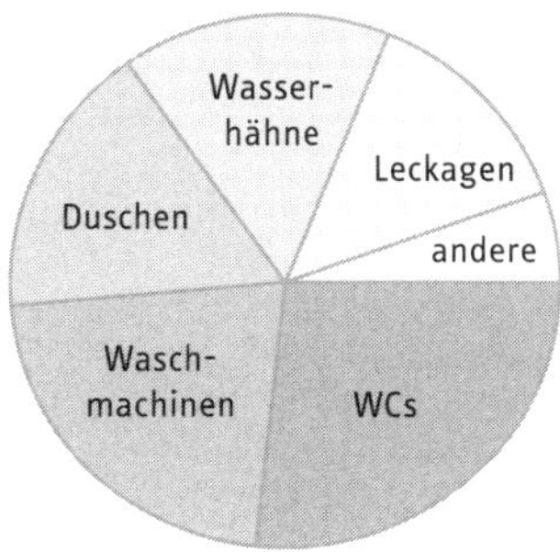

Auch im einfachen Tortendiagramm sind die Zahlen durch Flächen dargestellt, aber diese sind leichter zu berechnen, weil es sich um ganze Kreissektoren handelt. Das Diagramm ist einfacher, weil es weniger Aspekte des Sachverhalts berücksichtigt: Es schlüsselt die Zahlen nicht nach Monaten auf, sondern stellt nur die relativen Anteile der verschiedenen Arten der Wassernutzung dar.

Diese Idee, unter bestimmten Umständen nur eine Sache wichtig zu nehmen und nicht auch andere, erinnert mich an den Winter in Chicago, wo es ab einem bestimmten Zeitpunkt so kalt wird, dass ich mir keine Gedanken mehr darüber mache, wie ich aussehe, sondern einfach alles tue, was nötig ist, um warm zu bleiben, auch wenn ich deshalb vielleicht ein bisschen lächerlich wirke. Manchmal wünschte ich, ich könnte dieses Maß an Freiheit auch im Sommer erreichen, aber der soziale Druck zwingt mich in die Knie.

Torten- und Polarflächendiagramme dienen der bildlichen Darstellung von Daten. In der abstrakten Mathematik denken wir jedoch nicht über «Fakten» nach, sondern über Prozesse, weshalb wir Möglichkeiten zu *deren*

* Ich habe diese Daten auf der Seite https://www.statisticshowto.com/probability-and-statistics/descriptive-statistics/pie-chart/ gefunden. Sie stammen aus einer 1999 veröffentlichten Studie der American Water Works Association Research Foundation mit dem Titel «Residential End Uses of Water» (Wohnnutzung von Wasser), sind also ziemlich alt, aber ich verwende sie nur, um den Begriff des Tortendiagramms zu veranschaulichen.

bildlicher Darstellung benötigen. Das ist ein zentraler Bestandteil meiner Forschungen auf dem Gebiet der Kategorientheorie. Ein anschauliches Beispiel dafür ist die Untersuchung differenzierterer Aspekte der Kommutativität.

Kommutativität mit Differenzierungen

Die bildliche Erklärung, warum 2 + 4 = 4 + 2 ist, hat Ihnen hoffentlich geholfen, besser zu verstehen, warum die Gleichung wahr ist, sie hat aber neue Fragen aufgeworfen. Sie haben gesehen, dass wir die Gleichung dadurch rechtfertigen können, dass wir die Rechenklötze so verschieben:

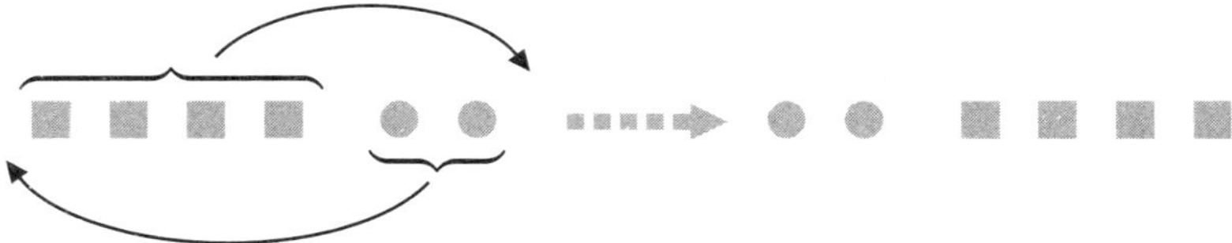

In einer zweidimensionalen Welt gibt es aber noch eine andere Möglichkeit, die Klötze zu verschieben:

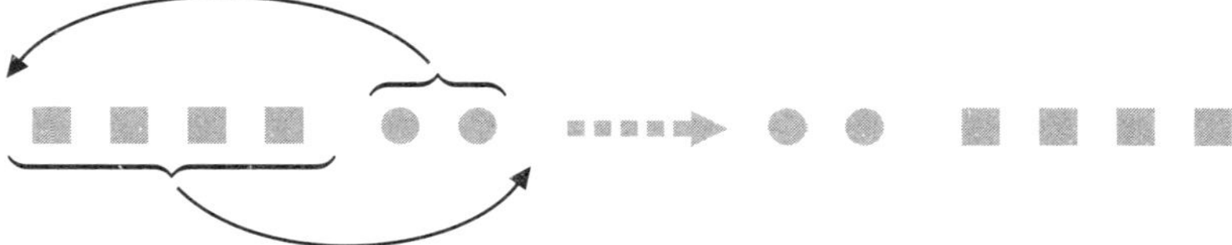

Es gibt also zwei geringfügig verschiedene Möglichkeiten zu zeigen, dass 4 + 2 gleich 2 + 4 ist. Da wir uns in der abstrakten Mathematik mehr für die Prozesse interessieren, die durchlaufen werden müssen, um ein bestimmtes Ziel zu erreichen, als für dieses Ziel selbst, interessieren wir uns vielleicht auch dafür, *wie* wir die Rechenklötze verschoben haben.

In der alten Tradition des Maibaumtanzes hält jede Tänzerin und jeder Tänzer das Ende eines langen Bandes in der Hand, das in der Mitte an einem Maibaum befestigt ist. Die Tänzerinnen und Tänzer tanzen umeinander herum, wodurch die Bänder um den Baum geflochten werden. Als ich klein war, hat mich das fasziniert; dass es Mathe ist, habe ich erst später begriffen. Es kommt sehr darauf an, *wie* die Tänzerinnen und Tänzer umeinander tanzen, denn dadurch entstehen unterschiedliche Muster auf dem Maibaum; wenn sie sich nicht abwechselnd innen und außen aneinander vorbeibewegen, entsteht überhaupt kein Muster.

Das ist ein bisschen esoterisch, aber wenn man langes Haar flicht, zum Beispiel zu einem französischen Zopf, geht es im Grunde um das Gleiche. Hier zwei Fotos von meinem Haar: Für das erste hatte ich die Strähnen zu einem französischen, für das zweite zu einem schwedischen Zopf geflochten.

Als ich klein war, fand ich es faszinierend, wie diese unterschiedlichen Stile hervorgebracht wurden. Heute finde ich es meta-faszinierend, dass das Zöpfeflechten in einen Teilbereich meiner Forschungen auf dem Gebiet der höherdimensionalen Kategorientheorie eingeflossen ist.

Der Ausgangspunkt dieses Teils meiner Forschungen ist, dass wir oft nicht nur wissen wollen, *ob* Dinge kommutierbar, also vertauschbar sind oder nicht, sondern auch, *inwiefern* sie es sind. Und wenn sie nicht kommutierbar sind, wollen wir wissen, warum sie es nicht sind. Sind sie «mehr oder weniger» kommutierbar? Das sind Fragen, die viel subtiler sind und tiefer loten als nur Ja oder Nein zu sagen als Antwort auf die Frage «Sind diese Dinge kommutierbar?».

Einige meiner Lieblingsbeispiele stammen aus der Küche. Wenn man Mayonnaise zubereitet, muss man mit dem Eigelb beginnen und langsam das Olivenöl hinzugeben. Beginnt man mit dem Olivenöl und versucht, das Eigelb hinzuzugeben, wird es nichts: Die Reihenfolge ist nicht umkehrbar. Es ist wichtig zu wissen, wann Dinge in der Küche «kommutierbar» sind und wann nicht, d. h. wann Zutaten in einer bestimmten Reihenfolge ins Gefäß gegeben werden müssen und wann nicht. Wenn ich Mousse au Chocolat zubereite, finde ich es wichtig, das Eigelb (langsam) in die geschmolzene Schokolade zu geben statt umgekehrt, da die Schokolade sonst fest wird. Um Tiramisu zuzubereiten, habe ich versucht, die Mascarpone in die Eigelbmasse zu geben, aber dabei klumpte sie; das Ergebnis war besser, wenn ich die Eigelbmasse zur Mascarpone gab. Ich habe irgendwo gelesen, man könne die Klumpen durch leichtes Erwärmen wieder verflüssigen, aber bei mir wurde dadurch die ganze Masse flüssig. (Jetzt wird mir jemand schreiben wollen, wie man Tiramisu besser zubereitet, aber ich bitte wirklich nicht um Rat.)

In der abstrakten Mathematik bemühen wir uns um ein differenzierteres Verständnis von Szenarien, indem wir uns die Dinge ansehen, die *fast* funktionieren. Beim Thema Kommutativität nehmen wir die Tatsache ernst, dass 2 zu 4 zu addieren nicht wirklich das Gleiche ist wie 4 zu 2 zu addieren, sondern nur das gleiche Ergebnis liefert. Wir sehen uns die beiden Additionsprozesse an und stellen fest, dass sie durch Verschieben der Rechenklötze aufeinander bezogen werden können. Aber wir stellen auch fest, dass es zwei verschiedene Möglichkeiten gibt, die Klötze zu verschieben.

Nun stellt sich eine neue Frage: Sollen diese beiden Möglichkeiten, die Klötze zu verschieben, als gleich gelten?

Die Antwort auf diese Frage hängt davon ab, ob wir eine weitere Dimension haben. Bisher haben wir festgestellt, dass wir die Klötze im eindimensionalen Raum nicht verschieben können, wohl aber, und zwar auf zweierlei Weise, im zweidimensionalen Raum. Wenn wir in den dreidimensionalen Raum gehen, sind diese beiden Möglichkeiten aufeinander bezogen, wie Sie sehen werden. Höherdimensionale Mathematik zieht mich an, weil sie mir differenziertere Antworten auf die Fragen bieten kann, die mich umtreiben.

Ich möchte Sie nun einen Blick darauf werfen lassen, wie sich die Kommutativität auf meinem Forschungsgebiet entwickelt. Es geht dabei ziemlich weit in immer höhere Abstraktionen hinein, und das mag abschreckend wirken – überfliegen Sie es also ruhig, oder schauen Sie sich nur die Bilder an. Eine gängige Meinung besagt, dass es zu schwierig sei, Nicht-Mathematikern Forschungsmathematik zu erklären, und dass es daher sinnlos sei, es zu versuchen. Ich persönlich glaube, dass es sehr wohl Sinn hat, es zu versuchen, und sei es nur, um einen Eindruck zu vermitteln und um vielleicht Interesse zu wecken. Das ist so, wie ich mir das Kochbuch des Restaurants Alinea anschaue, was ich gern tue, obwohl fast alle Rezepte jenseits der technischen Möglichkeiten einer normalen Haushaltsküche liegen. Ich mag auch die aufmunternden Sprüche wie «Machen Sie sich nichts draus, wenn Sie keine Anti-Griddle* haben; Sie können auch flüssigen Stickstoff verwenden» (und flüssigen Stickstoff haben doch sicher alle in ihrer Küche?!). Ich sehe mir gern die Bilder an und lese, welche Mühe Chefkoch Grant Achatz und sein Team sich in der Küche machen. Mein Ziel für die nächsten Abschnitte ist, dass Sie es zumindest interessant finden, etwas darüber zu lesen, wie reine mathematische Forschung abläuft, auch wenn Sie sie nicht verstehen.

Mathematische Zöpfe

In der abstrakten Mathematik untersuchen wir Kommutativität im Allgemeinen, also ohne sagen zu müssen, ob es um Addition oder Multiplikation geht. Wir nehmen die Vorstellung, dass Objekte sich im Raum aneinander vorbeibewegen, ernst, und zeichnen Bilder von ihren sich kreuzenden Wegen. Dieses Bild ist ein Beispiel:

* Küchengerät, das Lebensmittel auf einer gekühlten Metallplatte schockgefrieren oder halbgefrieren lässt (Wikipedia; Anm. d. Übers.).

Dann stellen wir uns vor, was wir mit den Objekten – hier A und B – anstellen könnten, wenn es Schnüre oder Haarsträhnen wären. Hätten wir drei Strähnen, könnten wir zwei benachbarte zusammenhalten und sie gleichzeitig über die dritte legen. Das käme für uns jedoch auf das Gleiche heraus, wie wenn wir erst die eine, dann die andere Strähne über die dritte legen würden. Das soll die folgende Gleichung zwischen den beiden Zöpfen ausdrücken:

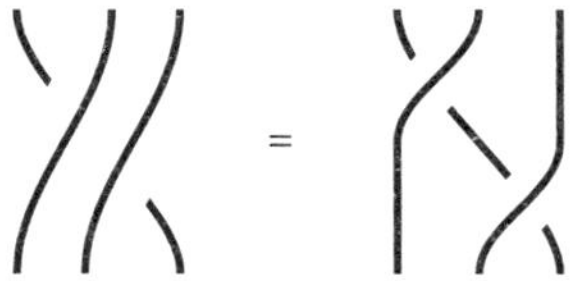

=

Wir könnten auch eine Strähne über zwei zusammengehaltene Strähnen legen, was für uns wiederum das Gleiche wäre, wie wenn wir die Strähne erst über die eine, dann über die andere der beiden zusammengehaltenen Strähnen legen würden:

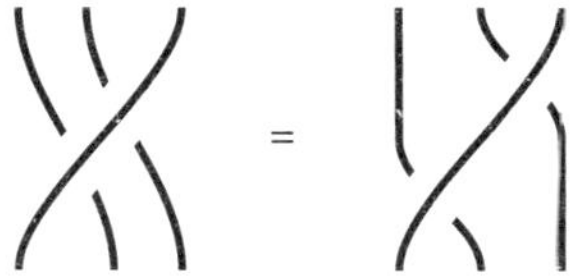

=

Ich hoffe, es leuchtet Ihnen ein, dass die Gleichungen, würde es sich wirklich um sich kreuzende Strähnen handeln, Konfigurationen darstellen würden, die insofern nicht verschieden wären, als man jeweils die Konfiguration auf der rechten Seite bekäme, wenn man an den Strähnen der Konfiguration auf der linken Seite zöge oder sie anstieße. Das ist das Kriterium dafür, dass wir Zöpfe in der Mathematik als «gleich» betrachten: dass sie sich nur dadurch unterscheiden, dass Strähnen gezogen oder angestoßen wurden, nicht aber dadurch, dass etwas rückgängig und neu gemacht wurde.

Das ist informell und vage ausgedrückt, kann aber mithilfe einer von Emil Artin Mitte des 20. Jahrhunderts entwickelten Zopftheorie streng logisch formuliert werden. Diese Theorie beweist, dass man Zöpfe aus «Grundbausteinen» bilden kann. In diesem Fall ist der Grundbaustein die einfache Kreuzung:

Wichtig ist, dass nur die eine Strähne über die andere hinweggeht – geht auch die andere über die eine hinweg, erhalten wir, obwohl die Enden von A und B am Schluss nicht die Seiten gewechselt haben, nicht dasselbe Ergebnis, wie wenn nichts geschehen wäre:

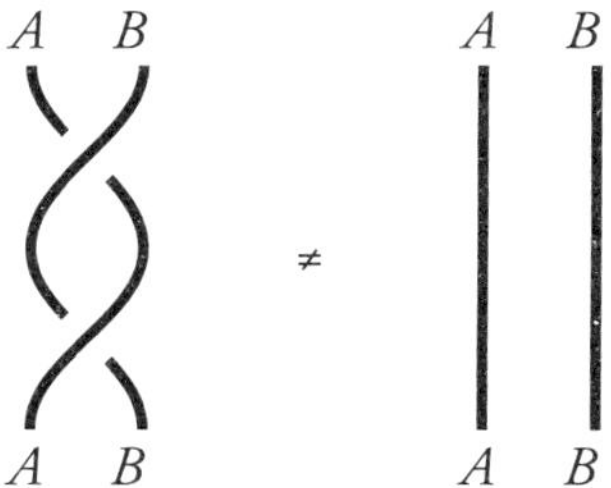

Die Zöpfe zeigen den *Prozess*, durch den sich A und B umeinander bewegen.

Um das Ergebnis der Kreuzung tatsächlich *rückgängig* zu machen, müssen wir die beiden Strähnen sich umgekehrt kreuzen lassen: Bei der ursprünglichen Kreuzung liegt die Strähne, die rechts beginnt, oben (man muss die Zöpfe von oben nach unten «lesen», nicht umgekehrt), bei der Umkehrkreuzung dagegen liegt die links beginnende Strähne oben.

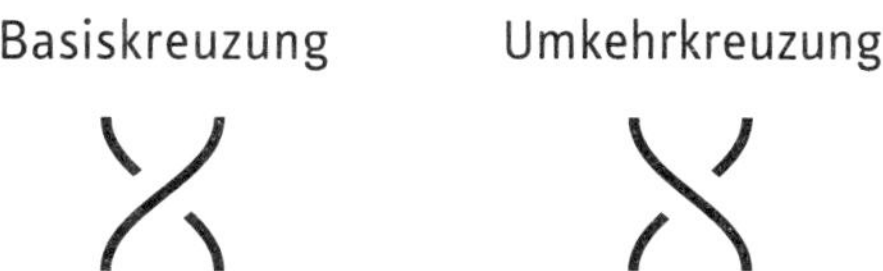

Das ist die Rückkreuzung der ursprünglichen Kreuzung, denn wenn man erst kreuzt und dann zurückkreuzt, erhält man etwas, das sich auseinanderziehen lässt. In der Welt der Zöpfe ist das «das Gleiche» wie nichts zu tun.

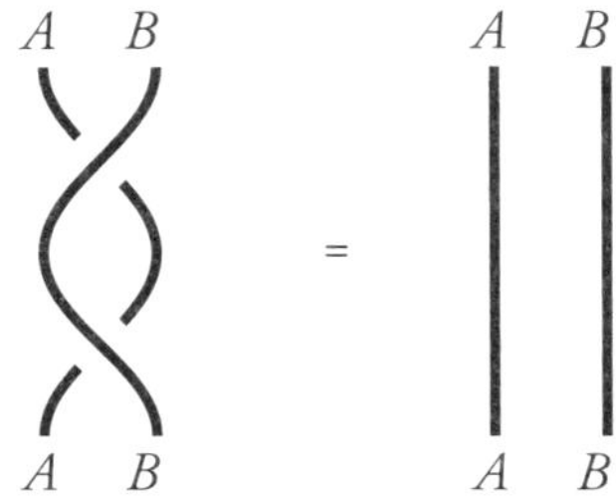

Es versteht sich, dass die Entscheidung, welches die Basiskreuzung sein sollte, willkürlich war – wir hätten auch die zweite zur Basiskreuzung und die erste zur Rückkreuzung machen können. Das ganze System wäre dann andersherum realisiert worden, ohne dass dies einen Unterschied in der Gesamtstruktur gemacht hätte.

Wenn wir jetzt mit drei Strähnen immer wieder die Basis- und die Umkehrkreuzung durchführen, können wir, wie es oft bei langen Haaren gemacht wird, einen einfachen Zopf flechten: Wir machen die Basiskreuzung immer mit den beiden rechten und die Umkehrkreuzung mit den beiden linken Strähnen. Dieses Schritt-für-Schritt ist unten links dargestellt, und wenn wir uns vorstellen, dass wir die Strähnen «festziehen», werden die Strähnen zu dem Zopf auf der rechten Seite glattgestrichen. In der Mathematik gilt das als derselbe Zopf wie der linke, weil wir nichts entflochten, sondern das Ganze nur geglättet haben.

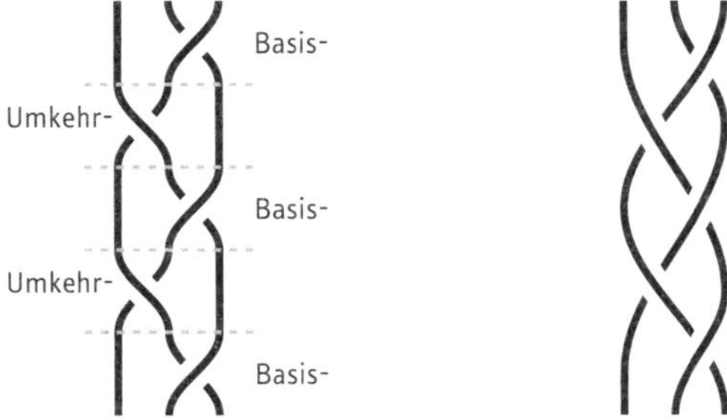

Wir können die Basiskreuzung mit der Zahl 1 vergleichen, dem Grundbaustein für ganze Zahlen. Die Umkehrkreuzung ist dann die Zahl –1, die die 1 durch Addition «aufhebt». Von diesen beiden ausgehend können wir alle (positiven und negativen) ganzen Zahlen bilden, wie wir aus Basis- und Umkehrkreuzungen auch alle Zöpfe flechten können. Allerdings haben wir bei Zöpfen mehr Möglichkeiten, da wir nicht immer nur die gleichen zwei, sondern eine beliebige Anzahl von Strähnen miteinander verflechten können.

Eine kreative Tätigkeit, bei der wir ebenfalls mehr «Strähnen» verwenden können, ist das «Flechten» von Brotteig. Ich bin keine Expertin auf diesem Gebiet, aber diesen Brotzopf zu flechten hat mir Spaß gemacht:

Die Art Brotzopf, die ich am besten kenne, ist das jüdische Challa. Aber da Challa nicht nur ein Brot, sondern Gegenstand eines religiöses Rituals ist und ich keine Jüdin bin, darf ich kein Challa backen. Brotteigflechten ist jedoch eine alte, nicht nur von Juden gepflegte Tradition. Einer Schweizer Überlieferung zufolge ist es aus dem alten patriarchalischen Brauch entstanden, dass eine Frau sich nach dem Tod ihres Mannes mit ihm begraben ließ. Irgendwann sei dies durch die humanere (aber meiner Meinung nach immer noch sexistische und idiotische) Praxis ersetzt worden, dass sie einen aus ihren Haaren geflochtenen Zopf hineinlegte, und schließlich sei an dessen Stelle ein Zopf aus goldbraunem Brot – der Schweizer Butterzopf – getreten. Eine andere Erklärung für die Erfindung des Brotzopfes lautet, dieser würde nicht so schnell altbacken – vielleicht, weil die einzelnen Flechten mehr Kruste haben. Ich bin aber misstrauisch gegenüber dieser Erklärung, denn wenn ich einen Brotzopf angeschnitten habe, bildet der Anschnitt *einen* Querschnitt, nicht mehrere Querschnitte verschiedener Flechten.

Ich finde das Flechten von Brotteig faszinierend. Vielleicht geht es Ihnen auch so, wenn Sie sich Videos anschauen und sehen, wie die Muster aus der

Wiederholung einfacher Bewegungen entstehen.* Die Bewegung des weichen Teigs hat etwas sehr Ansprechendes, und ich gebe zu, dass die Vorstellung, ich könnte die Techniken in mathematische Formeln übersetzen, mich geradezu verzaubert. Die Erläuterungen in den Videos sollen das Brotteigflechten für die Leute zu Hause nachvollziehbar machen und haben natürlich nicht die Strenge, die mathematische Formeln haben müssen.

Was Mathe betrifft, ist es wichtig zu beweisen, dass das Argumentieren mit Diagrammen logisch fundiert ist. Wenn das der Fall ist, wissen wir, dass wir uns diese Zöpfe als dingliche Zöpfe vorstellen dürfen. Ich habe von zwei Zöpfen gesagt, dass sie als «gleich» gelten, wenn wir den einen in den anderen verwandeln können. Diese «Gleichheit» kann viel komplizierter werden, wenn wir Strähnen an Kreuzungspunkten oder Kreuzungspunkte aneinander vorbeiziehen. Beim normalen Haarzopf kann nichts an etwas anderem vorbeigezogen werden, was ihn zu einer sicheren Methode macht, das Haar zurückzubinden. Aber bei anderen Konfigurationen von Strähnen ist es vielleicht möglich, diese so zu verschieben – und zwar ohne die Endpunkte zu verschieben oder etwas lösen und neu flechten zu müssen –, dass sie ganz anders aussehen. In diesem Fall gilt: Der neue Zopf ist «der gleiche» wie der alte.

Wenn Sie sich zum Beispiel diese beiden Bilder eine Weile anschauen, erkennen Sie vielleicht, wie Sie die Strähnen der Konfiguration auf der linken Seite so verschieben können, dass Sie zu der Konfiguration rechts vom Gleichheitszeichen gelangen, und zwar ohne dass Sie etwas lösen oder neu flechten müssen:

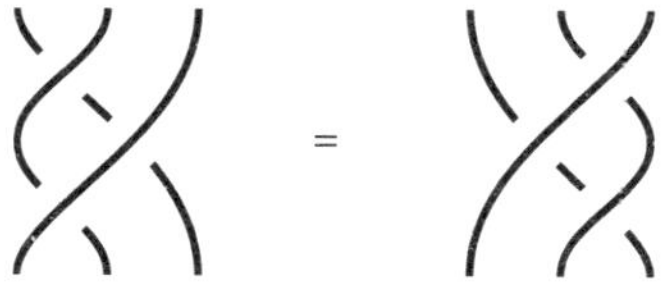

=

Sie sehen, dass in beiden Konfigurationen die Strähne, die rechts beginnt, oben liegt – keine geht über sie hinweg – und nach links unten geht. Die Strähne, die in der Mitte beginnt, geht in der linken Konfiguration über die Strähne, die links beginnt, hinweg, endet aber unten in der Mitte. Die

* Mir gefällt die Seite thebreadkitchen.com.

Strähne, die links beginnt, liegt unter den beiden anderen, geht also über keine von ihnen hinweg, endet aber unten rechts. Ich bin fest davon überzeugt, dass Sie, während Sie sich die beiden Zöpfe anschauen und über sie nachdenken, Mathe machen, auch wenn Sie nicht versuchen, etwas zu berechnen, und sich auch nicht mit Zahlen befassen.

Um nun den Zopf auf der rechten Seite zu erhalten, könnten wir von dem Zopf auf der linken Seite die hintere Strähne nach unten, die mittlere Strähne nach rechts und die vordere Strähne nach links oben ziehen.

Das ist die visuelle Intuition, aber Ansprüchen an formale Genauigkeit genügt sie natürlich nicht. Darum ist es wichtig zu beweisen, dass das Formale und das Visuelle sich entsprechen, und wenn das der Fall ist, ist das auf meinem Forschungsgebiet, der Kategorientheorie, ein wichtiges Ergebnis.

Zöpfe in der Kategorientheorie

Wenn es um die gewöhnliche Kommutativität einer gewöhnlichen Multiplikation geht, gibt es nur zwei Möglichkeiten: Entweder die Multiplikation ist kommutativ oder sie ist es nicht:

$$a \times b = b \times a \quad \text{oder} \quad a \times b \neq b \times a.$$

Wenn wir aber wissen wollen, wie wir erkennen können, ob die Multiplikation kommutativ ist, dann brauchen wir eine ausdrucksstärkere Form der Algebra: Wir brauchen eine Form der Beziehung, die zwischen «gleich» und «ungleich» liegt, damit wir den Prozess des abstrakten Verschiebens von Rechenklötzen erfassen und notieren können. Die Kategorientheorie ist eine Form der Algebra, die das leisten kann.

«Kategorie» ist hier ein mathematischer Fachbegriff. Er bezieht sich auf eine mathematische Welt, in der es nicht um Objekte, sondern um Beziehungen zwischen Objekten geht. In der Kategorientheorie werden diese Beziehungen oft als Pfeile dargestellt. Sie werden allgemeiner als «Morphismen» bezeichnet, da sie für die Möglichkeit stehen, ein Szenario in ein anderes zu verwandeln. Wir können Kommutativität jetzt also als Möglichkeit notieren, nämlich so:

$$a \times b \longrightarrow b \times a.$$

Wir verwenden jedoch oft das Symbol ⊗, das für Multiplikation, Addition oder etwas anderes stehen kann. Das ist so, wie wenn wir Buchstaben anstelle von Zahlen verwenden, um über Zahlen allgemein zu sprechen, ohne sagen zu müssen, welche konkreten Zahlen wir meinen. Wir verwenden also ein allgemeines Symbol ⊗ anstelle eines Symbols mit einer bestimmten Bedeutung, wie etwa + oder ×, und verwenden auch weiterhin Buchstaben, um Zahlen oder Objekte oder was auch immer darzustellen. So können wir zwei Dinge A und B zu $A \otimes B$ verbinden. Abstraktionen häufen sich in der abstrakten Mathematik.

Diese Abstraktheit eröffnet auch die Möglichkeit, dass das Symbol für andere Dinge steht, zum Beispiel für etwas, was einer Multiplikation ähnelt, aber keine ist. Das ist wie in Kapitel 1, als ich über die Möglichkeit sprach, andere Dinge als Zahlen miteinander zu multiplizieren, und das Multiplizieren von Formen miteinander behandelte. Es gibt so viele Dinge, die miteinander *quasi*-multipliziert werden können, dass die Kategorientheorie die Idee solcher Welten als abstrakte Struktur eigener Art untersucht. Ein Set von Objekten, mit denen eine Quasi-Multiplikation durchgeführt wird, wird als Monoid bezeichnet, und als kommutatives Monoid, wenn die Quasi-Multiplikation kommutativ ist. Eine Kategorie mit einer Quasi-Multiplikation wird als *monoidale Kategorie* bezeichnet, da sie eine Kreuzung zwischen einer Kategorie und einem Monoid ist.

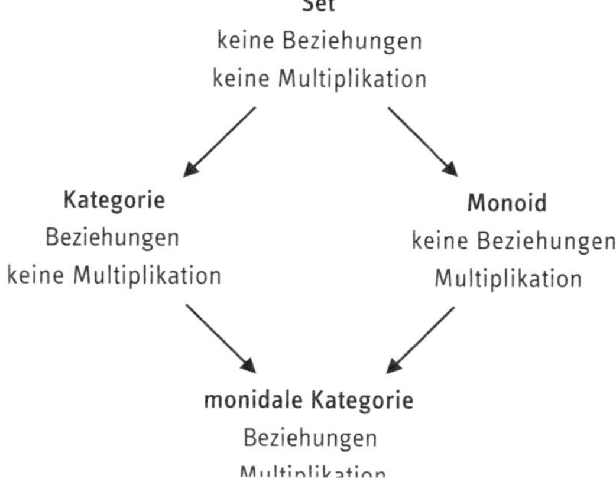

Kommutativität kann dann als Möglichkeit formuliert werden, ein Szenario nach und nach zu einem anderen zu «morphen». In der Kategorientheorie wird das als Flechten bezeichnet, in Anlehnung an die Art und Weise, wie wir Haare flechten, wobei am Zopf abzulesen ist, wie wir die Strähnen geflochten haben. Ein Flechten in einer Kategorie kann als Prozess und Morphismus wie folgt geschrieben werden:

$$A \otimes B \longrightarrow B \otimes A$$

Dargestellt ist damit ein Prozess, in dem A und B aneinander vorbeigeführt werden. Beim Flechten müssen einige Grundregeln eingehalten werden. Diese entsprechen den Diagrammen, die ich im vorigen Abschnitt gezeichnet habe, nur dass sie jetzt algebraisch und nicht mehr in Bildern ausgedrückt werden. Die algebraische Struktur, die sich aus dem Flechten ergibt, wird als *geflochtene monoidale Kategorie* bezeichnet.

Wir beweisen dann, dass zwei beliebige Zopfdiagramme, die als Bilder «des gleichen» Zopfes gelten, denselben Morphismus darstellen, der in der Kategorie algebraisch formuliert wird. In der Kategorientheorie wird ein solcher Beweis als Kohärenztheorem bezeichnet, da er uns sagt, dass unsere Argumentationsweisen kohärent sind.

Kohärenztheoreme faszinieren mich, weil sie zeigen, dass zwei verschiedene Weisen, über eine Struktur nachzudenken, gleichwertig sind, wir also von beiden Gebrauch machen können. Wenn die eine algebraisch und die andere bildlich ist, bedeutet das, wir können gleichzeitig von verschiedenen Formen von Intuition profitieren.

Das erinnert mich an Dinge, die im Alltag kohärent sind. Ich habe mich zum Beispiel einmal darüber gefreut, dass der Deckel eines Olivenglases aus einem Geschäft auch auf ein Olivenglas aus einem anderen Geschäft passte. Die Suche nach Deckeln, die zu Gläsern passen, die ich wiederverwenden möchte, ist ziemlich mühsam. Ich habe mir aber gemerkt, welche Deckel auch auf andere Gläser passen. Meine (eher zufällige) jüngste Entdeckung waren die Deckel für Gläser mit *Bonne Maman*-Marmelade und *Claussen*-Gurken.

Es mag den Anschein haben, als ginge es immer darum, unsere (stärkere) bildliche Intuition zur Unterstützung unserer (schwächeren) algebraischen Intuition heranzuziehen, und das mag in niedrigen Dimensionen auch zutreffen. Bei höheren Dimensionen stößt unsere bildliche Intuition jedoch ziemlich abrupt an eine Grenze, und wir müssen uns möglicherweise auf algebraische Operationen verlassen

Zöpfe in höheren Dimensionen

Wir können uns die Dinge wahrscheinlich auch dann noch visuell vorstellen, wenn wir eine weitere Dimension höher gehen. Es geht immer noch um Kommutativität, genauer um die Möglichkeiten, Rechenklötze zu verschieben. Bisher haben wir diese Dimensionen gesehen:

- In einer eindimensionalen Welt sitzen die Klötze auf einer Schiene und können sich überhaupt nicht aneinander vorbeibewegen.
- In einer zweidimensionalen Welt können sich die Klötze in zwei verschiedene Richtungen aneinander vorbeibewegen.

Als es um die Frage ging, ob die beiden Möglichkeiten, die Klötze zu verschieben, als gleich gelten können, habe ich angedeutet, dass die Antwort davon abhängt, in wie vielen Dimensionen wir uns befinden. Entscheidend ist wie immer, was als «gleich» gelten soll. Wenn wir die linken Klötze um die rechten herumschieben, spielt es dann eine Rolle, ob wir sie auf demselben Weg herumschieben wie vorhin oder ob wir dabei ein kleines Stück weiter nach oben gehen?

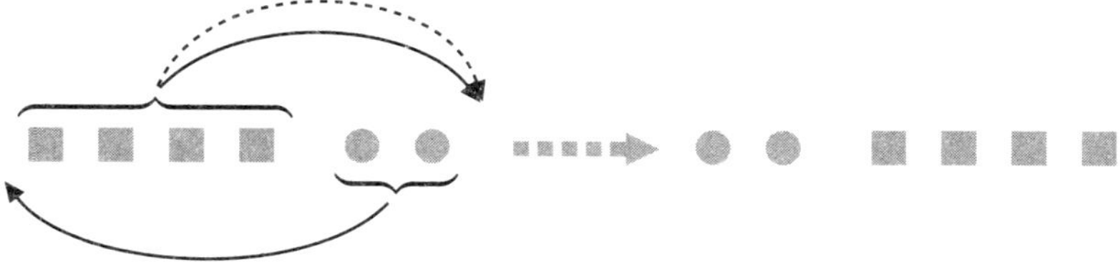

Wir brauchen diese beiden Möglichkeiten wohl nicht als wirklich verschieden zu betrachten. Im Grunde denken wir, dass es in zwei Dimensionen genau zwei Möglichkeiten gibt, das Herumschieben durchzuführen: eine, die oben herum, und eine, die unten herum führt, ohne dass wir uns Gedanken darüber machen, wo genau sie oben und unten herum führen. Wären wir übermütig, könnten wir überlegen, die Klötze ein paar Mal im Kreis herumzuschieben, würden uns aber vermutlich noch immer nicht darum scheren, welche Wege sie dabei genau nehmen.

Was aber, wenn wir uns in drei Dimensionen befinden? Dann können wir die quadratischen Klötze, statt sie nur ein wenig weiter oben herumzuschieben, sogar ein wenig vom Blatt abheben. Auch das sollte nicht als völlig andere Methode gelten. Wir können die Klötze dann immer weiter vom Blatt abheben, können sie durch die Luft nach unten und schließlich auf die Rückseite des Blattes führen, unter die kreisförmigen Klötze. Wenn wir also drei Dimensionen haben, ist es kein großer Unterschied, ob wir die Klötze oben oder unten herumführen.

Wir können es auch damit vergleichen, dass wir von zwei Personen, die (in zwei Dimensionen) zu ebener Erde umeinander herumgehen, definitiv sagen können, ob sie im Uhrzeigersinn oder gegen ihn gehen. Bei zwei Vögeln, die am Himmel (in drei Dimensionen) umeinander fliegen, ist es dagegen unklar, was «im Uhrzeigersinn» und «gegen den Uhrzeigersinn» bedeutet, da es anders als für die Zeiger einer Uhr keine Fläche gibt, auf die die Wege der Vögel bezogen werden können. Deshalb würde die Antwort davon abhängen, von wo wir auf die Vögel schauen.

Mathematisch bedeutet das, dass wir den Unterschied zwischen im Uhrzeigersinn und gegen den Uhrzeigersinn im dreidimensionalen Raum nicht erkennen können, weil es möglich ist, einen Weg im Uhrzeigersinn zu einem Weg gegen den Uhrzeigersinn zu «morphen». Das ist eine höherdimensionale Version dessen, was ich ganz am Anfang des Kapitels gemacht habe, als ich 2 + 4 zu 4 + 2 morphte, wobei sich herausstellte, dass es zwei Möglichkeiten gibt, das zu tun.

Bei der Betrachtung der Möglichkeiten, das Morphen im dreidimensionalen Raum durchzuführen, ergibt sich, dass ein Morphen wiederum zu einem anderen gemorpht werden kann. Jetzt wird es ein bisschen verwirrend, weil es für dieses Morphen auf höherer Ebene ebenfalls zwei Möglichkeiten gibt: Wir können den ursprünglichen Weg der Klötze entweder auf uns zu (vom Blatt weg) und nach unten ziehen, und wir können ihn in umgekehrter Richtung (auf die Seite zu) und dann nach unten schieben. Vielleicht ist es uns gleich, für welche Möglichkeit wir uns entscheiden (wie bei der Kommutativität), und wichtig ist uns nur, dass es möglich ist. Oder aber wir wollen erfassen und notieren, wofür wir uns entschieden haben (wie bei den Zöpfen). Um das zu tun, benötigen wir in der Kategorientheorie eine weitere Dimension und müssen zweidimensionale Kategorien einführen. Das Kommutativitätsmorphen auf höherer Ebene wird als «Syllepsis» bezeichnet. Obwohl es sich um eine zweidimensionale Kategorie handelt, ergibt sie sich aus dem Nachdenken über Wege im dreidimensionalen Raum.

Die sich daraus ergebende Struktur wird als *sylleptische monoidale 2-Kategorie* bezeichnet. Mit den Konzepten werden auch die Begriffe immer komplizierter, was Mathe definitiv schwer nachvollziehbar macht. Wir haben uns an diese Konzepte aber nach und nach herangetastet, indem wir jedes Mal versucht haben, das Frühere zu verstehen. Wir begannen mit Objekten. Wir wollten die Beziehungen zwischen ihnen verstehen, also bildeten wir eine Kategorie. Wir wollten Dinge wie das Multiplizieren verstehen, also bildeten wir eine «monoidale» Struktur. Wir wollten Feinheiten hinzufügen, also bildeten wir eine 2-Kategorie. Wir wollten erfassen, mit welchem Prozess wir Kommutativität erreicht hatten, und erhielten einen Zopf. Wir wollten erfassen, wie wir einen Zopf zu einem anderen morphen, und erhielten eine Syllepsis.

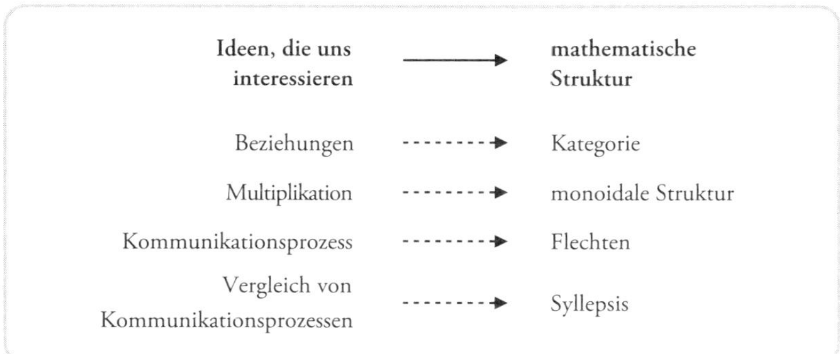

Wenn Ihr Gehirn noch nicht in Flammen aufgegangen ist, können Sie sich vielleicht denken, dass der Prozess weitergehen wird. In diesen vielen Dimensionen ist die Syllepsis vorn entweder gleich der Syllepsis hinten oder die beiden sind verschieden. Aber wenn wir eine weitere Dimension hätten, könnten wir erfassen, wie wir darüber entscheiden können, wobei es zwei Umwege gibt. Und mit einer weiteren Dimension könnten wir den Unterschied zwischen diesen erfassen, und so weiter. Am Ende werden wir eine Theorie der Varianten der Kommutativität in der unendlich-dimensionalen Kategorientheorie haben, und darum geht es in einem Großteil meiner Forschungen: wie man diese Varianten verstehen, ordnen und analysieren kann. Denn während unsere visuelle Intuition uns in zwei und drei Dimensionen eine große Hilfe sein kann, ist sie in unendlichen Dimensionen weitgehend nutzlos. Hier müssen wir auf strenge algebraische Methoden zurückgreifen.

Es würde den Rahmen des Buches sprengen, all dies näher zu erläutern (vielleicht haben schon meine bisherigen Erläuterungen den Rahmen des Buches gesprengt). Wenn Sie das Gefühl haben, Ihr Gehirn explodiere – nun, mir geht es auch so. Was ich darzulegen versucht habe, versteht sich definitiv nicht von selbst, ist aber etwas, von dem wir eine Ahnung bekommen können, wenn wir uns die vertraute dreidimensionale Welt um uns herum vorstellen. Ich finde es unendlich faszinierend.

Für diese Art von Forschung gibt es sogar unmittelbare Anwendungen, denn es geht um Wege im Raum und darum, wie sie sich kreuzen. Obwohl wir in einer dreidimensionalen physikalischen Welt leben, ist für uns auch der höherdimensionale Raum von Bedeutung. So bewegt sich ein Roboterarm mit all seinen Gelenken – ich habe darüber einmal etwas geschrieben – im Grunde in einem höherdimensionalen Raum, da jedes Gelenk eine eigene Koordinate benötigt, um seine Position zu bestimmen. Die komplizierten Bewegungen unserer Arme – vor oder zurück, auf oder ab, nach links oder nach rechts, womöglich mit etwas Drehung – werden vom Schulter-, vom Ellbogen- und vom Handgelenk bestimmt. Die Arme selbst befinden sich im dreidimensionalen Raum, aber ihre Bewegungen werden genauer durch all diese Daten, die acht- oder mehrdimensional sein können, beschrieben. Das Verständnis von Wegen im höherdimensionalen Raum ist also Teil der Robotik. Und wenn komplexe Systeme wie Computer abgestürzt sind, kann die Theorie der Wege im *abstrakten* höherdimensionalen Raum erklären, wie es dazu kam: Die Prozesse können nämlich als Wege in diesem abstrakten Raum beschrieben werden, und zu Abstürzen kann es kommen, wenn die Wege einander gegenseitig blockieren. Es ist dann so, als würde man versuchen, aus einem Zopf eine Strähne herauszuziehen.

Aber da diese Anwendungen nicht das sind, was mich antreibt, und auch nicht das, was die reine Mathematik voranbringt, möchte ich mich nicht näher mit ihnen befassen. Wie generell die Kolleginnen und Kollegen, die auf dem Gebiet der reinen Mathematik arbeiten, treiben auch mich das Staunen, die Neugier und der Wunsch an, dem Mysterium auf die Spur zu kommen. All das aber, was ich oben dargestellt habe, entsprang daraus, dass ich über Möglichkeiten nachgedacht habe, das Verschieben von Rechenklötzen bildlich darzustellen, und dann weiter meiner Nase und meiner Phantasie gefolgt bin.

Bildliche Darstellung abstrakter Strukturen

Abstrakte Strukturen bildlich darzustellen ist nützlich, weil es unsere visuelle Intuition anspricht. Diese aber wird von verschiedenen bildlichen Darstellungen ein und derselben abstrakten Struktur auf verschiedene Weise angesprochen.

Mein Lieblingsbeispiel dafür ist der Standardplan der Londoner U-Bahn. Aus urheberrechtlichen Gründen kann ich ihn hier leider nicht wiedergeben, aber ich hoffe, Sie können ihn sich entweder vorstellen oder haben eine Reproduktion zur Hand, damit Sie verstehen können, was ich meine. Der Plan soll Benutzern der Londoner U-Bahn helfen herauszufinden, wie sie von einer Station zu einer anderen kommen, und ist für diesen Zweck wunderbar übersichtlich gestaltet. Geographisch ist er jedoch sehr ungenau. Wenn Sie sich eine geographisch genaue Version anschauen, stellen Sie fest, dass sie extrem schwer zu lesen ist. Wenn ich auf die geographisch genaue Version starre, wird mir klar, wie brillant der Standardplan ist. Er wurde 1931 von Harry Beck entwickelt, einem technischen Zeichner, der sich vom Zeichnen elektrischer Schaltpläne inspirieren ließ, und ersetzte eine frühere Zeichnung. Bei Schaltplänen kommt es auf die Verbindungen zwischen den Bauelementen an, nicht auf die physische Anordnung, und Beck erkannte, dass sich dieses Prinzip auch für Bahnlinien fruchtbar machen ließ: Im Standardplan der Londoner U-Bahn mussten die Verbindungen zwischen verschiedenen Linien dargestellt werden, nicht deren geographische Verläufe. Dementsprechend änderte Beck das Layout des Plans. Ein Probedruck stieß bei den Behörden auf Widerstand, wurde von den Nutzern der Londoner U-Bahn jedoch positiv aufgenommen.

Becks Idee, auf geographische Genauigkeit zu verzichten, um die Verbindungen zwischen den Linien umso klarer darstellen zu können, ähnelt der Idee, ein Diagramm der Faktoren von 8 zu zeichnen. Beginnen könnte ich damit, dass ich sage: Die Faktoren von 8 sind 1, 2, 4, 8. Und da 8 gleich 2 × 4 ist, macht vielleicht ein Diagramm wie dieses Sinn:

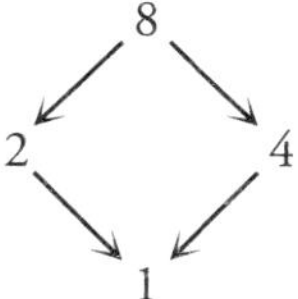

Aber etwas fehlt: 2 ist auch ein Faktor von 4, und das ist nicht dargestellt. Also füge ich einen Pfeil von der 4 zur 2 ein, stelle dann aber eine gewisse Redundanz fest: Da die 8 wie eine Großmutter der 2 ist, brauche ich den Pfeil zwischen diesen beiden Zahlen nicht; die Verwandtschaft zwischen ihnen wird ja über die 4 dargestellt. Aus analogem Grund brauche ich auch den Pfeil von der 4 zur 1 nicht. Ich erhalte also dieses Zickzackdiagramm:

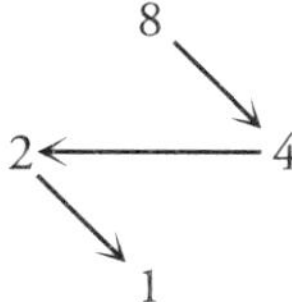

Jetzt ist die abstrakte Struktur dargestellt, aber visuell ist noch ein Wunsch offen: Die Struktur braucht nicht im Zickzack zu verlaufen. Abstrakt verlaufen die Verbindungen alle in einer Linie, also können wir sie auch zu einer Linie wie dieser ausrichten:

$$8 \longrightarrow 4 \longrightarrow 2 \longrightarrow 1$$

Wie beim Londoner U-Bahn-Plan ist das Layout geändert, nicht aber die abstrakte Struktur. Diese Flexibilität ist nützlich. Es kann vorkommen, dass eine Zeichnung unser intuitives Verständnis wenig anspricht, zum Beispiel diese hier:

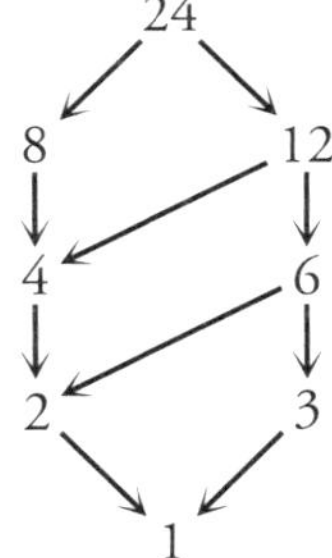

Aber wenn ich die Elemente neu anordne, sehen Sie, dass sie drei Quadrate bilden:

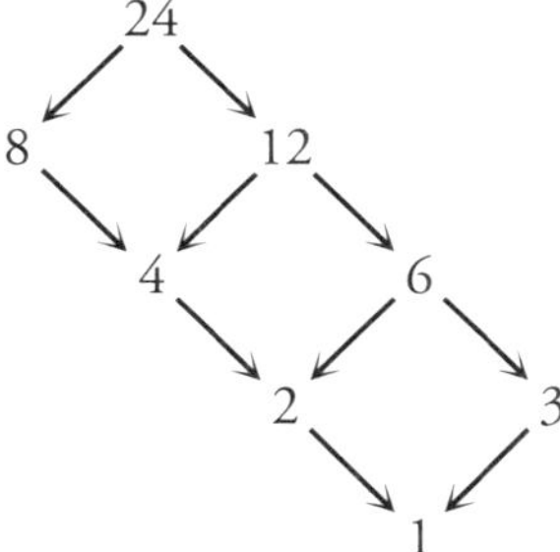

Wenn die bildliche Notation eine gewisse Flexibilität behält, kann sie sehr nützlich sein. Bei der Darstellung von Stammbäumen müssen die Generationen räumlich voneinander abgesetzt werden:

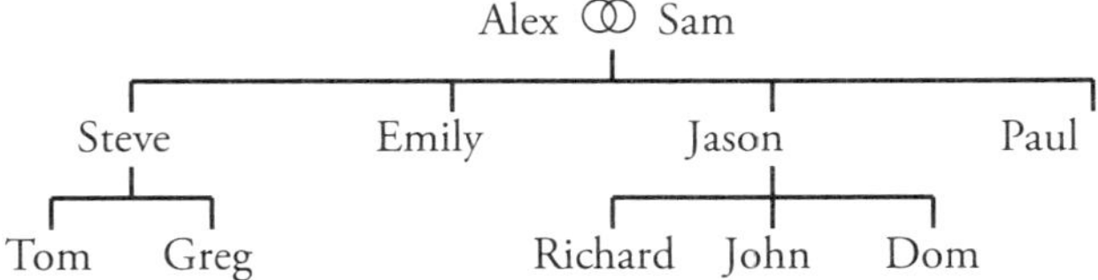

In der Kategorientheorie stellen wir Beziehungen statt durch räumliche Anordnung der Elemente durch Pfeile dar. Eine Folge davon ist, dass wir die räumliche Anordnung ändern können, ohne dass sich die dargestellten Informationen ändern. Zum Beispiel können wir die Faktoren von 8 graphisch auf jede der folgenden Weisen darstellen:

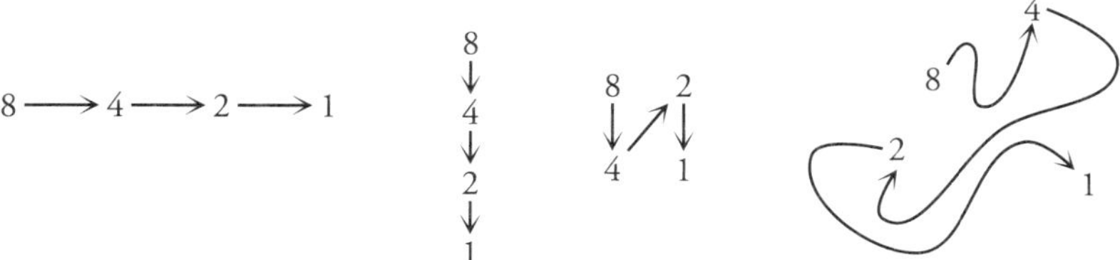

Alle vier Diagramme stellen dieselbe abstrakte Information dar; sie können allerdings verschiedene emotionale Reaktionen in uns auslösen.

Einige dieser Beispiele habe ich mir nur ausgedacht, um zu verdeutlichen, was ich sagen will, aber all diese Möglichkeiten, abstrakte Informationen bildlich darzustellen, können uns helfen, Szenarien zu durchdenken. Hier ein Beweis dafür aus meiner Arbeit. Die folgenden beiden Gleichungen, Darstellungen derselben Information, unterscheiden sich bildlich sehr. Was sie bedeuten, ist für den Zusammenhang unwichtig, aber ich hoffe, Sie können sehen, dass diese Version geometrisch nicht viel aussagt:

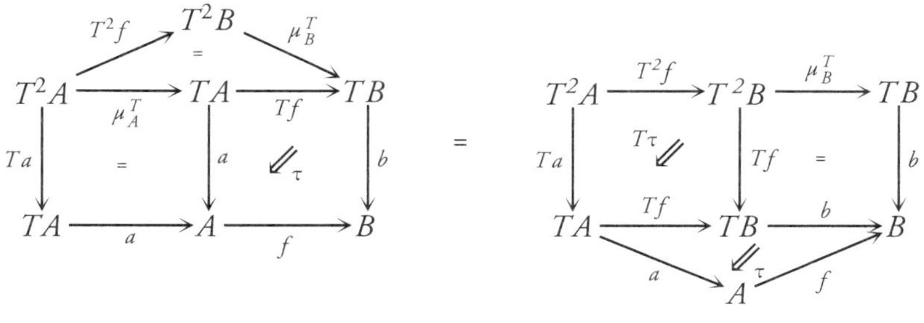

$$
\begin{array}{ccccc}
 & & T^2B & & \\
 & \nearrow^{T^2f} & = & \searrow^{\mu^T_B} & \\
T^2A & \xrightarrow{\mu^T_A} & TA & \xrightarrow{Tf} & TB \\
{\scriptstyle Ta}\downarrow & = & \downarrow{\scriptstyle a} & \swarrow\!\!\!\swarrow_{\tau} & \downarrow{\scriptstyle b} \\
TA & \xrightarrow[a]{} & A & \xrightarrow[f]{} & B
\end{array}
\quad = \quad
\begin{array}{ccccc}
T^2A & \xrightarrow{T^2f} & T^2B & \xrightarrow{\mu^T_B} & TB \\
{\scriptstyle Ta}\downarrow & {\scriptstyle T\tau}\swarrow\!\!\!\swarrow & \downarrow{\scriptstyle Tf} & = & \downarrow{\scriptstyle b} \\
TA & \xrightarrow{Tf} & TB & \xrightarrow{b} & B \\
 & \searrow_{a} & \swarrow\!\!\!\swarrow_{\tau} & \nearrow_{f} & \\
 & & A & &
\end{array}
$$

Doch wenn ich die Elemente ein bisschen anders anordne, bilden sie Kuben:

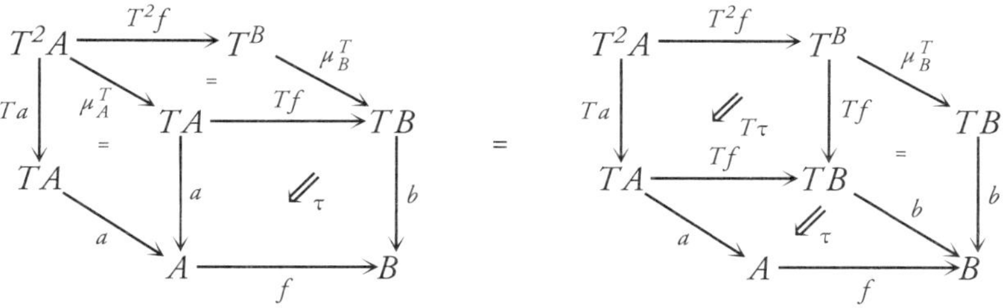

Der Versuch, mit bildlichen Darstellungen abstrakte Konzepte verständlich zu machen, lässt sich leider auch für manipulative Zwecke nutzen, zum Beispiel dafür, arglose Leser durch irreführende Diagramme zu beeinflussen. Solche Diagramme müssen insofern nicht falsch sein, als auch sie vielleicht die korrekten Informationen präsentieren, aber sie stellen sie so dar, dass die Betrachter einen falschen Eindruck gewinnen. Berüchtigt sind Darstellungen von Veränderungen durch Diagramme wie dieses:

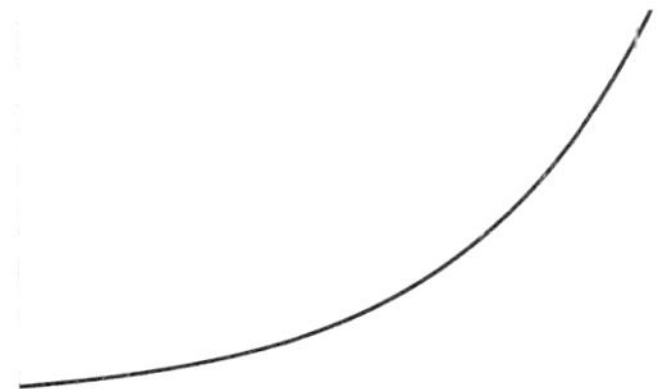

Bei genauem Hinsehen stellt sich aber heraus, dass der Schnittpunkt zwischen den beiden Achsen, was die *y*-Achse betrifft, nicht bei 0 liegt, sondern bei einer Million. Läge er bei 0, sähe das Diagramm eher so aus:

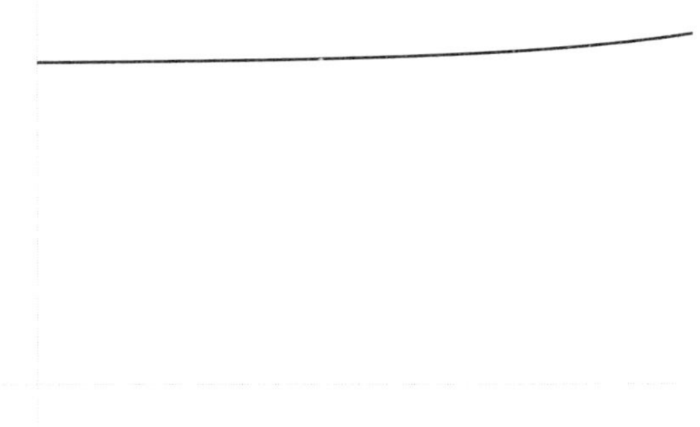

Also alles nicht so dramatisch.

Ein anderes Beispiel für visuelle Manipulation sind dreidimensionale Tortendiagramme, bei denen wir statt eines Kreises einen Zylinder sehen. Wir sehen dann aber automatisch mehr von dem, was vorn liegt, was uns, ohne dass wir es merken, den Eindruck vermitteln kann, das, was vorn liegt, sei größer, als es in Wirklichkeit ist. Dies kann gezielt dazu genutzt werden, den Eindruck zu erwecken, dass einige Anteile größer, andere kleiner seien, als sie in Wirklichkeit sind. Im folgenden Beispiel könnte eine solche Manipulation vorgenommen worden sein, damit das Augenmerk nicht auf die Wassermenge fällt, die durch Leckagen verloren geht:

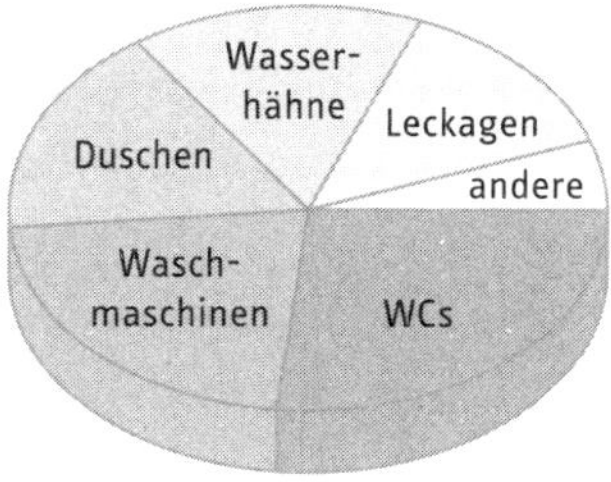

Ein weiteres Beispiel für visuelle Manipulation, die uns Dinge für größer halten lässt, als sie tatsächlich sind, sind Weltkarten. Dies führt uns zurück zur Beziehung zwischen Kreisen und Quadraten, allerdings eine Dimension höher, da es um das Problem geht, die (mehr oder minder) kugelförmige Erde auf einem flachen Blatt Papier darzustellen. Das führt zwangsläufig zu Verzerrungen, weshalb man entscheiden muss, was am wenigsten verzerrt werden soll. Es gibt viele verschiedene Projektionen der Erde auf zwei Dimensionen, und sie dienen verschiedenen Zwecken. Eine der klassischen ist die Mercator-Projektion, die fürs Navigieren gut geeignet ist, da sie die Winkel genau wiedergibt; man kann aus ihr daher genau ersehen, welche Richtung man einschlagen muss, wenn man sich auf den Weg zu einem bestimmten Ziel machen will. Die Genauigkeit der Winkeldarstellung ist jedoch mit einer starken Verzerrung der Flächeninhalte erkauft: Je weiter etwas vom Äquator entfernt ist, umso (relativ) größer erscheint es. Daher sehen nördliche (imperialistische) Länder viel größer aus, als sie sind, und Länder, die am Äquator liegen, viel kleiner. Die klassische Mercator-Projektion lässt zum Beispiel die USA überproportional groß und den afrikanischen Kontinent überproportional klein erscheinen.

Unsere emotionale Wahrnehmung von Dingen zu verändern, ohne diese regelrecht falsch darzustellen, ist eine clevere Manipulationstechnik. Das wird auch mit Sprache gemacht, im Guten wie im Bösen. Wenn wir einer Sache einen liebenswerten Spitznamen geben, können wir uns mit ihr anfreunden. Ein Beispiel ist das *hairy ball theorem,** ein ziemlich obskures Theorem, das lebendig zu werden scheint, wenn man es als haarigen Ball bezeichnet – man stellt sich vor, man hätte dieses Ding in der Hand und würde versuchen, es ordentlich zu kämmen. Das Theorem besagt, wir hätten immer mindestens eine Stelle, die sich nicht glattkämmen lässt.

Diese Technik, unsere emotionale Wahrnehmung zu verändern, kann auch zu schändlichen manipulativen Zwecken eingesetzt werden. Ein Beispiel ist die von den Republikanern verwendete Bezeichnung des US-amerikanischen Affordable Care Act (ACA) als «Obamacare». Die Republikaner wussten, dass viele Menschen, die Obama hassen, aber eigentlich für den Affordable Care Act wären, diesen von Grund auf ablehnen würden, wenn der Name des Gesetzes es mit Obama in Verbindung bringt. Infolgedessen gibt es Menschen, die sagen, sie seien für ACA, nicht für «Obamacare», obwohl es sich um dasselbe Gesetz handelt.

Aber wenn wir uns auf die hinterhältigen Methoden fokussieren, die emotionale Reaktion von Menschen zu verändern, verlieren wir aus den Augen, wie nützlich die bildliche Darstellung von Entwicklungen auch für das Erreichen lobenswerter Ziele sein kann. Bei der Darstellung der Infektionsraten in einer Pandemie zum Beispiel ist es hilfreich, statt einer linearen Skala eine logarithmische zu verwenden. Das bedeutet, dass es auf der *y*-Achse nicht in gleichen Abständen wie 10, 20, 30, 40 usw. nach oben geht, sondern in gleichen Vielfachen wie 10, 100, 1000, 10 000. Hier ist noch einmal die Darstellung der COVID-19-Infektionsraten mit den Sieben-Tage-Durchschnittswerten. Auf dem linken Diagramm weist die *y*-Achse eine lineare Skala auf, auf dem rechten eine logarithmische:

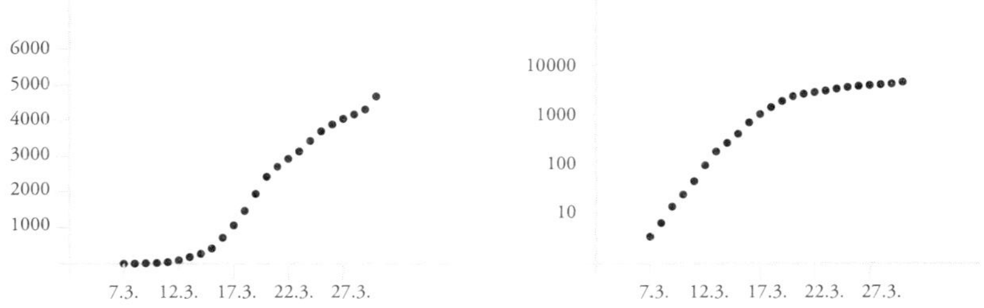

* Deutsche Bezeichnungen: Satz vom (gekämmten) Igel oder Igelsatz. (Anm. d. Übers.)

Der Graph auf dem rechten Diagramm sieht zu Beginn wie eine Gerade aus. Dies deutet auf eine Exponentialkurve hin. Eine Exponentialkurve wächst mit konstanten Vielfachen; wenn wir sie also mit einer *y*-Achse darstellen, auf der Abstände ebenfalls konstante Vielfache sind, sieht sie wie eine Gerade aus. Eine Gerade ist für unsere Augen viel einfacher zu erkennen als eine Exponentialkurve. Eine logarithmische Skala lässt uns auch leichter erkennen, wenn sich die Wachstumsrate verlangsamt, weil wir sehen können, dass sie abflacht, wo die Gerade weiter gestiegen wäre. Wichtig ist, sich bewusst zu machen, dass eine logarithmische Skala verwendet wird. Wer manipulieren will, könnte klammheimlich eine solche Skala verwenden, um zu verbergen, wie dramatisch ein Anstieg ist.

Das ist das, was die Umwandlung abstrakter Informationen in Bilder leisten kann. Wir sollten verstehen, wie sie funktioniert, um gegen Manipulationsversuche immun zu sein und um unsere eigenen Ideen so anschaulich wie möglich vermitteln zu können. Ich verwende sogar Diagramme, um Aspekte meines eigenen Lebens besser zu verstehen.

Mein Leben in Diagrammen

Ich habe gleich zu Beginn, in der Einleitung, ein Diagramm wiedergegeben, das die Schwankungen in meiner Liebe zum Matheunterricht meiner unwandelbaren Liebe zur Mathematik gegenüberstellte.

Ich präsentiere im Folgenden einige meiner Lieblingsdiagramme – Diagramme, die mir geholfen haben, andere Aspekte meines Lebens zu verstehen.

Mein Genuss beim Eisessen

Dieses Diagramm stellt gleichsam meine Genusskurve in Sachen Eisessen im Zeitverlauf dar:

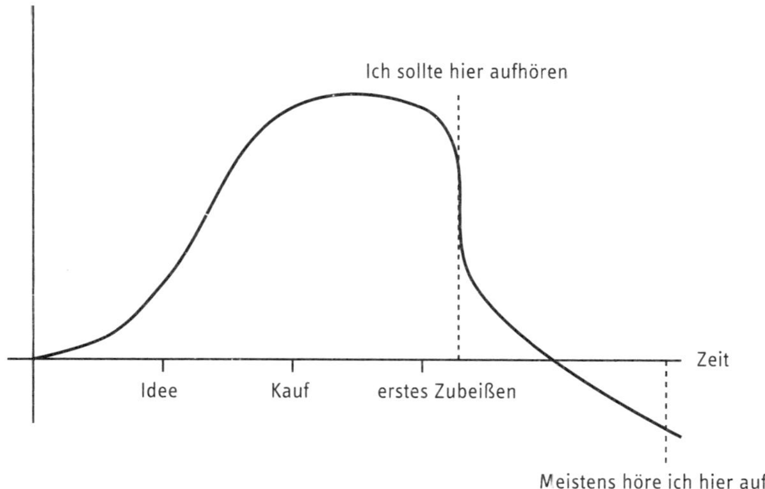

Die Kurve zeigt, dass ich, wenn ich an Eisessen denke, zunächst immer erregter werde und dass meine Erregung ihren Höhepunkt mehr oder minder dann erreicht, wenn ich das Eis erhalte. Selbst das erste Zubeißen ist nicht ganz so erregend wie der Kauf und die Vorfreude auf den Genuss, und dieser lässt dann dramatisch nach. Aber meistens esse ich weiter, versuche vergeblich, das verlorene Maß an Erregung wiederzuerlangen. Irgendwann fängt es an, weh zu tun, aber leider höre ich meist erst dann auf, wenn ich von zu viel Eisessen Bauchschmerzen habe.

So war es jedenfalls in der Vergangenheit. Das Zeichnen dieser Kurve half mir aber, mich davon zu überzeugen, dass es besser wäre, mit dem Eisessen bald nach dem ersten Zubeißen aufzuhören, wenn der Genuss schon nachzulassen beginnt. So kann ich meinen Eisgenuss maximieren: indem ich auf eine neue Gelegenheit warte, einen Höhepunkt der Erregung und ein erstes Zubeißen zu erleben. Ich bewahre jetzt immer einen Becher Eis im Gefrierschrank auf und esse immer nur mehr oder minder eine Zwei-Bissen-Portion auf einmal, was wundersamerweise bedeutet, dass ich aus der gleichen Menge Eis viel mehr Genuss ziehen kann als zu der Zeit, da ich einen ganzen Becher auf einmal aß.

Schlaf

Die nächste Kurve zeigt, wie wach ich mich fühle im Verhältnis zur Dauer meines Schlafes:

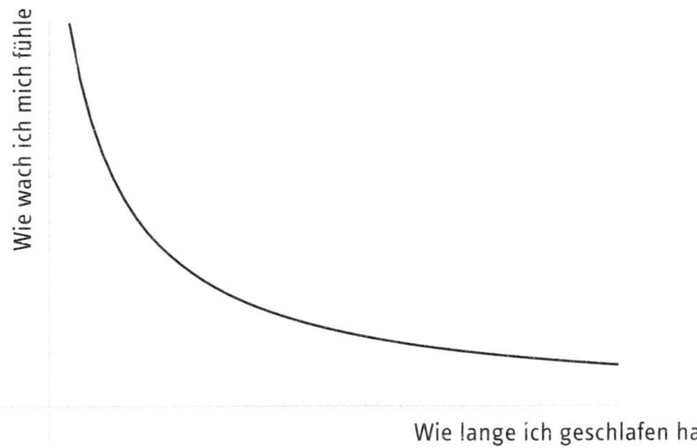

Dies ist eine recht typische graphische Darstellung einer umgekehrten Proportionalität: Etwas wird kleiner, während etwas anderes größer wird. Es mag unplausibel erscheinen, dass ich mich viel wacher fühle, wenn ich weniger geschlafen habe, aber das scheint nur so, wenn wir Ursache und Wirkung so ansetzen:

Schlaf ⟶ Wachheit

Bei mir ist es dagegen umgekehrt:

Wachheit ⟶ Schlaf

Wenn ich sehr wach bin, brauche ich natürlich nicht viel Schlaf, während ich, wenn ich allgemein sehr müde bin, viel schlafen muss. Das hat mir geholfen zu verstehen, dass mein Wachheitsgrad weniger mit der Dauer meines Schlafs in der letzten Nacht zu tun hat als mit meiner allgemeinen Befindlichkeit in den letzten Wochen.

Es gibt noch andere Zusammenhänge, die so lange paradox erscheinen, bis man Ursache und Wirkung anders ansetzt. Ein Beispiel: Wenn ein Berufszweig wie die akademische Welt eher für nicht wohlhabende Männer durchlässig ist als für Frauen und Farbige, kann es paradox erscheinen, dass man sich dort mehr Sorgen um die Inklusion von nicht wohlhabenden Menschen macht als um die von Frauen und Farbigen. Als Reaktion auf den aktuellen Stand der Inklusion ergibt das keinen Sinn, wohl aber, wenn man bedenkt, dass Menschen dazu neigen, ihre eigenen Benachteiligungen wichtiger zu nehmen als die anderer. Wenn es also in einem Berufszweig nicht viele Frauen oder Farbige gibt, dann ist die Wahrscheinlichkeit groß, dass dort Frauen und Farbige weniger wichtig genommen werden.

Menschen

Einige Diagramme haben mir geholfen, Dinge, die andere Menschen betreffen, zu verstehen. Ich habe einen Vortrag von Professor Patti Lock besucht, in dem sie auch über anschauliche Datenvisualisierung sprach. Eines ihrer Beispiele stammte aus einer Studie über Nutzer der Online-Dating-Website OKCupid. Das Diagramm stellte das Alter der Personen, die von denjenigen, die ein Date suchten, als attraktiv eingestuft wurden, dem Alter derjenigen gegenüber, die ein Date suchten. Ein Graph stellte diese Relation für Frauen dar, die Männer suchten, ein anderer für Männer, die Frauen suchten. Das Diagramm sah ungefähr so aus:

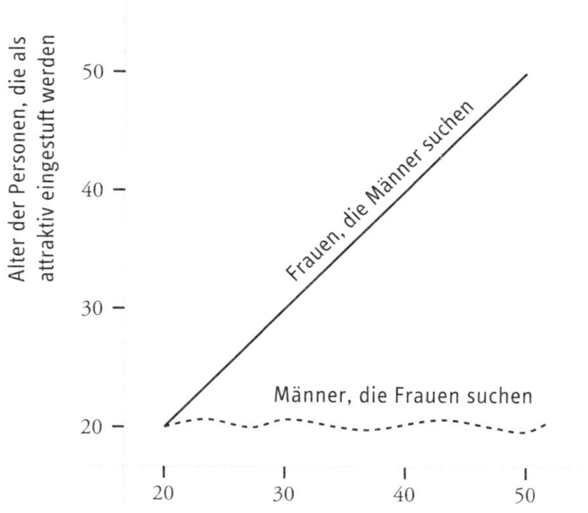

Mein Diagramm vermittelt nur eine ungefähre Vorstellung von den tatsächlichen Kurven, die Sie auf der Website von Professor Lock finden.* Patti präsentierte die beiden Folien mit perfektem komischen Timing: Zuerst bekamen wir nur die Kurve für Frauen zu sehen, die Männer suchen, so dass wir denken konnten: «Ah ja, natürlich finden diese Frauen eher gleichaltrige Männer attraktiv.» Dann ließ Professor Lock die Katze aus dem Sack und wir bekamen die Kurve zu sehen, die zeigt, dass heterosexuelle Männer auf der Website *junge* Frauen am attraktivsten finden, und zwar ganz gleich, wie alt sie, die Männer, selbst sind. Das Publikum verdrehte die Augen, freute sich über die aufschlussreichen Diagramme und brach in Gelächter aus.

In welchem Maße mir Menschen am Herzen liegen

Die durchgezogene Linie im folgenden Diagramm zeigt, in welchem Maße mir Menschen am Herzen liegen, gemessen daran, wie nahe sie mir stehen:

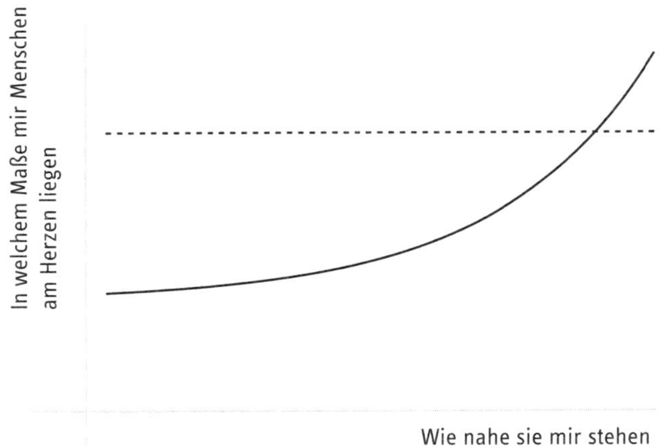

Das Diagramm zeigt, dass mir alle Menschen in einem gewissen Umfang am Herzen liegen, mehr aber die, die mir nahestehen. Mit erscheint das nachvollziehbar. Ich denke, es ist ganz natürlich, dass es mich mehr be-

* *Data Analysis in the Mathematics Curriculum*, 2018, verfügbar unter https://www.lock5stat.com/powerpoint.html

stürzt, wenn einem Mitglied meiner Familie etwas Schlimmes zustößt, als wenn es einem beliebigen Fremden zustößt, dem ich nie begegnet bin. Diese Einstellung ist aber kontrovers: Sentimentale Liberale klagen darüber, dass Menschen am anderen Ende der Welt uns nicht genauso am Herzen liegen wie Menschen, die uns näherstehen. Ich kenne Leute, die darauf bestehen, dass uns alle Menschen gleichermaßen am Herzen liegen müssten; diese Einstellung ist im Diagramm durch die gestrichelte Linie dargestellt. Ich kritisiere niemanden, der diese Einstellung hat, aber das Diagramm hilft mir zu verstehen, dass es in meiner Freundschaft zu solchen Menschen zu Konflikten kommen wird.

Liebeskummer

Das folgende Diagramm, das etwas ausführlicher erläutert werden muss, hat mir geholfen zu verstehen, warum es zu Liebeskummer kommt und wie wir dem ein Ende machen könnten:

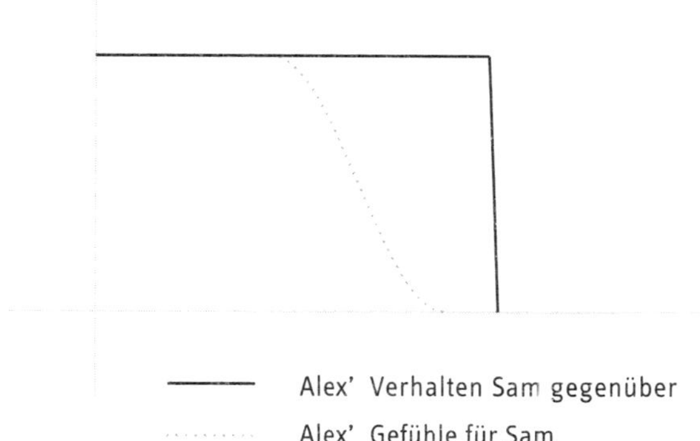

Es ist unvermeidlich, dass manche Beziehungen zu Ende gehen, aber fast alle Fälle von Liebeskummer sind darauf zurückzuführen, dass eine Person von einer emotionalen Klippe gestürzt wird. Menschen entfremden oder «entlieben» sich jedoch selten von heute auf morgen; meistens geschieht dies allmählich über einen längeren Zeitraum. Wie oben (vgl. den Stammbaum auf S. 288) werde ich die beiden Beteiligten Alex und Sam nennen. In dem Diagramm veranschaulicht die gestrichelte Linie das allmähliche Schwinden von Alex' Zuneigung zu Sam. Das Problem ist, dass Alex weiterhin so tut, als sei alles in Ordnung, oder dass Sam jedenfalls weiterhin glaubt, alles sei in Ordnung. Dann erreichen Alex' Gefühle für Sam ihren Tiefpunkt. Sie hält es nicht mehr aus, und Sam erlebt ein böses Erwachen, weil er plötzlich entdeckt, wie es um Alex' Liebe wirklich steht, und dort liegt die emotionale Klippe. Das alles wird von der durchgezogenen dunkleren Linie dargestellt.

Vielleicht stellt sich heraus, dass Alex während der ganzen Zeit des Schwindens ihrer Gefühle für Sam eine Affäre hatte, die Beziehung zu Sam aber erst beenden wollte, wenn sie sich in der neuen Beziehung völlig sicher fühlte. Oder sie hatte einfach angefangen, sich unglücklich zu fühlen, aber nicht genau gewusst, warum, und hatte Sam nichts sagen wollen, damit er nicht überreagierte. Jedenfalls hatte sie so getan, als ob alles in Ordnung sei, bis sie eines Tages plötzlich aufgewacht war und es nicht mehr ertragen konnte.

Wie auch immer, ich glaube, von entscheidender Bedeutung ist, dafür zu sorgen, dass die Kluft zwischen der durchgezogenen und der gestrichelten Linie und damit die Klippe nicht entsteht. Dafür muss Alex sich ihrer Gefühle bewusst sein, und beide Partner müssen darauf vertrauen können, dass sie in Bezug auf ihre Gefühle ehrlich zueinander sein dürfen. Aber wenn die Beziehung nicht gut ist, ist das vielleicht nicht möglich.

Was ist nun, wenn Alex die Klippe erreicht und es vorher nicht geschafft hat, sich ihrer Gefühle voll bewusst zu werden? In diesem Fall wäre es meiner Meinung nach am besten, wenn Alex den Klippenrand und den Erdboden gleichsam mit einem sanften Abhang verbinden und Sam die traurige Wahrheit nach und nach zu verstehen geben würde. Diesen sanften Abhang stellt die neue gestrichelte Linie dar:

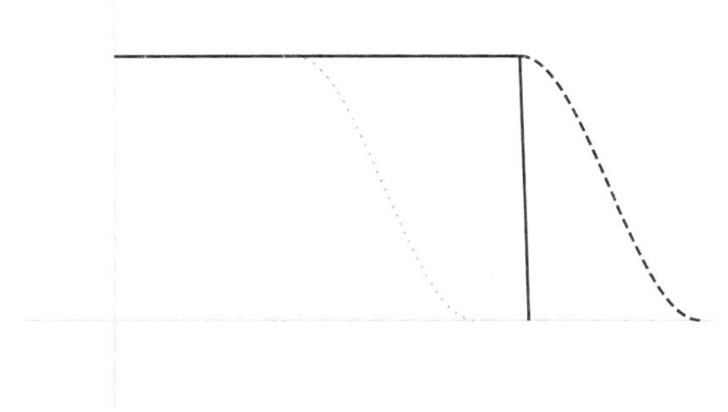

Sie bildet das ursprüngliche Schwinden von Alex' Gefühlen für Sam nach. Viele Leute haben dagegen protestiert und gesagt, das sei unehrlich, aber ich meine, dass Alex schon unehrlich war, als sie den ersten Abhang verheimlichte. Außerdem würde diese zweite Unehrlichkeit dazu dienen, einen anderen Menschen nicht zu verletzen, und in solchen Fällen könnte Unehrlichkeit gerechtfertigt sein. Anders formuliert: Ehrlichkeit ist keine gute Rechtfertigung dafür, jemanden zu verletzen. Wir sind im Leben auf vielerlei Weise nicht immer offen und ehrlich, etwa wenn wir jemanden betreuen oder wenn wir höflich oder freundlich sein wollen. Es gibt einen Unterschied zwischen sachlicher Ehrlichkeit und emotionaler Ehrlichkeit. Wenn Sie von jemandem ein Geschenk bekommen, das Ihnen nicht gefällt, Sie aber sagen, dass Sie es toll finden, dann ist das sachlich unehrlich, aber emotional ehrlich, sofern Sie mit Ihrer Reaktion nur sagen wollen, dass Sie die Geste zu schätzen wissen. Oder wenn jemand Sie fragt: «Gefällt dir mein neuer Haarschnitt?», er Ihnen aber nicht gefällt, dann ist es sachlich unehrlich zu sagen, dass er Ihnen gefalle, es ist aber emotional ehrlich, sofern Sie die andere Person in ihrer Entscheidung, die mit Ihnen gar nichts zu tun hat, bestätigen wollen.

Jemandem etwas vorzumachen und ihn dadurch einen emotionalen Abhang hinabgleiten zu lassen, statt ihn von einer emotionalen Klippe zu stürzen, ist ebenfalls sachlich unehrlich, aber emotional ehrlich, wenn man versucht, kein grausamer Mensch zu sein und die Zahl der gebrochenen Herzen in der Welt zu verringern. Ich denke manchmal an Shakespeares Sonette oder, noch weiter zurückgehend, an Catulls Gedichte und wundere mich darüber, dass wir immer noch anderen das Herz brechen, wie wir es seit Jahrtausenden getan haben. Und dann erscheint mir all das, was wir in der Schule lehren, all der Fortschritt, das Reisen in den Weltraum, das Errichten unglaublich hoher Gebäude und das Erfinden unendlich-dimensionaler Kategorien sinnlos, wenn wir nicht lernen können aufzuhören, anderen Menschen das Herz zu brechen.

Ich kann mir nicht vorstellen, dass diese Fähigkeit jemals im Matheunterricht gelehrt werden wird, aber ich wünschte, es wäre so, und stelle das Thema immer ans Ende meines Mathekurses für Kunststudierende. Eine Studentin schrieb mir später, sie habe all ihren Freundinnen und

Freunden von diesem Diagramm erzählt und das bloße Zeigen des Diagramms habe genügt, um einige von ihnen davon zu überzeugen, meinen Kurs zu besuchen.

Es ist schwer, Mathe zu lernen, wenn man keinen Bezug zu diesem Fach hat. Für manche Leute besteht der Bezug darin, dass sie die Dinge richtig machen und dafür gelobt werden; manchen macht allein schon der Umgang mit Symbolen Spaß; manche befriedigt die innere Logik; manche finden die unmittelbaren Anwendungen spannend. Aber es gibt auch Menschen, die in Mathe nie gelobt wurden, die sich durch Symbole und Logik verunsichert fühlen und die die unmittelbaren Anwendungen kalt lassen. Sie interessieren sich vielleicht mehr für offene Fragen, bildliche Darstellungen und mittelbare Anwendungen, mit denen Aspekte des Lebens beleuchtet werden, die man normalerweise nicht mit Mathe in Verbindung bringt. Und für den Fall, dass ich es nicht deutlich genug gemacht habe, möchte ich es noch einmal tun: Das sind wichtige Bestandteile der Mathematik. Diese Dinge mögen als etwas abgetan werden, was «Nicht-Mathemenschen» sagen, sie sind aber viel näher an dem, was professionelle abstrakte Mathematiker interessiert, und wir professionellen abstrakten Mathematiker sollten mehr Zeit und Mühe darauf verwenden, das bekannt zu machen.

8

Geschichten

Ich habe bisher darüber gesprochen, wie scheinbar naive Fragen Mathematiker dazu gebracht haben, wichtige neue Zweige der abstrakten Mathematik zu entwickeln. Jetzt möchte ich darlegen, wie die bestehende abstrakte Mathematik scheinbar naive Fragen aufgreift, sie, ausgehend von einem einzigen Gedanken, zu erstaunlichen Geschichten verspinnt und dabei große Höhen erklimmt, breite Ozeane überquert oder tief in die Wolken hineinfliegt. Es geht also weniger darum, wie wir neue Teilgebiete der Mathematik entwickeln, als darum, wie Mathe uns auf solche außergewöhnlichen Reisen mitnehmen kann. Die Frage ist jeweils nur ein Ausgangspunkt, wie der erste Hinweis auf einen Schatz, den man finden möchte. Man denkt, die Suche werde einen nur im Zimmer herumführen, aber sie führt einen ans Ende des Gartens und dann über die Felder hinaus ins große wilde Unbekannte. Es sind nur ein paar «Gute-Nacht-Geschichten», die die abstrakte Mathematik erzählt und die mit scheinbar naiven oder trivialen Fragen beginnen. Im Unterschied zu einigen der anderen Fragen erweisen sich diese nicht als tiefgründig, sondern es sind Fragen, an denen sich mathematische, überraschend bedeutungsvolle Geschichten entzünden.

Wie viele Ecken hat ein Stern?

Denken wir über einen fünfzackigen Stern nach.

Ich habe diese Sterne immer gemocht, weil ich sie zeichnen kann, ohne den Stift vom Blatt zu nehmen, nämlich indem ich einfach fünf gerade Linien direkt von einer (dadurch entstehenden) Zacke zur nächsten ziehe. Natürlich zieht man die Linien nicht *reihum* von einer Zacke zur nächsten, denn das würde ein Fünfeck ergeben, sondern man überspringt jedes Mal eine (die dann später entsteht). Das funktioniert, weil 5 eine ungerade Zahl ist. Einen sechszackigen Stern können wir so nicht zeichnen, denn wenn wir sechs Punkte auf einer Kreislinie markieren und sie auf dieselbe Weise, indem wir also jedes Mal einen Punkt überspringen, mit Linien verbinden wollen, kommen wir wieder zum Ausgangspunkt zurück, ohne alle Punkte getroffen zu haben. Wir haben nur ein Dreieck gezeichnet. Einen sechszackigen Stern müssen wir als zwei sich überschneidende Dreiecke zeichnen und dafür den Stift vom Blatt nehmen. Hier habe ich eines der Dreiecke mit einer gestrichelten Linie gezeichnet, um hervorzuheben, dass es zwei separate Dreiecke sind:

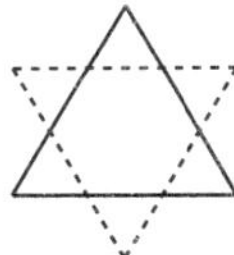

Der sechszackige Stern ist der berühmte Davidstern, ein Symbol des Judentums.

Um einen siebenzackigen Stern zu zeichnen, können wir, da auch 7 eine ungerade Zahl ist, wieder wie bei einem fünfzackigen Stern vorgehen, also indem wir jeweils eine Zacke überspringen. Es gibt hier aber noch eine andere Möglichkeit: Statt jeweils eine Zacke zu überspringen, können wir zwei überspringen, was einen anderen Stern ergibt. Hier die beiden Sterne – jeder hat sieben Zacken, aber sie sind anders miteinander verbunden und ergeben daher andere Winkel:

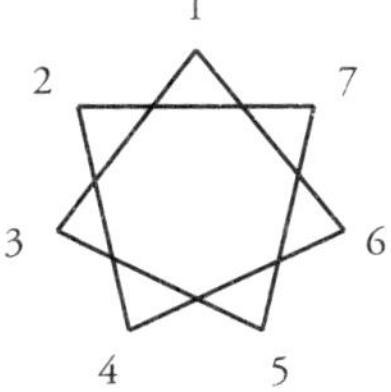

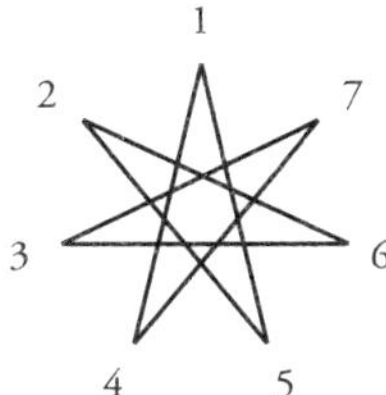

Wenn wir jedes Mal drei Zacken auslassen, ist das dasselbe, wie wenn wir, gegen den Uhrzeigersinn vorgehend, zwei auslassen; wir erhalten also keinen anderen Stern: Es gibt nur *zwei* verschiedene Möglichkeiten, einen siebenzackigen Stern zu zeichnen.

Einen achtzackigen Stern zu zeichnen ist interessanter. Wenn wir wieder jedes Mal eine Zacke überspringen, erhalten wir ein Quadrat, können den Stern also aus zwei sich überlappenden Quadraten zeichnen:

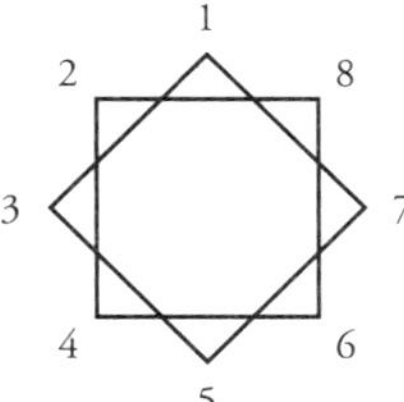

Wir können das für jede gerade Anzahl von Zacken $2n$ verallgemeinern: Ein Stern mit $2n$ Zacken lässt sich aus zwei sich überlappenden n-seitigen Polygonen zeichnen.

Um einen achtzackigen Stern zu zeichnen, können wir aber, statt *einen* Zacken zu überspringen, auch *zwei* überspringen, die Zacken also in Dreierschritten ansteuern (zwei überspringen, auf der dritten landen). Das ist sogar eine Möglichkeit, einen Stern zu zeichnen, ohne den Stift vom Blatt zu nehmen. Auch er hat acht Zacken, ist aber ein anderer als der erste:

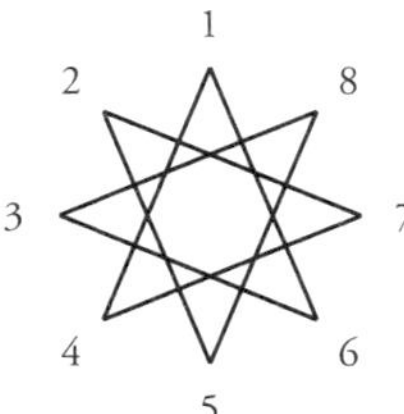

Ich finde, dass diese Krakeleien Spaß machen, aber eigentlich erkunden wir damit die Faktoren von Zahlen. Wenn man bei einer geraden Zackenanzahl diese durch 2 teilt und die Zacken in Zweierschritten ansteuert (eine Zacke überspringt, auf der zweiten landet), kommt man beim Springen zu schnell wieder zum Ausgangspunkt zurück. Das kann aber auch passieren, wenn man in anderen geradzahligen Schritten springt, bei denen die gerade Zahl zwar kein Faktor der Anzahl der Zacken ist, mit dieser aber einen Faktor gemeinsam hat (außer der 1). Springt man zum Beispiel, um einen zehnzackigen Stern zu zeichnen, in Viererschritten, landet man wieder am Ausgangspunkt, nachdem man fünf Zacken getroffen hat: Man hat einen fünfzackigen Stern gezeichnet. Um einen Stern mit zehn Zacken zu erhalten, müsste man also mit den verbleibenden Zacken einen weiteren fünfzackigen Stern zeichnen:

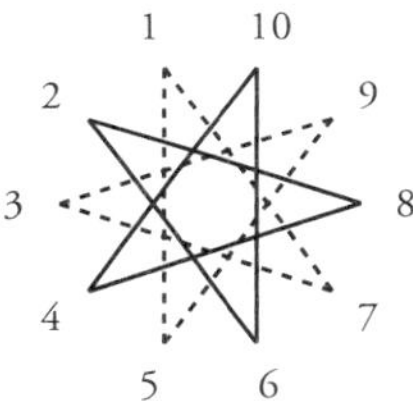

Über die Muster, die wir zeichnen, wenn wir im Kreis springen, geben die größten gemeinsamen Faktoren Auskunft. Der größte gemeinsame Faktor zweier Zahlen ist die größte Zahl, die Faktor beider Zahlen ist. Im obigen Beispiel ist 2, also eine gerade Zahl, der größte gemeinsame Faktor von 10 und 4; deshalb landet man, wenn man in Viererschritten springt, zu früh wieder am Ausgangspunkt. Dagegen ist 1, also eine ungerade Zahl, der größte gemeinsame Faktor von 10 und 3. Springt man in Dreierschritten, landet man daher auf jeder Zacke, bevor man zum Ausgangspunkt zurückkehrt:

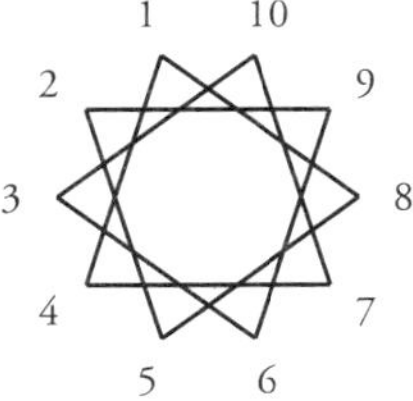

Das erinnert mich an meine Zeit in Nizza, wo das Fitnessstudio sonntags geschlossen war. Wollte ich jeden zweiten Tag trainieren, bedeutete das aber, dass der zweite Tag alle zwei Wochen auf einen Sonntag fiel. Probierte ich es mit einem anderen Muster, etwa indem ich an zwei von drei Tagen ins Studio ging, wäre einer dieser beider Tage sogar in zwei von drei Wochen auf einen Sonntag gefallen. Es gab kein Muster, das den Sonntag immer ausließ, jedenfalls keines, in dem die Abstände zwischen zwei Studiobesuchen kleiner gewesen wären als sieben Tage. 7 ist nämlich eine Primzahl, was bedeutet, dass 1 der größte gemeinsame Faktor von 7 und jeder kleineren Zahl ist.

Das Skizzieren von Sternen hat mich dazu gebracht, über die Muster, die wir dabei zeichnen, und über größte gemeinsame Faktoren zu sprechen, es lässt mich aber auch über Ecken nachdenken. Um auf den Anfang zurückzukommen: Warum bezeichnen wir einen solchen Stern als fünfzackig? Was ist mit den Zacken, die nach innen zeigen? Zählen diese nicht als Zacken? Wenn nicht: Was ist, wenn wir von Ecken sprechen? Wie viele Ecken hat dieser Stern?

Die Antwort lautet wie immer: Es kommt darauf an, was als Ecke gelten soll, und das hängt davon ab, was man überhaupt machen will. Die nach außen zeigenden Ecken sind spitzer als die nach innen zeigenden, die eher Endpunkte von Einbuchtungen sind. An etwas, das nach außen zeigt, kann man sich verletzen, an etwas, das nach innen zeigt, nicht (es sei denn, man befindet sich im Innern des Objekts; dann ist es umgekehrt).

Immer wenn wir in Mathe Dinge zählen, ganz gleich, ob es sich um Ecken, Möglichkeiten der Faktorisierung von Zahlen oder Dreiecke handelt, müssen wir zunächst entscheiden, was wir als diesen Dingen zugehörig betrachten wollen,* und ebenso, welche davon als gleich gelten sollen. Wenn wir also Dreiecke zählen, müssen wir zunächst entscheiden: Was wollen wir überhaupt als Dreieck «zählen»? (Müssen die Seiten gerade sein? Müssen sie länger als Null sein?) Und dann müssen wir entscheiden: Wel-

* Über die Bedeutung, die das für die Gesellschaft hat, spricht Deborah Stone in ihrem Buch *Counting*.

che Dreiecke sollen als gleich «zählen»? In der abstrakten Mathematik sind diese beiden Schritte der bei weitem interessanteste Aspekt des Zählens, interessanter als das eigentliche Durchzählen.

Bei unseren Ecken stellt sich nicht die Frage, welche gleich sind, wohl aber die, welche überhaupt als Ecken zählen sollen. Wenn auch die nach innen zeigenden Ecken zählen sollen, können wir sagen, dieser Stern hat zehn Ecken. Das ist vor allem dann sinnvoll, wenn es auch um die Zahl der Geraden geht, die gezeichnet werden müssen.

Was aber, wenn wir zwischen den nach außen und den nach innen zeigenden Ecken unterscheiden wollen? Wie lässt sich strenger zwischen ihnen unterscheiden? Eine Möglichkeit ist, den Winkel an der Ecke zu betrachten: Ist er kleiner als 180°, zeigt die Ecke nach außen, ist er größer als 180°, zeigt sie nach innen.

Das ist jedoch eher eine Festschreibung dessen, was das Nach-innen- oder Nach-außen-Zeigen bestimmt, als eine Beschreibung des Nach-innen- oder Nach-außen-Zeigens selbst. Eine Möglichkeit, letzteres mathematisch zu beschreiben, besteht darin, zu bestimmen, ob man innerhalb der Form vollständig von einer Seite zur anderen gelangen kann. Bei einer nach außen zeigenden Ecke eines Sterns können wir von einer Seite der Ecke zur anderen in gerader Linie innerhalb des Sterns gelangen, während eine nach innen zeigende Ecke die Spitze einer Ausmuldung ist, weshalb man, um in gerader Linie von einer Seite dieser Ausmuldung zur anderen zu kommen, den Stern verlassen muss, um die Ausmuldung zu überqueren.

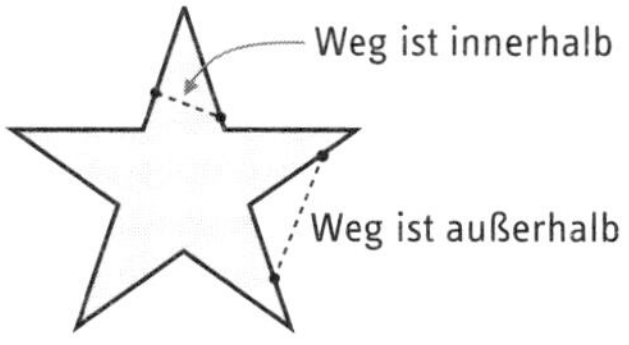

Das ist die Theorie der konvexen und nicht-konvexen Formen in der Mathematik. Bei konvexen Formen kann man auf einer geraden Linie von jedem Punkt der Form zu jedem anderen gelangen, ohne die Form zu verlassen. Hat eine Form Punkte, zwischen denen das nicht möglich ist, ist sie nicht konvex. Das betrifft auch die platonischen Körper, deren vollständige Definition einschließt, dass sie *konvexe* Polyeder sind. Ein Polyeder ist eine dreidimensionale Form, die aus Polygonen aufgebaut ist, ein Polygon ist eine zweidimensionale Form mit geraden Seiten. Konvexe Polyeder haben keine Einbuchtungen, sind also eher kugelförmig, weshalb wir aus einer solchen Form mit möglichst vielen Flächen eine Annäherung an eine Kugel konstruieren können. Das ist analog dazu, wie wir aus einem Polygon mit möglichst vielen Seiten eine Annäherung an einen Kreis konstruieren. Je mehr Seiten das Polygon hat, desto näher kommt es einem Kreis. Das führt zu einer Frage zurück, die ich in Kapitel 2 erwähnt habe, nämlich zu der Frage nach der Zahl der Seiten, die ein Kreis hat.

Wie viele Seiten hat ein Kreis?

Hat ein Kreis eine Seite, und die geht rundherum? Oder hat er keine Seiten, weil er keine geraden Kanten hat? Hat er vielleicht unendlich viele? Oder irgendetwas dazwischen?

In gewisser Weise könnte jede dieser Antworten Sinn ergeben. Es hängt davon ab, was wir unter «Seiten» verstehen wollen.

Ich habe vor kurzem mit Begeisterung entdeckt, dass eine der berühmten Pizza-Bäckereien in Chicago achteckige (*eight-cornered*) Pizzen herstellt. Ihre Standardpizza ist rechteckig und wird hier als «Detroit-Style Pizza» bezeichnet, obwohl ich glaube, dass es auch in Italien rechteckige Pizza gibt. Ich habe einmal, als ich noch jung war und nichts von diesen Dingen wusste, ein Stück davon gegessen und war ziemlich schockiert. (Italiener wären zweifellos über die Bezeichnung «Detroit-Style Pizza» schockiert.)

Jedenfalls ist diese Pizza für ihre karamellisierten knusprigen Ränder bekannt, und manche Leute sind von den Ecken so begeistert, dass sie mehr als vier Ecken wollen – daher die «achteckige (*eight-cornered*) Pizza». Als ich das auf der Speisekarte sah, wollte ich unbedingt wissen, worum es sich handelte. Um oktogonale Pizza? Aber dann wäre sie nicht mehr ganz so knusprig, da die Winkel viel größer wären. War es sternförmige Pizza? Und wenn ja, haben sie nur die Ecken gezählt, die nach außen zeigen?

Mit meinen Vermutungen lag ich völlig daneben: Die Pizza hatte die übliche Größe, war jedoch in zwei rechteckigen Hälften mit zusammen acht Ecken gebacken. Ich musste über mich selbst lachen, weil ich mir mit unangemessen tiefschürfender Mathematik eine unnötig komplizierte Lösung ausgedacht hatte.

Meine imaginierte oktogonale Pizza wirft aber eine wichtige Frage auf: Ist diese Pizza, weil sie mehr Ecken hat, «eckiger» als ein Quadrat, oder ist sie weniger «eckig»? Nun, das hängt davon ab, was wir unter «eckig» verstehen. Wenn «eckig» sich nur auf die Anzahl der Ecken bezieht, dann ist die Pizza natürlich umso «eckiger», je mehr Ecken sie hat. Aber dann ergibt sich etwas Seltsames; denn wenn etwas sehr viele Ecken hat, sagen wir, unendlich viele, dann ist es fast ein Kreis, der ja überhaupt nicht eckig ist. Das deutet auf die Möglichkeit hin, dass der Begriff «eckig» nicht sehr klar ist.

Nichts von dem, was ich soeben gesagt habe, war begrifflich streng (am wenigsten mein Gebrauch des Wortes «unendlich»), es war aber der Ausgangspunkt einiger strenger Ideen der Infinitesimalrechnung. Ich habe bereits über die polygonale Annäherung an Kreise gesprochen, bei der wir einen Kreis als Form mit unendlich vielen unendlich kurzen Seiten betrachten. Nun, eigentlich tun wir das nicht: Eigentlich besteht ein Kreis für uns immer noch aus allen Punkten der Ebene, die den gleichen Abstand vom Mittelpunkt haben. Aber wir können den Kreisumfang berechnen, indem wir den Abstand um die Außenseite eines Polygons mit n Seiten zugrunde legen und sehen, was geschieht, wenn n gegen unendlich geht. Formal definieren wir eine Zahlenfolge, bei der die n-te Zahl der Abstand um die Außenseite eines Polygons mit n Seiten ist, und bestimmen dann den Grenzwert dieser Folge, wenn n gegen unendlich geht. Der Grenzwert einer Zahlenfolge ist in der Infinitesimalrechnung in vollem Umfang definiert, der Grenzwert einer Folge von Formen jedoch nicht. Das ist also eine informelle Art, über Kreise nachzudenken, aber eine vollkommen strenge Methode zur Berechnung des Umfangs eines Kreises.

Die Definition des Kreisumfangs läuft de facto auf die allgemeine Definition der Länge einer Kurve hinaus. Der Infinitesimalrechnung liegt der Begriff des Grenzwerts einer Zahlenfolge zugrunde. Um die Länge einer Kurve zu berechnen, bilden wir eine Folge von Annäherungen, indem wir Geraden zeichnen. Zum Beispiel kann ich mich der Länge dieser Kurve annähern, indem ich folgende Geraden zeichne:

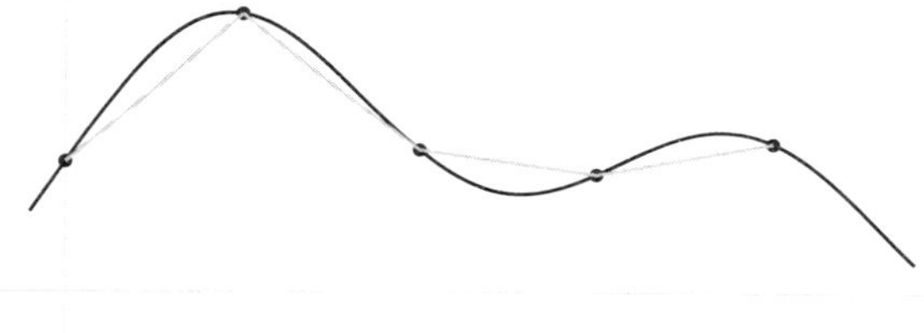

Da die Punkte so weit auseinander liegen, ist das keine gute Annäherung. Wenn ich weitere Punkte einfüge, wird sie besser. Je mehr Punkte ich einfüge, umso besser wird sie. Diese ist schon recht überzeugend, obwohl sie nur neun Punkte miteinander und dem Ausgangspunkt verbindet:

Wenn ich zwischen die vorigen Punkte je einen weiteren setze, ist die Annäherung von der Kurve selbst fast ununterscheidbar – jedenfalls für meine Augen:

So erhalten wir eine immer genauer werdende Folge von Längen: eine Zahlenfolge, bei der die n-te Zahl die Länge ist, die sich aus n gleich langen geradlinigen Abschnitten ergibt. Wir können dann sehen, wie diese Folge sich entwickelt, wenn n gegen unendlich geht. Das ist die Definition der Länge einer Kurve.

Vielleicht sind Sie jetzt überzeugt, dass wir einen Kreis als geometrische Form mit unendlich vielen Seiten betrachten können. Oder als Form ohne Seiten, wenn wir unter einer Seite eine Strecke ohne Ecken verstehen. Oder auch deshalb als Form ohne Seiten, weil er keine *geraden* Seiten hat. Aber wie viele Seiten hat dann ein Halbkreis? Hat er eine, weil er nur eine gerade Seite hat, oder hat er zwei? Es fühlt sich ein bisschen seltsam an zu sagen, er habe nur eine Seite, solange wir nicht näher bestimmt haben, was wir unter einer «geraden Seite» verstehen.

Wie könnten wir «Seite» definieren, um die unserer Intuition (vielleicht) mehr entsprechende Antwort zu erhalten, dass ein Halbkreis zwei Seiten hat? Wir könnten sagen, eine Seite ist die Linie (gerade oder ungerade) zwischen zwei Ecken. Dann hat ein Halbkreis zwei Seiten, da er zwei Ecken hat. Diese Form hat eine Ecke, also hat sie eine Seite:

Dann hat ein Kreis wieder keine Seiten.

In einigen Bereichen der Mathematik könnten wir einen Kreis jedoch als Form mit beliebig vielen Seiten definieren, weil wir ihn in beliebig viele Teile aufteilen können. Eine solche Vorstellung vom Kreis ist so abstrakt wie die Metapher «sich im Kreis drehen», wenn der «Kreis» alles andere als perfekt ist. In der Kategorientheorie könnten wir von Pfeilen wie diesen

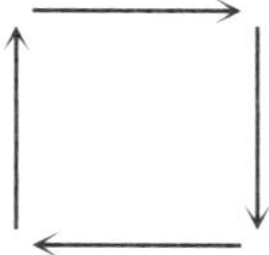

sagen, sie drehen sich im Kreis. Das ist vielleicht entfernt mit der Tatsache verwandt, dass in der Topologie Ecken keine Rolle spielen. Wie es auch keine Rolle spielt, ob eine Linie gerade oder kurvenförmig ist oder welche Winkel Dinge miteinander bilden – wichtig ist nur, wie viele Löcher etwas hat. Wenn wir uns nur für Löcher, nicht für Ecken interessieren, ist die Anzahl der Seiten einer Form völlig irrelevant, und der Begriff des Dreiecks verflüchtigt sich einfach. In dieser Welt ist ein Quadrat «das Gleiche» wie ein Dreieck, und das gilt auch für ein Fünfeck, ein Sechseck und einen Kreis. Da es in der Topologie nur um Löcher geht, nicht um Ecken, zählen all diese Formen in ihr als Kreise:

Insofern kann ein Kreis vielleicht so viele Seiten haben, wie wir wollen.

Da die folgende Form zwei Löcher hat (ich betrachte die weißen Teile als Lücken und das Ganze als eine Art Gürtelschnalle, einen kreisförmigen Ring mit einem Steg in der Mitte), ist sie jedoch *kein* Kreis:

Das bringt mich zu einer der Fragen, über die im Internet am meisten gestritten wird; sie betrifft Strohhalme.

Wie viele Löcher hat ein Strohhalm?

Diese Frage wird mir regelmäßig von meinen Studentinnen und Studenten gestellt, oft, weil im Internet gerade wieder ein Streit darüber entbrannt ist. Einerseits ermutigt mich das, weil die Frage das Interesse der Leute weckt, andererseits befürchte ich, dass sie, wie die Memes zum Thema Operatorrangfolge, für einige, die sich für brillant halten, nur eine weitere Gelegenheit ist, andere glauben zu machen, sie seien dumm, indem sie ihnen sagen, ihre Antwort auf die Frage sei dumm.

Wie immer finde ich es mathematisch nicht interessant, wie die Antwort lautet, da je nachdem, was wir meinen, verschiedene Antworten richtig sind. Interessant sind für mich die verschiedenen Möglichkeiten, über Löcher und Strohhalme nachzudenken. Dabei geht es wieder um die Frage, wie wir Dinge zählen: Was gilt als den betreffenden Dingen zugehörig, und wann gelten zwei Dinge als gleich?

Wie groß ist nun die Anzahl der Löcher eines Strohhalms? Es ist gleichermaßen berechtigt zu sagen: eins, zwei, unendlich und null. Die letzte Möglichkeit mag überraschen, aber stellen Sie sich vor, Sie versuchen, durch einen Strohhalm zu trinken, und stellen fest, dass Sie durch ihn nichts ansaugen können. Wenn Sie den Strohhalm untersuchen, stellen Sie wahrscheinlich fest, dass er ein Loch hat. Damit meine ich: Er hat ein Loch, das er nicht haben sollte, so wie Sie sagen würden, Ihr Hemd hat ein Loch, obwohl es ja mehrere Löcher hat – sonst könnten Sie es nicht anziehen. In diesem Sinne hat ein Strohhalm, mit dem man machen kann, wofür er da ist, null Löcher.

Im anderen Extremfall könnte man sagen, dass ein Strohhalm (mit dem alles in Ordnung ist) aus einer Unzahl von Molekülen besteht, die sich nur leicht berühren, so dass überall dazwischen Löcher sind. Das ergibt zwar keine unendlich große Anzahl von Löchern, weil der Strohhalm nur eine endliche Anzahl von Molekülen hat, aber die Anzahl ist sehr groß.

Wenden wir uns jetzt der Debatte zu, die im Internet geführt wird, zwischen denjenigen, die meinen, ein Strohhalm habe *ein* Loch (das ganz durch ihn hindurchgehe), und denjenigen, die meinen, er habe *zwei* Löcher (eines an jedem Ende).

Was wäre, wenn wir ein Ende schließen würden: Hätte der Strohhalm dann immer noch ein Loch? Er würde ein bisschen einer Socke ähneln. Hat eine Socke am oberen Ende ein Loch? Ich persönlich halte das für eine Öffnung, nicht für ein Loch, aber wenn es darum ginge, einem Kind beizubringen, wie man Socken anzieht, würden wir vielleicht zu ihm sagen, es solle die Socke nehmen und den Fuß «durch das Loch» stecken.

Wie immer in Mathe geht es meiner Meinung nach nicht darum, die richtige Antwort zu finden, sondern darum, zu entscheiden, in welchem Sinne welche Antwort vielleicht richtig ist. Wenn wir glauben, ein Strohhalm habe *ein* Loch, wie definieren wir dann «Loch»? Wenn wir dagegen glauben, er habe *zwei* Löcher, müssen wir «Loch» anders definieren. Wie also definieren wir den Begriff?

Die Topologie ist ein Zweig der Mathematik, der sich mit den Formen von Dingen befasst und definiert, welche Formen gemäß einem bestimmten Begriff von «Gleichheit» als *gleich* anderen Formen gelten sollen. Eine Form gilt in der Topologie als gleich einer anderen, wenn man sie aus Knete formen und nach und nach zu der anderen kneten kann, ohne sie auseinanderzureißen oder irgendwo zu verkleben. Das ist der Ursprung der berühmt gewordenen Vorstellung, eine Kaffeetasse sei «das Gleiche» wie ein Donut. Voraussetzung für diese Vorstellung ist, dass die Kaffeetasse einen Henkel und der Donut ein Loch hat.

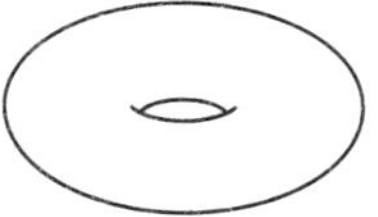

Zuweilen stößt man auf einen Spruch, der ungefähr so lautet:

> Mathematiker glauben, ein Donut sei
> dasselbe wie eine Kaffeetasse.
>
> Versuchen Sie mal, zum Frühstück
> eine Kaffeetasse zu essen.

Ich vermute, das spricht die Leute an, weil sie sich gern über Mathematiker lustig machen, vor allem über deren Weltfremdheit oder über die Vorstellung, das, worüber sie reden, habe nichts mit dem wirklichen Leben zu tun.

Der Spruch setzt voraus, dass, wer das liest, von dem Begriff der Äquivalenz in der Topologie gehört hat, aber gleichzeitig nicht versteht (vielleicht nicht verstehen *will*), was damit gemeint ist. Nun, wir sagen nicht, dass eine Kaffeetasse wirklich das Gleiche sei wie ein Donut. Sondern wir sagen, dass es einen Aspekt gibt, in dem sie sich unterscheiden (nämlich jenen, der in den meisten Kontexten des täglichen Lebens ins Auge fällt), aber auch einen, in dem sie gleich sind. Und manchmal kann der Aspekt, in dem sie einander gleichen, uns helfen, etwas, was Formen betrifft, zu verstehen. Der Grundgedanke ist – der Vergleich mit der Kaffeetasse dient nur zur Veranschaulichung –, dass eine Donutform aus Knete ein Loch hat, das durch sie hindurchgeht, und dass man dieses Loch nicht durch Kneten beseitigen kann, ohne entweder die Form auseinanderzureißen oder das Loch zuzukleben. Natürlich ist diese Illustration mit Knete sehr diffus und mathematisch alles andere als streng. Die mathematisch strenge Definition arbeitet mit dem Begriff der «stetigen Verformung». Eine «stetige» Verformung einer Form zu einer anderen gewährleistet, dass die Form mit ihrem charakteristischen Merkmal – bei Kaffeetasse und Donut dem Loch – nicht auseinandergerissen wird, so dass das Merkmal verschwindet. (Sie gewährleistet auch, dass das charakteristische Merkmal nicht verklebt wird, denn das ergäbe dasselbe wie ein Auseinanderreißen, ginge nur zeitlich in die andere Richtung.)

Nun stellt sich die Frage: Welche Formen gelten nach diesem Begriff von Gleichheit als gleich? Wie viele verschiedene Formen sind in jeder Dimension möglich? Ein Donut mit einem Loch in der Mitte ist gleich einer Kaffeetasse. Wir könnten den Donut aber auch verformen, indem wir ihn abflachen, so dass er die Form einer Scheibe Ananas, einer Unterlegscheibe oder, um den mathematischen Fachbegriff zu verwenden, eines Kreisrings annimmt.

Oder wir könnten unsere Donutform nehmen, in das Loch einen Daumen stecken und mit ihm und den Fingern gegenüber die Form dazwischen flachdrücken. Wenn wir das um das ganze Loch herum machen, wird die Form zu einem Zylinder. Den könnten wir dann so weit verlängern, dass er zu einem Strohhalm würde. So gesehen hätte der Strohhalm tatsächlich nur *ein* Loch, genau wie die Scheibe Ananas (der Kreisring). Eine andere Möglichkeit einzusehen, dass ein Strohhalm in diesem Sinne nur *ein* Loch hat, ist, sich vorzustellen, dass man den Strohhalm immer kürzer macht, bis er so kurz ist, dass er im Grunde nur noch ein Kreis ist, der als solcher auch nur *ein* Loch hat.

Das ist eine Art und Weise, wie die Topologie Löcher behandelt. Mathematiker sprechen allerdings nicht von «Löchern», weil der Begriff, wie wir gesehen haben, ziemlich diffus ist. Es kann auch Fälle geben, in denen unserem intuitiven Verständnis widerspricht, was die Topologie sagt. So tendieren wir vielleicht sehr dazu, die Öffnung einer Socke als Loch zu bezeichnen, obwohl eine Socke topologisch «das Gleiche» ist wie ein flaches Stück Material mit einem Rand, aber ohne jedes Loch. Und was ist mit einer Hose? Man könnte meinen, eine Hose habe drei Löcher, nämlich zwei Beinlöcher und ein Taillenloch. Aber topologisch hat sie nur zwei Löcher: Stellen Sie sich vor, Sie verlängern einen zweilöchrigen Donut aus Knete in eine Richtung, um ihm Beine zu machen; dann haben Sie eine Hose.

Dennoch tendieren wir stark dazu zu sagen, auch der Hosenbund müsse als Loch zählen – und für die Öffnung einer Socke gelte dasselbe. *So* gesehen stimmt das auch: Wenn wir den betreffenden Bereich des Gegenstands aus großer Nähe betrachten, sieht er aus wie eine Fläche, in die ein Loch geschnitten wurde. Ein Strohhalm hat dann an jedem Ende ein Loch. Wir betrachten ihn insofern eher als Fläche denn als dreidimensionalen Gegenstand.

Das verweist uns auf die Theorie der Mannigfaltigkeiten. Eine Mannigfaltigkeit ist eine Fläche, die, so verbogen oder verschlungen sie sein mag, überall, wo wir sie aus großer Nähe betrachten, dennoch flach aussieht. Eine Kugel ist dafür ein gutes Beispiel. Aus diesem Grund halte ich es immer noch für einigermaßen nachvollziehbar, dass die Menschen früher glaubten, die Erde sei flach – sie hatten ja nur einen kleinen Teil von ihr gesehen. Bitte nehmen Sie zur Kenntnis, dass ich das heute nicht mehr für nachvollziehbar halte, da wir inzwischen so viele Beweise – unter anderem Fotos, die aus dem Weltraum aufgenommen wurden – dafür haben, dass die Erde eine (zugegeben: gequetschte) Kugel ist. Um weiterhin zu glauben, die Erde sei flach, muss man ziemlich viele Beweise ignorieren, die die meisten Menschen für unumstößlich halten.

Wie dem auch sei, die Fläche eines Donuts ist ebenfalls eine Mannigfaltigkeit, und zwar eine, die als *Torus* bezeichnet wird. Diese Fläche – wir denken jetzt nicht an einen dreidimensionalen Donut – ist wie ein hohles Rohr, dessen Enden aufeinander zugebogen und miteinander verbunden wurden. Bei der Kugel denken wir an einen Ballon, nicht an eine massive Kugel. Der Torus hat ein «Loch» in der Mitte, aber eine ganz bestimmte Art von Loch – es wurde nicht in die Fläche hineingeschnitten, sondern in ihre Form sozusagen eingebaut, ohne die Fläche irgendwo zu unterbrechen. Es hat keinen Rand. In der Topologie wird das als «Geschlecht» bezeichnet. Eine Kugel hat Geschlecht 0, ein Torus hat Geschlecht 1. Wir können Flächen beliebiger Geschlechter herstellen, indem wir einen Donut mit einer beliebigen Anzahl solcher Löcher versehen.

Schneiden wir dann tatsächlich ein Loch in einen Torus, wird er zu einem «Torus mit einem Loch», auch wenn er in einem anderen Sinne bereits ein Loch hatte. Das Loch, das wir in die Fläche schneiden, ist also eine andere Art von Loch; in der Mathematik bezeichnen wir es als «Punktierung». Die neue Form hat also eine Punktierung, ist aber ebenfalls Geschlecht 1.

Wie könnten wir nun durch Punktierung einer Fläche einen Strohhalm herstellen? Wir müssten in eine Kugel zwei Löcher schneiden und die Kugel dann geradeziehen. In diesem Sinne hätte ein Strohhalm also zwei Löcher. Das ist so, als würde man verrückterweise sagen, ein Kreis habe zwei Löcher: innen eins und außen eins. Oder so, als würde man einen Zaun um sein Haus ziehen und dann erklären, man habe den Rest der Welt umzäunt, und das eigene Haus liege außerhalb davon.

Ich bevorzuge ein wenig meine Definition dessen, was umgangssprachlich «Loch» oder «Öffnung» genannt wird. Diese Definition besagt, dass es «lokal so aussieht, als sei da ein Loch». Die Mathematik bezeichnet das auch als kreisförmige Begrenzung. Wir sind jetzt in dem Bereich, in dem ein Kreis kein exakter Kreis sein muss, denn in der Topologie gibt es keinen Begriff von Abstand. Ein Haarband, wie verschlungen es auch sein mag, gilt als Kreis. Die Öffnung einer Socke ist also eine kreisförmige Begrenzung. Die Öffnung an jedem Ende eines Strohhalms ist ebenfalls eine kreisförmige Begrenzung.

Auch in diesem Fall ist es also wichtig, darüber nachzudenken, wie wir die Dinge definieren, und darüber hinaus in der Lage zu sein, die Perspektiven zu wechseln, statt in einer einzigen zu verharren. Wir haben uns einen Strohhalm als Gegenstand mit einem bestimmten Zweck, als Ansammlung von Molekülen, als dreidimensionales Objekt und als Fläche vorgestellt. Jede Perspektive legt eine andere Antwort auf die Frage nach der Anzahl der Löcher nahe – oder jede andere Antwort auf diese Frage hat uns dazu geführt, Strohhalme anders zu sehen.

Meiner Meinung nach sind die interessantesten Fragen in Mathe die einfachen, die leicht zu formulieren sind, aber eine breite Palette von richtigen Antworten ermöglichen, je nachdem, worauf wir unser Augenmerk richten wollen, in welchem Kontext wir uns befinden und was in diesem Kontext wichtig ist. In Mathe geht es nicht nur um Zahlen und Gleichungen. Es geht auch um Formen und Muster und Ideen und Argumentationen. Um mit diesen subtileren Dingen argumentieren zu können, müssen wir viele Entscheidungen treffen, wie wir sie betrachten und behandeln wollen, über welche wir *jetzt* nachdenken wollen und über welche *später*. Wir denken darüber nach, welche wir *jetzt* als in irgendeinem Sinne gleich zählen, und vielleicht denken wir *später* über einige andere nach, die wir als in irgendeinem Sinne gleich zählen.

Es stimmt, dass wir, wenn wir uns einmal für eine Perspektive entschieden haben, eine Weile an ihr festhalten, um verlässliche Schlussfolgerungen ziehen zu können, so wie wir uns bei einem Spiel für Regeln entscheiden und es dann nach diesen Regeln spielen, aber jederzeit, wenn wir Lust haben, ein anderes Spiel spielen oder die Regeln des ersten Spiels ändern können. Es wäre falsch zu sagen, Mathe habe nichts Starres, aber es wäre auch falsch zu sagen, Mathe sei immer nur starr. Das Wesentliche und

Schöne an Mathe ist der subtile Zusammenhang zwischen der Festigkeit ihrer Strukturen und der Flexibilität, die sie erlaubt, wenn es darum geht, wie man ihre Gegenstände ins Auge fassen will. Auch der menschliche Körper ist zugleich starr und flexibel. Wir haben ein wunderbares Skelett, das es uns ermöglicht, auf nur zwei Füßen aufrecht zu stehen, aber dieses Skelett besteht aus rund 200 Knochen, 360 Gelenken, 600 Muskeln und 4000 Sehnen, die uns befähigen, uns auf unzählige Arten zu bewegen. Wir können laufen und springen, klettern und kriechen, singen, lächeln und tanzen. Das tut Mathe auch. Wenn wir nur auf die logischen Regeln in ihrem Kern schauen, sehen wir nur das Starre und übersehen, was ihr Skelett *auch* ermöglicht: den überschwänglichen Gesang und den atemberaubenden Tanz.

Nachwort

Ist Mathe real?

Wie bei allen Fragen, die ich in diesem Buch behandelt habe – und möglicherweise bei allen Fragen des Lebens –, kommt es darauf an, was wir meinen, wenn wir bestimmte Wörter benutzen. Was ist real? Was ist Realität? Ist irgendetwas real?

Wie ich in Kapitel 1 gesagt habe, glauben die meisten Erwachsenen nicht, dass der Weihnachtsmann «real» ist. Ich persönlich glaube aber, dass die *Vorstellung* «Weihnachtsmann» real ist und sich in der Welt real bemerkbar macht. Die abstrakte Vorstellung ist real.

Das ist die Ebene, auf der auch Mathe real ist. Wir können sie nicht anfassen, aber viele andere reale Dinge können wir auch nicht anfassen. Manchmal hat das logistische Gründe, wie beim Mittelpunkt der Erde oder beim Innern unseres Gehirns. Es gibt aber auch reale Dinge, die wir nicht anfassen können, weil sie abstrakt sind, wie Liebe, Hunger, Bevölkerungsdichte, Gier, Trauer, Freundlichkeit, Freude.

Wie bei fast allen Fragen denke ich auch bei dieser am liebsten über den Sinn nach, in dem verschiedene Antworten auf eine Frage richtig sein können. In einem gewissen Sinne ist Mathe nicht real, in einem anderen ist sie es. Ist es übrigens gut oder schlecht, wenn wir Mathe für real halten? Ist es gut oder schlecht, wenn wir Mathe für nicht real halten?

Mathe ist insofern real, als sie eine Idee ist, denn Ideen sind real. Doch in einem anderen Sinne ist Mathe nicht real, wenn wir mit «real» meinen, Mathe sei wie die konkreten Dinge, die wir anfassen können, nicht wie die Träume, die wir in unserem Kopf erschaffen. Aber auch das ist gut, obwohl dieser Aspekt Mathe schwierig und unzugänglich erscheinen lassen kann. Die Stärke von Mathe hat darin ihren Grund, dass Mathe nicht konkret ist. Ihre Abstraktheit ist es, die es uns ermöglicht, ein robustes Bezugssystem zu schaffen, in dem logische Argumentationen fest verankert sind, aber ihre Abstraktheit ist es auch, die es uns ermöglicht, die Dinge flexibel aus verschiedenen Perspektiven zu betrachten, Konzepte für verschiedene Kontexte zu verallgemeinern und uns zwischen diesen verschiedenen Kontexten zu bewegen, um immer mehr zu verstehen. Die Abstraktheit ermöglicht sowohl die Struktur als auch den Tanz. Wir können mit einer scheinbar naiven Frage beginnen und aus ihr so viele verschiedene Geschichten hervorgehen lassen wie ein Schriftsteller aus einem ersten Satz. Mathe ist ständiges Hin und Her zwischen Intuition und strenger Argumentation: Mit dem strengen Denken verfeinern wir unsere Intuition, mit der Intuition steuern wir unser strenges Denken.

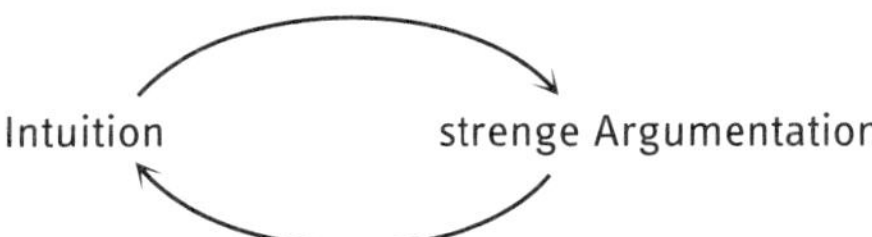

Scheinbar naive Fragen sind ehrliche, aus Neugier und Verwunderung erwachsende Fragen. Es sind die besten Fragen. Einer der anziehendsten, aber auch rätselhaftesten Aspekte von Mathe ist, dass einfache Fragen zu Antworten führen können, die zu vielem zu gebrauchen sind. Das kann das Unterrichten enervierend, aber auch sehr lohnend machen, denn wir können uns, von diesen Fragen ausgehend, auf weite wunderbare Reisen begeben, die uns Einblicke in die reale, konkrete Welt verschaffen.

Meine Hoffnung ist, dass wir alle irgendwann mehr Freude an diesen Fragen haben werden, ganz gleich, ob wir sie stellen oder gestellt bekommen, ob wir Lehrer oder Schüler, Eltern oder Kinder, Mathematiker oder Nicht-Mathematiker sind. Ich hoffe, dass Lehrer, Eltern und Mathematiker dazu ermuntern werden, diese scheinbar naiven und schwer zu beantwortenden Fragen zu stellen, vor allem wenn sie selbst nicht wissen, wie sie zu beantworten sind. Ich hoffe, dass wir alle lernen können, uns eine kindliche Herangehensweise an Mathe zu bewahren, bei der wir nicht erwarten, alles zu verstehen, und auch von anderen nicht erwarten, dass sie alles verstehen. Dass wir vielmehr jedes Nichtverstehen als Gelegenheit wahrnehmen, unseren Horizont zu erweitern oder jemandem dabei zu helfen, seinen Horizont zu erweitern.

Ich hoffe, dass wir anfangen werden, Mathe als ein Fach zu sehen, in dem man Fragen stellen und Antworten erkunden kann, statt als Fach, in dem die Antworten feststehen und wir sie kennen müssen. Und so hoffe ich, dass wir auch überdenken werden, was wir bejubeln, und weniger diejenigen herausheben, die schnell viele richtige Antworten finden, als die anderen, die neugierig sind und ihrer Neugier auf einer Reise folgen, die langsam und ohne klares Ziel vonstattengehen kann, als ruhiger Spaziergang durch eine Landschaft statt als rasende Fahrt aufs Ziel zu, im Rennwagen.

Vor allem hoffe ich, dass wir den Lehrkräften mehr Raum geben werden, um diese Art von Mathematik den Schülerinnen und Schülern aller Schulstufen näherzubringen. Wir sollten etwas nicht als Bildung bezeichnen, wenn wir die scheinbar naivsten und damit schönsten Fragen nicht beantworten.

Eine der scheinbar naivsten Fragen lautet, warum wir uns überhaupt mit reiner Mathematik befassen. Die Versuchung ist groß, Mathe nur für die Entwicklung konkreter Anwendungen und für die Bewältigung «realer» Probleme zu nutzen, für die sie präzise Lösungen anbieten kann. Ich hoffe aber, dass wir auch den umfassenderen Zweck von Mathe anerkennen, der darin besteht, uns zu helfen, allgemein klarer zu denken.

Wenn das scheinbar Unreale von Mathe abschreckend wirkt, kann Abhilfe darin bestehen, dass man sie auf weniger abstrakte Weise darstellt. Das hat aber den Effekt, dass ihr ein Teil ihrer Stärke genommen wird, so dass sie ihr wahres Wesen nicht zeigen kann, und dass sie für diejenigen, die mehr an Träumen und Möglichkeiten interessiert sind als an Werkzeugen und Maschinen, weniger attraktiv ist. Eine andere Abhilfe wäre, einen verführerischeren Weg in die Abstraktheit zu bieten, der zum Träumen ermuntert und die Stärke von Mathe offenbart wie auch die Möglichkeiten, die sie eröffnet.

Wenn jemand anscheinend kein Interesse am Lesen fiktionaler Literatur hat, kann das daran liegen, dass er sich mehr für Sachliteratur interessiert, die von realen Menschen und Dingen handelt. Es kann aber auch sein, dass so jemand einfach noch keine fiktionale Literatur gefunden hat, die ihn anspricht. Ich liebe sowohl fiktionale als auch Sachliteratur. Ist Fiktionales real? Die geschilderten Ereignisse haben vielleicht in der realen Welt nicht stattgefunden, aber der Einblick in die Welt, den sie bieten, ist real. Ich habe bei der Lektüre von *Madame Bovary* viel mehr darüber gelernt, wie Schulden wachsen, als bei der Beschäftigung mit dem Zinseszins; bei der Lektüre von Jane Austen habe ich mehr über die Ungleichbehandlung von Männern und Frauen gelernt als beim Studium von Statistiken.

Ist Mathe real? Die Konzepte der abstrakten Mathematik sind vielleicht nicht Teil der konkreten Welt, aber die Ideen sind genauso real wie alle anderen Ideen, und wie bei fiktionaler Literatur sind die Einblicke, die wir in die reale Welt erhalten, sehr real.

Und was noch wichtiger ist: Ob wir Mathe für real halten oder nicht, sie ist aufregend, geheimnisvoll, flexibel, ehrfurchtgebietend, verblüffend, befriedigend, beglückend, tröstlich, schön, leistungsstark, erhellend. Leider gibt es Leute, die versuchen, uns den Zutritt zu ihr zu verwehren, und diese Leute haben sich als Wächter an Türen postiert, die es nicht geben muss. Es gibt aber andere Wege in die herrliche Traumwelt der abstrakten Mathematik, und ich glaube, wir können gemeinsam daran arbeiten, diese malerischen Wege aufzuzeigen und zugleich die Türen und Tore abzubauen und den Behinderungen ein Ende zu machen. Dann wird Mathe da sein und still auf jeden warten, der Zugang wünscht zu ihr, auf jeden, der neugierig ist, auf jeden, der Phantasie hat, auf jeden, der träumt, und auf jeden, der Fragen stellt.

Danksagung

Dieses Buch wurde geschrieben in einer Zeit beispielloser Traumata – für die Welt wie für mich persönlich. Was mein persönliches Trauma angeht, so bin ich allen dankbar, die mir geholfen haben, in dieser schlimmen Zeit meines Lebens weiterzumachen. Vielleicht werde ich eines Tages mehr darüber schreiben, aber eine Fehlgeburt ist furchtbar, eine traumatische Fehlgeburt ist es noch mehr, und wenn sie zu ungewollter Kinderlosigkeit führt, ist das ein mehrschichtiges Trauma, für das es keine Worte gibt.

In erster Linie muss ich meiner Psychologin, Dr. Aisha Kazi, dafür danken, dass sie mich so weit gebracht hat, dass ich einen Tag ohne Weinen überstehen kann. Es sind zwar nur wenige Tage, aber dass es sie überhaupt gibt, ist ein großer Erfolg.

Vielen Dank an Andrew Franklin von Profile und an Lara Heimert von Basic für ihr Verständnis und ihre nicht nachlassende Unterstützung.

Dank an meine Familie.

Dank an das Northwestern Memorial Hospital, das mein Leben gerettet hat.

Abgesehen davon schulde ich sehr vielen Freundinnen und Freunden Dank. Ich kann euch nicht alle nennen, denn jedes Mal, wenn ich es versuche, fange ich an zu weinen. Ich denke, ihr versteht das.

Aus dem Verlagsprogramm

Mathematik im Verlag C.H.Beck

Albrecht Beutelspacher

Null, unendlich und die wilde 13

Die wichtigsten Zahlen und ihre Geschichte

5. Auflage 2022. 208 Seiten mit 24 Abbildungen und Tabellen sowie 2 Illustrationen. Gebunden

Stefan Buijsman

Espresso mit Archimedes

Unglaubliche Geschichten aus der Welt der Mathematik

Aus dem Niederländischen von Bärbel Jänicke
2. Auflage. 2022. 219 Seiten mit 40 Abbildungen. Broschur

Christian Hesse

Warum Mathematik glücklich macht

151 verblüffende Geschichten

6. Auflage in C.H.Beck Paperback. 2023
346 Seiten mit 93 Abbildungen. Pappband

Mario Livio

Ist Gott ein Mathematiker?

Warum das Buch der Natur in der Sprache der Mathematik geschrieben ist
Aus dem Englischen von Susanne Kuhlmann-Krieg

2. Auflage. 2024. 366 Seiten mit 64 Abbildungen. Broschur

Populäre Wissenschaft im Verlag C.H.Beck

Ernst Peter Fischer

Warum funkeln die Sterne?

Die Wunder der Welt wissenschaftlich erklärt

2023. 240 Seiten. Pappband

Hannah Fry/Adam Rutherford

Der ultimative Guide zu absolut Allem (*gekürzt)*

Aus dem Englischen von Hans-Peter Remmler

2023. 286 Seiten mit 7 Abbildungen und 7 Illustrationen. Gebunden

Peter Gritzmann

Plausibel, logisch, falsch

Auf den Holzwegen des gesunden Menschenverstandes

2. Auflage. 2024. 217 Seiten mit 31 Abbildungen. Pappband

Wolfgang M. Heckl (Hg.)

Die Welt der Technik in 100 Objekten

2022. 686 Seiten mit 290 Abbildungen, davon 203 in Farbe. Gebunden